BEITRÄGE ZUM AUSLÄNDISCHEN UND INTERNATIONALEN PRIVATRECHT

HERAUSGEGEBEN VOM

KAISER WILHELM-INSTITUT FÜR AUSLÄNDISCHES UND INTERNATIONALES PRIVATRECHT

Direktor: Professor Dr. Hans Dölle

1 9 4 9

Im gemeinsamen Verlag von

WALTER DE GRUYTER & CO. BERLIN

J. C. B. MOHR (PAUL SIEBECK) TÜBINGEN

VORKRIEGSVERTRÄGE
IN
FRIEDENSVERTRÄGEN

Von

Dr. ERNST WOLFF

Präsident des Obersten Gerichtshofes für die Britische Zone

1 9 4 9

Im gemeinsamen Verlag von

WALTER DE GRUYTER & CO. BERLIN

J. C. B. MOHR (PAUL SIEBECK) TÜBINGEN

G. M. Z. F. O.
Visa No 6138/S
de la Direction de l'Education Publique
Autorisation No 5029
de la Direction de l'Information

Druck: Buchdruckerei Eugen Göbel, Tübingen

VORWORT

Das vorliegende Buch beruht auf meinem im Jahre 1946 in London erschienenen Buche „The Problem of Pre-War Contracts in Peace Treaties". Es ist nicht nur eine Übersetzung, sondern auch eine Umarbeitung dieses Buches. Einiges konnte weggelassen werden, das mehr für den englischen Leser interessant ist; andererseits mußte das deutsche Schrifttum zum Versailler Vertrag in größerem Umfange berücksichtigt werden, als es für die englische Ausgabe angemessen gewesen wäre. Hin und wieder habe ich auch geglaubt, Ausführungen in der englischen Ausgabe dieses Buches nach nochmaliger Prüfung berichtigen zu müssen. Vor allem aber sind seit Erscheinen der englischen Ausgabe die Pariser Friedensverträge mit Italien, Rumänien, Bulgarien, Ungarn und Finnland abgeschlossen worden und in Kraft getreten, und es erschien zweckmäßig, ihre Bestimmungen über Vorkriegsverträge in die deutsche Ausgabe einzuarbeiten. Der englische und französische Text dieser Bestimmungen nebst einer deutschen Übersetzung ist in Anhang 2 e beigefügt. Der Abdruck des englischen und französischen Textes der Bestimmungen über Vorkriegsverträge aus dem Versailler und dem Lausanner Vertrag sowie der Vorschläge der International Law Association, jeweils mit deutschen Übersetzungen (Anhang 2 a und b sowie 3), soll es dem Leser erleichtern, der Darlegung zu folgen.

Köln, im Februar 1949

Dr. Ernst Wolff

INHALTSVERZEICHNIS

Vorwort V

Verzeichnis der Urteile der Gemischten Schiedsgerichte IX

Verzeichnis der behandelten Bestimmungen der Friedensverträge . . XI

Abkürzungen XII

1. Kapitel: Einführung
   1. Geschichtliche Vorbilder 1
   2. Rechtslage, wenn nur Landesrecht Anwendung fände . . . 3
   3. Lage nach dem Ende des zweiten Weltkrieges 7
   4. Lage in den Vereinigten Staaten von Amerika 8

2. Kapitel: Verträge außerhalb des Geltungsbereiches eines Friedensvertrages
   1. Verträge ratione materiae 10
   2. Verträge ratione personae 15
      a) Verträge, deren eine Partei einem neutralen Staat angehört, aber im feindlichen oder feindlich besetzten Gebiet wohnt . 15
      b) Alle Parteien britisch, aber eine von ihnen mit Aufenthalt in Feindesland 19
      c) Alle Parteien deutsch 20
      d) Verträge zwischen Feinden im politischen Sinne, in die aber ein Nicht-Feind kraft Rechtsnachfolge eintritt 21
      e) Verträge zwischen Feinden im politischen, aber nicht im territorialen Sinn 27

3. Kapitel: Quellen des Rechts über Vorkriegsverträge
   1. Friedensverträge von 1919, 1923 und 1947 29
   2. Vorschläge der International Law Association 30
   3. Mängel der Friedensverträge und der Entscheidungen der Gemischten Schiedsgerichte 31

4. Kapitel: Beziehungen zwischen den Friedensverträgen und dem Landesrecht
   1. Allgemeines Verbot des Handels zwischen feindlichen Staatsangehörigen 39
   2. Landesrechtliches Handelsverbot im Hinblick auf den individuellen Vertrag 42

5. Kapitel: Welches Landesrecht ist anwendbar? . 50

6. Kapitel: Begriffsbestimmung von Verträgen
   1. Vorkriegsverträge im Unterschied zu Kriegsverträgen . . . 54
   2. Verträge im Gegensatz zu einseitigen Rechtsgeschäften . . . 59
      a) Vertragsangebote 60
      b) Letztwillige Verfügungen 61
      c) Vollmachten 64
   3. Familienrechtliche Geschäfte 66

7. Kapitel: Verträge, die völlig erfüllt worden sind . . . 69

8. Kapitel: Verträge, deren Erfüllung noch nicht begonnen hat . . . 72

9. Kapitel: Wirkung der Auflösung auf teilweise erfüllte Verträge . . . 75

1. Einseitige, noch nicht erfüllte Verträge . . . 76
2. Mehrseitige Verträge . . . 85
   a) Erfüllte Verträge . . . 85
   b) Verträge, bei denen von beiden Parteien noch Leistungen zu bewirken sind . . . 93

10. Kapitel: Quasi-vertragliche Beziehungen aus Vorkriegsverträgen

1. Zahlungen auf Grund des Vertrages . . . 98
2. Rechtsgeschäfte zwischen der Vertragsauflösung und dem Friedensschluß . . . 107

11. Kapitel: Aufrecht erhaltene Verträge

1. Klassen der aufrecht erhaltenen Verträge . . . 113
2. Verträge über Übertragung von Eigentum . . . 116
3. Verträge, die aufrecht erhalten werden, ohne Rücksicht darauf, wie weit ihre Erfüllung gediehen ist . . . 122
   a) Gesellschaften . . . 122
   b) Sicherstellungen . . . 125
   c) Mieten . . . 127
4. Allgemeine Bestimmungen über aufrecht erhaltene Verträge . 128
5. Bestimmungen der Friedensverträge von 1947 . . . 134

12. Kapitel: Aussetzungsklauseln . . . 139

13. Kapitel: Verträge, die teils aufgelöst, teils aufrecht erhalten sind . . . 140

14. Kapitel: Rechtsgeschäfte mit Genehmigung . . . 147

15. Kapitel: Zusammenfassung der Vorschläge . . . 150

Anhang 1: Versöhnungs-Kommissionen in den Pariser Friedensverträgen 154

Anhang 2: Die einschlägigen Bestimmungen der Friedensverträge von 1919, 1923 und 1947 in französischem und englischem Wortlaut nebst deutscher Übersetzung

A. Versailler Friedensvertrag von 1919 . . . 160
B. Lausanner Friedensvertrag von 1923 . . . 169
C. Pariser Friedensvertrag mit Italien von 1947 . . . 177

Anhang 3: Vorschläge der International Law Association . . . 184

VERZEICHNIS DER ENTSCHEIDUNGEN
der gemischten Schiedsgerichte

Die fetten Zahlen verweisen auf die Seiten, die mageren auf die Fußnoten, also **140** 2 = Seite 140 Note 2

Anglo-Elementar Versicherung v. La Providence **140** 2
Atwood Beaver & Co. v. Offermann **108** 21, **112** 29

Banque Française et Italienne v. Warburg & Co. **55** 2, **57**
Baerlein v. Betty Königshofer **91** 24
Basse & Fischer G. m. b. H. v. J. Foster Kell **71** 3
Behrens (L.) & Söhne v. Smith (W.) Wilson **92** 27
Benvenisti v. Fürstenberg **62** 15
Birnbaum v. Birnbaum **100** 3
Bonnet-Dupeyron v. Ephraim Meyer **65** 21, **108**, **128** 2
Braunstein v. Ölwerke Germania **140** 2
Buesse v. British Manufacturing Stationery Co. **118** 6, **144**
Burns Philp v. Norddeutscher Lloyd **82** 9
Burroughs, Wellcome & Co. v. Chemische Fabrik auf Aktien **99** 1

Campbells and Steward and McDonald v. Sally Blank **92** 27
Caro v. Norddeutscher Lloyd **99** 1
Cie. Lorraine de Charbons v. Gothaer Waggonfabrik A. G. **131** 25
Cobbett v. Graf Dohna **77** 2
Compagnie des Eaux de Vienne v. Etat Autrichien et Commune de Vienne **133** 30
Crédit Foncier Franco-Bulgare v. Dimovi **121** 8, **127** 19
Crews & Co. v. Hermann Vortisch-Oertle **87** 18

De Joncker **136** 35
Deutsche Bank v. Drughorn **77** 2
Discontogesellschaft v. Kittel & Co., Ltd. **77** 2
Dresdner Bank v. Ries **77** 2

Ehrhardt & Sehmer A. G. v. Albright and Wilson, Ltd. **144** 8
Empire Transport v. Blumenfeld **82** 9

Franz und Hourcade v. Deutschen Staat **136** 35

Gawelczyk v. Polish State **30** 3
Gouvernement Turc v. Armstrong Whitworth and others **133** 30
Gouvernement Turc v. Vickers. Ltd. **99** 2, **133** 30
Guilleaume v. d'Hondt et consorts **121** 8
Gunn v. Gunz **91** 24

Haxton v. Deutsches Reich **132** 26
Hind v. Scharfenberg **91** 24
Hongkong and Shanghai Banking Corporation v. Vogelsang & Co. **77** 2
Howse, Mead & Sons, Ltd. v. Mosesmann **65** 21, **109** 29

Iraq Petroleum Co. Ltd. v. Deutsche Bank and Discontogesellschaft **111** 28

Jaffé v. Gutkind **97** 37

Kitzinger v. Dann **91** 24, **116** 2
Koch v. Little **144** 10
Kohn and Goldschmidt v. Duisburg **112** 30
Kotra and others v. Czechoslovak State **30** 3
Krupp v. Dunderland Iron Ore, Ltd. **100** 3

Libert v. Foss and others **65** 1, **109** 23
L'Industrielle Foncière v. Scharfenberg and Beutler **121** 8
Luettges & Co. v. Ormiston and Glass, Ltd. **80** 6, **118** 6, **145** 11

Maridort v. Behrens Soehne **111** 28
Metallgesellschaft v. Société Alsacienne de Constructions Mécaniques **144** 10
Meuneries Bruxelloise v. Wiener et **80, 100** 3, **109** 23
Meyer Sohn, Ltd. v. Conrad Meyer **52** 5
Moore v. May et Eltzbacher **62** 15

Oppenheimer v. Lewy (dec'd) **100** 3

Pampuri v. Tzonkoff **55** 3
Penny v. Mehnarto **39** 6
Poznanski v. Lentz and Hirschfeld **51** 3
Public Trustee v. Endersche Erben **91** 24, **127** 19

Read v. German Government **39** 6, **65** 1

Sächsische Webstuhlfabrik v. Lemaire and Bride **131** 25
Samson v. Heilbrunn **97** 36
Saxon Tin and Wolfram Mining Co., Ltd. v. German Governement **122** 9, **132** 26
Semer v. Ehrhardt and others **100,** 3
Sehmer v. Senssfelder **100** 3
Seiri-Sefain v. The Rennie Forerst Shipbuilding, Ltd. and others **133** 30
Siemens, Alexander v. Siemens and Halske **86** 17
Société Anonyme des Engrais concentric d'Engis c. Eugène Huelsmann **148** 7
Societa Commerciale d'Oriente v. Gouvernement Turc **39** 7
Société coloniale anversoise v. Friedrich Krupp A. G. **45** 16, **52** 5, **72** 1
Spencer (Isaac) v. Schlotterhose **99** 2, **104** 10, **106** 18
Stamm v. Heckscher **73** 2
Strauss v. Deutsche Bank **65** 1, **100** 3
Strauss v. Diskonto Gesellschaft **100** 3

Tramways Electriques de Sofia v. Etat Bulgare et Municipalité de Sofia **133** 30
Turc, Gouvernement: vgl. Gouvernement
Turkish Petroleum Co. v. Deutsche Bank **120** 7, **130** 24

Vandyk Printers, Ltd. v. Moderner Kunst Verlag **82** 9
Violet fères v. Heinrich **82** 9

Wenner v. Engelhardt **111** 28
Wilms v. Meyer (dec'd) **51** 4
Wilson (dec'd) v. Schwab **97** 36

VERZEICHNIS DER ARTIKEL DER FRIEDENS-VERTRÄGE

Die fetten Zahlen verweisen auf die Seiten, die mageren auf die Fußnoten, also **22** 17 = Seite 22 Note 17

A) Vertrag von Versailles

Artikel			
37	**22** 17	299 (c)	**8** 17
75	**27**	299 (d) Satz 1	**24, 25, 26**
85	**22** 17	299 (d) Satz 2	**10, 19, 20**
91 (3)	**22** 17	299 (e)	**57, 148**
296 (2)	**62, 82, 83**	300 (d)	**132**
296 (3)	**79, 83**	301	**79**
Anhang hinter		Anhang § 1	**24, 34, 37, 71**
Art. 296, § 4	**7** 13		**145**
297 (d)	**124**	„ § 2	**65** 1, **113** ff., **131**,
299 (a)	**2, 5, 24, 34, 76, 148**	„ § 3	**133, 147** ff.
299 (b)	**67, 74** 5, **81, 114,**	„ § 5	**138** 37
	116, 131, 135	304	**40, 43, 99** 2, **156**

B) Vertrag von Lausanne

Artikel			
31—32	**22** 17	78	**41**
73	**40, 66, 113**	80	**79**
73 (b)	**128**	81	**126, 138** 37
73 (d)	**114, 125** 10	82 (1)	**34, 40**
73 (h)	**63** 17, **81, 117** 1, **129**	82 (2)	**20, 28** 25, **40**
75 (2)	**74**	84	**76, 83, 93**

C) Friedensverträge von 1947

Sektion IV:		A) Verträge	
Schulden	**3** 8	1.	**36, 48, 101**
Artikel		2.	**141**
1	**77**	3.	**148**
2	**82, 83, 135**	D) Spezialvorschriften	
Anhang XVI: Verträge, Verjährung		1.	**36, 38, 41**
und begebbare Handelspapiere	**3** 8	2.	**8** 18

ABKÜRZUNGEN

Anhang	=	Anhang zu Teil X, Abschnitt V des Versailler Vertrags
Isay	=	Dr. Hermann Isay: Die privaten Rechte und Interessen im Friedensvertrag, Berlin 1923
McNair	=	Sir Arnold Duncan McNair : Legal Effects of War, 2nd Edition, 1944
Rec.	=	Recueil des décisions des Tribunaux Arbitraux Mixtes institués par les Traités de Paix
Wolff	=	Dr. Ernst Wolff: Privatrechtliche Beziehungen zwischen früheren Feinden nach dem Friedensvertrag, Berlin 1921

1. Kapitel

Einführung

1. Geschichtliche Vorbilder

Die Wirkung des Krieges auf Verträge ist ein Problem, das häufig vom Standpunkt des Völkerrechts wie des Privatrechts behandelt worden ist. Wunderbarerweise hat sich aber vor den Friedensverträgen von 1919 kaum je ein Friedensvertrag mit dem Problem befaßt. Der Westfälische Friede vom 24. Oktober 1648 sah vor, daß

„contractus, permutationes, transactiones, obligationes et instrumenta debiti, vi metuve seu statibus seu subditis, illicite extorta prout in specie queruntur ... alique ut et redemptae cessaeque actiones, abolitae atque ita annullatae sunto, ut ullum judicium actionemque eo nomine intentare minime liceat. Quod si vero debitores instrumenti crediti vi metuve creditoribus extorserint, ea omnia restituantur, actionibus desuper falvis[1]".

Spätere Friedensverträge beschränkten sich, soweit Privateigentum, Rechte und Interessen in Betracht kamen, auf die Bestimmung, daß Privateigentum wiederhergestellt werden solle[2]. Nicht einmal diese Bestimmung war in den verschiedenen Friedensverträgen enthalten, die nach dem Krim-Kriege und den Kriegen von 1864, 1866 und 1870/71 geschlossen wurden[3], möglicherweise weil die drei letzten dieser Kriege nur von kurzer Dauer waren; aber daß nach dem Krimkriege, der fast drei Jahre dauerte und an dem mehrere Mächte beteiligt waren, das Problem der Behandlung von Vorkriegsverträgen auftauchte, hätte man denken sollen. In einem in England im Jahre 1916 veröffentlichten Buch[4] über den Inhalt

---

[1] § 46 des Friedensvertrages mit Schweden, § 36 des Friedensvertrages mit Frankreich, deren lateinischer Text abgedruckt ist bei Johann Gottfried von Meiern, Acta pacis Westphaliae publica, 1734, vol. VI, S. X.

[2] Frieden von Nymwegen vom 17. 9. 1687, Klausel XXI—XXIII, Wiener Frieden vom 9. 7. 1815, Klausel XII.

[3] Pariser Frieden 1856, Frieden von Wien 1864 und Frankfurter Frieden 1871.

[4] Coleman Philippson, Termination of War and Treaties of Peace.

von Friedensverträgen ist das Problem nicht einmal erwähnt. Die sogen. Ostfriedensverträge, die im Jahre 1917 zwischen Deutschland einerseits, Rußland, den russischen Nachfolgestaaten und Rumänien andererseits geschlossen wurden, enthielten nur die folgenden Bestimmungen:

§ 1. Die Schuldverhältnisse werden wieder hergestellt ...

§ 2. Die Bestimmung des § 1 hindert nicht, daß die Frage, welchen Einfluß die durch den Krieg geschaffenen Zustände, insbesondere die durch Verkehrshindernisse oder Handelsverbote herbeigeführte Unmöglichkeit der Erfüllung, auf die Schuldverhältnisse ausüben, im Gebiet jedes vertragschließenden Teils nach den dort für alle Landeseinwohner geltenden Gesetzen beurteilt wird.

Dabei dürfen die Angehörigen des anderen Teils, die durch Maßnahmen dieses Teils behindert worden sind, nicht ungünstiger behandelt werden als die Angehörigen des eigenen Staates, die durch dessen Maßnahmen behindert worden sind. Auch soll derjenige, der durch den Krieg an der rechtzeitigen Bewirkung einer Leistung behindert war, nicht verpflichtet sein, den dadurch entstandenen Schaden zu ersetzen.

Die nach dem ersten Weltkriege geschlossenen Friedensverträge enthielten zum ersten Mal ins Einzelne gehende Bestimmungen über Vorkriegsverträge. Von diesen im Jahre 1919 geschlossenen, gemeinhin als „Pariser Vorortsverträge" bezeichneten Verträgen wurde einer, der Vertrag von Sèvres, geschlossen zwischen den verbündeten Mächten und der Türkei, niemals ratifiziert und später durch den Lausanner Vertrag vom 24. 7. 1923 ersetzt. Auch dieser Vertrag befaßte sich mit Vorkriegsverträgen, doch wichen seine Bestimmungen, obwohl im wesentlichen mit denen der Pariser Vorortsverträge übereinstimmend, von ihnen in verschiedenen Einzelpunkten ab[5]. All diesen Verträgen lag die Idee zugrunde[6], bestimmte Regeln vorzuschreiben, so daß Streitigkeiten aus dieser im Völkerrecht nicht geregelten Materie nicht vollkommen den möglicherweise widersprechenden Entscheidungen der Landesgerichte der beteiligten Länder überlassen würden.

Nach der Beendigung des zweiten Weltkrieges wurden am 10. 2. 1947 Friedensverträge zwischen den verbündeten Mächten einerseits, Italien, Rumänien, Bulgarien, Ungarn und Finnland andererseits

---

[5] Sedes materiae für Vorkriegsverträge ist Art. 299 des Versailler Vertrags. Mit diesem Artikel stimmen überein

Art. 251 des Vertrags von St. Germain,
Art. 180 des Vertrags von Neuilly,
Art. 234 des Vertrags von Trianon.

Da die Bestimmungen der Pariser Vorortsverträge wörtlich die gleichen sind, werden im folgenden nur die Bestimmungen des Versailler Vertrags angezogen werden, die des Lausanner Vertrags nur insoweit, als sie von denen der Pariser Vorortsverträge abweichen.

[6] Baruch, The Making of the Peace Treaties, S. 109; Temperley, History of the Peace Conference of Paris, vol. V, S. 95 und 96.

geschlossen, die inzwischen ratifiziert worden und in Kraft getreten sind [7]. Sie alle, mit der Ausnahme des Friedensvertrages mit Finnland, enthalten in wörtlicher Übereinstimmung einen Artikel mit der Überschrift „Debts" (Schulden) [8] und ferner alle, einschließlich des Vertrags mit Finnland, eine Anlage mit der Überschrift „Contracts, Prescriptions and Negotiable Instruments" (Verträge, Verjährung und Handelspapiere), welche Anlage durch eine Bestimmung im Vertrage selbst zu seinem integrierenden Bestandteil erklärt wird [9].

2. Rechtslage, wenn nur Landesrecht Anwendung fände

Es ist lehrreich, sich klar zu machen, welche Rechtslage entstände, wenn die Friedensverträge keine Bestimmungen über Vorkriegsverträge enthielten. Es würde dann auf das Landesrecht für die Entscheidung der Frage ankommen, ob und eventuell welche Wirkung der Kriegsausbruch auf Verträge hat, die vor Kriegsausbruch zwischen Angehörigen der kriegführenden Mächte geschlossen waren. Die Entscheidung darüber würde den Gerichten obliegen, die nach ihrem Landesrecht zuständig sind. In der Regel werden die Gerichte der Länder, wo die vertragschließenden Parteien ihren Wohnsitz oder ihre gewerbliche Niederlassung haben oder Geschäfte betreiben, zuständig sein; beispielsweise für einen Vertrag zwischen einem britischen Staatsangehörigen mit britischem Wohnsitz und einem deutschen Staatsangehörigen mit deutschem Wohnsitz entweder die Gerichte Großbritanniens oder Deutschlands oder die Gerichte beider Länder. Es kann sogar vorkommen, daß die Gerichte eines dritten Landes zuständig sind. Nach dem Recht mancher Länder sind für Klagen wegen vermögensrechtlicher Ansprüche gegen Personen, die keinen Wohnsitz in dem betreffenden Lande haben, die Gerichte zuständig, in deren Bezirk sich Vermögen der beklagten Partei oder der mit der

[7] Für den englischen Text dieser Verträge vgl. die Veröffentlichung im Britischen Stationery Office, Cmd. 7022 (aus dem Jahre 1947).

[8] Art. 81 Vertrag mit Italien, Art. 29 Vertrag mit Rumänien, Art. 25 Vertrag mit Bulgarien, Art. 29 des Vertrags mit Ungarn.

[9] Anlage XVI und Art. 85 des Vertrages mit Italien,
Anlage V und Art. 35 des Vertrages mit Rumänien,
Anlage V und Art. 37 des Vertrages mit Ungarn,
Anlage V und Art. 33 des Vertrages mit Finnland.
Die englischen und französischen Texte dieser Artikel und Anlagen zusammen mit einer deutschen Übersetzung sind im Anhang 2 dieses Buches abgedruckt (s. S. 177 ff.).

Klage in Anspruch genommene Gegenstand befindet [10]. In manchen Ländern müssen solche Vermögensgegenstände von dem Kläger gepfändet werden, damit die Zuständigkeit des Gerichts begründet wird. In Deutchland genügt der bloße Umstand, daß sich Vermögensgegenstände des Beklagten im Bezirk des Gerichts befinden, um dessen Zuständigkeit zu begründen. Verträge aus Vorkriegsverträgen zwischen deutschen und britischen Parteien können deshalb vor ein englisches oder ein deutsches Gericht kommen, möglicherweise auch vor ein Gericht eines dritten Landes, falls nach dem Recht dieses Landes ein Gerichtsstand des Vermögens besteht. Die Frage, welches Recht von dem Gericht anzuwenden ist, vor welches der Fall schließlich kommt, dem deutschen, dem englischen oder möglicherweise dem Gericht eines dritten Staates, ist nach den Grundsätzen des Internationalen Privatrechts zu beantworten, und zwar dahin, daß das Landesrecht maßgebend ist, das nach diesen Grundsätzen auf den betreffenden Vertrag Anwendung findet. Bekanntlich ist aber das sogen. Internationale Privatrecht in Wahrheit kein internationales Recht, sondern ein Teil des nationalen Rechtssystems, enthaltend dessen Kollisionsrechtssätze, und diese Rechtssätze sind durchaus nicht einheitlich in den verschiedenen Staaten, sondern weichen stark von einander ab, besonders auch gerade im Hinblick auf Verträge. In manchen Ländern bestimmen sich Gültigkeit und Wirkung eines Vertrages nach dem Rechte des Orts, wo der Vertrag geschlossen wurde. In anderen Ländern ist das Recht des Landes anwendbar, dem sich die vertragschließenden Parteien ausdrücklich oder stillschweigend unterwerfen. Wieder in anderen Ländern kommt es auf das Recht des Landes an, wo die Erfüllung zu erfolgen hat, so daß bei einem Kaufvertrag die Verpflichtungen des Verkäufers und die des Käufers verschiedenen Rechten unterstehen können. Wie kann, angesichts dieser großen Verschiedenheit der nationalen Kollisionsnormen, das erwünschte Ergebnis erreicht werden, daß ein aus einem Vorkriegsvertrag entstehender Streit nach demselben Landesrecht entschieden wird, mag er nun vor ein britisches oder ein deutsches oder das Gericht eines dritten Landes kommen? In Ermangelung einer Übereinstimmung der nationalen Konfliktsrechtssätze ist es nicht nur möglich, sondern wahrscheinlich, daß in einem konkreten Falle britische Gerichte englisches Recht anwenden würden, deutsche Gerichte deutsches Recht und Gerichte der Vereinigten Staaten teils englisches, teils deutsches Recht, je nach dem Ort, wo die Parteien ihre Verpflichtungen zu erfüllen haben.

---

[10] § 23 deutsche ZPO.

Die fehlende Gleichförmigkeit der Konfliktsregeln in bezug auf Vorkriegsverträge würde keine solche Bedeutung haben, wenn das Recht der verschiedenen Staaten über die Wirkung des Kriegsausbruchs auf Vorkriegsverträge gleichförmig wäre, aber hier besteht erst recht keine Gleichförmigkeit. Es gibt Länder, wo der Kriegsausbruch als solcher überhaupt keine Wirkung auf bestehende Verträge hat; in anderen Ländern sind Vorkriegsverträge aufgelöst; wieder in anderen Ländern ist ihre Erfüllung nur vorübergehend aufgeschoben. Es kommt hinzu, daß die Merkmale, die jemand zum Feinde stempeln, in den verschiedenen Ländern verschieden sind, während das Schicksal von Vorkriegsverträgen häufig von der Feindeseigenschaft abhängt. In manchen Ländern bestimmt die Staatsangehörigkeit die Feindeseigenschaft, in anderen Ländern kommt es auf den Wohnsitz oder den gewöhnlichen Aufenthalt an, so daß selbst jemand, der im staatsrechtlichen oder politischen Sinne ein Feind ist, nicht als Feind gilt, wenn er in einem nichtfeindlichen Lande seinen Aufenthalt hat oder sein Geschäft betreibt, während umgekehrt von Parteien der gleichen Staatsangehörigkeit die eine als Feind gilt, wenn sie freiwillig im feindlichen Gebiet Aufenthalt hat oder Geschäfte betreibt. Es kann deshalb nicht ausbleiben, daß in den verschiedenen Ländern die zuständigen Gerichte Entscheidungen über Streitigkeiten aus Vorkriegsverträgen erlassen, die miteinander in Widerspruch stehen. Das eine Gericht wird materielles Recht eines Landes anwenden, ein anderes Gericht das Recht eines anderen Landes, und diese beiden nationalen Rechtssysteme enthalten möglicher-, ja wahrscheinlicherweise abweichende Bestimmungen über die Wirkung des Krieges auf Verträge. Natürlich besteht eine solche Möglichkeit immer, wenn Streitigkeiten mit Auslandsbeziehungen vor die Gerichte kommen. Das Ziel, daß jeder Rechtsstreit nach demselben materiellen Recht entschieden werde, unabhängig davon, vor das Gericht welchen Landes der Fall gebracht wird, ist noch nicht erreicht [11]. Solche Verschiedenheit gerichtlicher Entscheidungen ist aber hinsichtlich der Wirkung des Kriegsausbruchs auf Verträge besonders unerwünscht. Streitigkeiten, die aus solchen Verträgen entstehen, sind mehr oder minder typisch, denn dieselben Probleme tauchen immer wieder auf. Beispiele für die wichtigeren, die im Verlauf dieses Buches untersucht werden sollen, sind vor allem der Weiterbestand oder die Auflösung von Vorkriegsverträgen, die Wirkung des Kriegsausbruchs auf Verbindlichkeiten, die auf dem aufgelösten Vertrage beruhen, oder auf Rechte, die aus dem Vertrag

[11] Martin Wolff, Internationales Privatrecht, S. 7.

erwachsen sind, ferner die Abwicklung teilweise erfüllter Verträge. Dies sind Fragen, hinsichtlich deren von einander abweichende Gerichtsentscheidungen besonders anstößig sind. Die Wirkungen, die der Krieg auf private Rechtsverhältnisse herbeiführt, sollten ebenso einheitlich sein, wie es der Kriegsausbruch als solcher ist.

Nach dem ersten Weltkrieg suchten die Pariser Vorortsverträge und der Lausanner Vertrag Gleichförmigkeit durch zwei Mittel zu erreichen, nämlich durch

a) Vorschriften über die Wirkung des Krieges auf Verträge,

b) Errichtung von gemischten Schiedsgerichten, die für Streitigkeiten aus solchen Vorkriegsverträgen zuständig waren.

Die nach dem zweiten Weltkrieg geschaffenen Friedensverträge vom 10. 2. 1947 enthalten gleichfalls, wie bereits erwähnt, Vorschriften über Vorkriegsverträge, welche Vorschriften einerseits manche Unklarheiten beseitigen, die den Vorschriften der Friedensverträge nach dem ersten Weltkrieg anhafteten, andererseits, wie noch im einzelnen zu zeigen, sehr viel weniger eingehend sind als die Bestimmungen in den Friedensverträgen von 1919/1923. Anstelle der in den Friedensverträgen von 1919/1923 vorgesehenen Gemischten Schiedsgerichte schreiben die Friedensverträge von 1947 sogenannte Versöhnungs-Kommissionen vor, wobei über das Wesen dieser Kommissionen, ihre Zuständigkeit und ihr Verfahren viele Zweifel offen bleiben [12].

Weder die Vorschriften der Friedensverträge von 1919 bzw. 1923 noch die von 1947 sind erschöpfend, wie im einzelnen noch darzulegen; sie lassen manche Lücken, die nach Maßgabe des auf den Einzelfall anwendbaren nationalen Rechts auszufüllen sind. Die oben dargelegte Schwierigkeit, daß internationales Privatrecht kein internationales Recht ist, sondern nur Teil eines nationalen Rechtssystems, dessen Kollisionsnormen es enthält, wurde und wird deshalb durch die Friedensverträge nicht völlig behoben; denn da die Gemischten Schiedsgerichte keine nationalen Gerichte sind, haben sie keine lex fori, auf die sie sich für die Entscheidung der Frage stützen könnten, welches der verschiedenen Landesrechte, zu denen der Vertrag eine Beziehung aufweisen könnte, anwendbar ist. Die Versöhnungs-Kommissionen, wenn man sie überhaupt als Gerichte ansprechen will, haben ebensowenig eine lex fori. Theoretisch wäre es möglich gewesen, diese Schwierigkeit dadurch zu beseitigen, daß man in die Friedensverträge nicht nur materielle Regeln über die Wirkung des Kriegsausbruchs auf Verträge aufgenommen hätte,

[12] Siehe wegen Einzelheiten unten Anhang 1.

sondern auch Regeln darüber, welches nationale Recht von den möglicherweise in Betracht kommenden der Entscheidung zugrunde zu legen ist. Das haben die den ersten Weltkrieg beendenden Friedensverträge mit einer Ausnahme [13] nicht getan, und ebensowenig die Friedensverträge von 1947. Im Hinblick auf die Schwierigkeit der zu regelnden Probleme konnte das wohl auch nicht geschehen. Zum Teil wurde diese Lücke dadurch geschlossen, daß die Gemischten Schiedsgerichte in Ermangelung einer für sie maßgebenden lex fori ein eigenes System internationalen Privatrechts entwickelten [14]. Dies System war gewiß nicht vollkommen, stellte aber immerhin den Anfang eines wirklich internationalen Systems von Kollisionsrechtssätzen dar, das eines weiteren Ausbaus natürlich ebenso fähig wie bedürftig ist. Ob die Versöhnungs-Kommissionen auf dem von den Gemischten Schiedsgerichten beschrittenen Wege fortschreiten und dadurch einen Beitrag zu der Lösung der Aufgabe leisten werden, internationalen Instanzen ein eigenes System von Kollisionsrechtssätzen zu verschaffen und dadurch den Mangel einer eigenen lex fori abzustellen, bleibt abzuwarten.

3. Lage nach dem Ende des zweiten Weltkrieges

Die Notwendigkeit für eine gleichförmige Regelung der Rechtsverhältnisse aus Vorkriegsverträgen machte sich im großen und ganzen am Ende des zweiten Weltkrieges nicht weniger fühlbar als am Ende des ersten Weltkrieges. Allerdings wurden die geschäftlichen Beziehungen zwischen den Angehörigen der kriegführenden Staaten nicht ganz so plötzlich beendet wie im Jahre 1914. Während sich damals die Geschäftswelt an eine Zeit fast ununterbrochenen Friedens gewöhnt hatte und der Krieg mit dramatischer Plötzlichkeit ausbrach, war in der Zeit zwischen den beiden Kriegen die Möglichkeit eines Kriegsausbruchs niemals ganz aus den Gemütern der Menschen geschwunden, und seit der Münchener Krisis von 1938 wurde die Kriegsgefahr akut, so daß für die Parteien die Möglichkeit bestand, in ihren Verträgen für den Fall eines Kriegsausbruches Vorsorge zu treffen. Auch unterschied sich die Wirtschaftslage von 1939 von der von 1914 darin, daß der Handel zwischen den beteiligten Ländern weit weniger umfangreich als im Jahre 1914 war. In vielen Ländern, besonders in Sowjetrußland und Deutschland, bestand schon seit mehreren Jahren eine Plan-

---

[13] Sie betrifft die Frage, welches Recht auf die Verjährung von Schulden Anwendung findet; die Entscheidung geht dahin, daß das Recht des Landes des Schuldners anwendbar ist (§ 4 des Anhangs hinter Art. 296).

[14] Lipstein, Transactions of the Grotius Society, Bd. 27, S. 142 ff.

wirtschaft, in deren Folge Verträge zwischen Privatparteien mehr und mehr durch Abkommen zwischen staatlichen oder halbstaatlichen Organisationen ersetzt wurden [15]. Gleichwohl erschien es erwünscht, die Rechtsverhältnisse zwischen den Angehörigen der kriegführenden Staaten auf eine bestimmte gesetzliche Basis zu stellen und dadurch Konflikte zwischen den Rechten der verschiedenen miteinander im Krieg befindlichen Staaten zu vermeiden. Darauf beruht es, daß auch in den Friedensverträgen von 1947 privatrechtliche Bestimmungen enthalten sind, welche im großen und ganzen dieselbe Materie betreffen, auf die sich Abschnitt V des Versailler Vertrags und Abschnitt II des Lausanner Vertrages bezogen. Das gleiche wird aller Wahrscheinlichkeit nach auch in dem künftigen Friedensvertrag mit Deutschland oder einem etwa anstelle des Friedensvertrages tretenden Instrument geschehen.

4. Lage in den Vereinigten Staaten von Amerika

Die Lage in den Vereinigten Staaten von Amerika in bezug auf Vorkriegsverträge weicht von der der meisten anderen verbündeten Länder ab, vor allem von der in Großbritannien und Frankreich. Sowohl im ersten wie im zweiten Weltkriege verflossen mehrere Jahre, bis die Vereinigten Staaten von Amerika in den Krieg eintraten; in der Zwischenzeit hatte sich die wirtschaftliche Lage in erheblichem Umfang den Kriegsverhältnissen angepaßt. Das war einer der Gründe [16], warum Vorkriegsverträge zwischen den Angehörigen der Vereinigten Staaten von Amerika und denen der Feindmächte von den Bestimmungen der Friedensverträge von 1919 ausgeschlossen waren [17]. Ein anderer Grund war der, daß nach der Verfassung der Vereinigten Staaten von Amerika (Art. 1, Section 10) „ex post facto law and law impairing the obligations of contracts" (rückwirkendes Recht und Recht, das die Verpflichtung aus Verträgen antastet) verboten sind. Aus den gleichen Gründen ist in den Verträgen von 1947 bestimmt, daß ihre Vorschriften über Vorkriegsverträge im Verhältnis zu Angehörigen der Vereinigten Staaten von Amerika nicht gelten [18]. Der weiter oben geschilderte

---

[15] Auf diesen Umstand weist mit Recht Zweigert in Süddeutscher Juristen-Zeitung 1947, Sp. 111, in einer Besprechung der englischen Ausgabe dieses Buches hin.

[16] Baruch, l. c., S. 109.

[17] Art. 299 (c) Versailler Vertrag. Das Gleiche galt für Angehörige Brasiliens und Japans.

[18] In sämtlichen Friedensverträgen von 1947 enthält der von „Contracts, Prescriptions and Negotiable Instruments" handelnde Anhang die folgende Bestimmung (unter D 2):

Übelstand, daß weder in den Konfliktsregeln noch im materiellen Recht Übereinstimmung besteht, wird sich deshalb im Verhältnis zu Angehörigen der Vereinigten Staaten wieder fühlbar machen. Während nach deutschem Recht der Kriegsausbruch als solcher Vorkriegsverträge nicht berührt, bestimmt amerikanisches Recht, in Anlehnung an, aber nicht in voller Übereinstimmung mit englischem Gemeinen Recht, daß Verträge zwischen feindlichen Staatsangehörigen vom Zeitpunkt des Kriegsausbruchs ungesetzlich werden und entweder während der Kriegsdauer aufgeschoben, oder, falls ein längerer Aufschub in der Erfüllung die Last oder Art der versprochenen Leistung zu ändern geeignet ist, aufgehoben werden [19]. Irgendwie müssen diese Schwierigkeiten nach dem ersten Weltkrieg überwunden worden sein; man sieht aber nicht recht, wie. Es gibt verhältnismäßig wenig veröffentliche Entscheidungen amerikanischer oder deutscher Gerichte über Vorkriegsverträge zwischen Angehörigen der Vereinigten Staaten und Deutschland. Das ist um so seltsamer, als nicht nur, wie eben erwähnt, die Bestimmungen des Versailler Vertrags über Vorkriegsverträge auf Angehörige Amerikas und Deutschlands keine Anwendung fanden, sondern zwischen den Vereinigten Staaten und Deutschland nicht einmal ein Gemischtes Schiedsgericht bestand. Bekanntlich ratifizierten die Vereinigten Staaten den Versailler Vertrag nicht, woraus u. a. die Folge entstand, daß die in diesem Vertrag vorgesehenen Gemischten Schiedsgerichte im Verhältnis zwischen den Vereinigten Staaten und Deutschland nicht errichtet wurden. Der Krieg zwischen den beiden Ländern wurde durch den Vertrag von Berlin vom 25. 8. 1921 beendet. In Ergänzung wurde ein zusätzlicher Vertrag geschlossen, durch den eine sogenannte deutsch-amerikanische Schadenskommission errichtet wurde. Diese Kommission war im allgemeinen für Ansprüche amerikanischer Staatsangehöriger ge-

„Having regard to the legal system of the United States of America, the provisions of this Annex shall not apply as between the United States of America and ...“ — folgt der Name des besiegten Landes — (mit Rücksicht auf das Rechtssystem der Vereinigten Staaten von Amerika finden die Bestimmungen dieses Anhangs keine Anwendung zwischen den Vereinigten Staaten von Amerika und ...).

Nur im Friedensvertrag mit Finnland fehlt diese Bestimmung, was darauf beruht, daß die Vereinigten Staaten von Amerika mit Finnland nicht im Kriege waren.

[19] Restatement of the Law (Contracts), §§ 594 und 595. Second Russian Insurance Co. v. Miller, Alien Property Custodian, et al. 297 Fed. 404, 410 (C. C. A. 2 d, 1924); bestätigt 268 U. S. 552 (1925). Takahashi v. Pepper Tank and Contracting Co. et Al. (Annual Digest, 1941—42, S. 437 ff.), wo auf frühere Entscheidungen hingewiesen wird. Weitere Entscheidungen sind in Hackworth, Digest of International Law, Band VI (Washington 1943), S. 343 f. zitiert.

gen die deutsche Regierung zuständig. Was Ansprüche gegen Privatparteien anlangt, so hatte die Kommission Zuständigkeit nur für Forderungen von amerikanischen Gläubigern an deutsche Schuldner. Die Kommission bestand aus einem amerikanischen und einem deutschen Mitgliede; falls beide uneinig waren, wurde der Fall vor einen Unparteiischen gebracht. Nur die Entscheidungen dieses Unparteiischen sind veröffentlicht worden [20], und keine dieser veröffentlichten Entscheidungen bezieht sich auf Streitigkeiten, die aus Vorkriegsverträgen entstanden, obwohl doch Ansprüche von Amerikanern an Deutsche auf Grund von Vorkriegsverträgen bestanden haben müssen. Das mag darauf beruhen, daß die beiden Mitglieder der Kommission in bezug auf Ansprüche aus Vorkriegsverträgen immer übereinstimmten, so daß keine Notwendigkeit bestand, den Unparteiischen anzurufen. Für Ansprüche von deutschen Staatsangehörigen an Amerikaner war die Kommission nicht zuständig, so daß die Entscheidung über deutsche Ansprüche den amerikanischen oder deutschen Gerichten zufiel. Man sollte denken, daß derartige Ansprüche von Deutschen an Amerikaner in erheblichem Umfang bestanden haben. Die meisten scheinen aber ohne Anrufung der Gerichte erledigt worden zu sein, möglicherweise durch Schiedsgerichte. Es gibt jedenfalls keine Entscheidungen der Schadenskomission und sehr wenige Entscheidungen amerikanischer oder deutscher Gerichte, die sich auf Streitigkeiten aus Vorkriegsverträgen beziehen.

2. Kapitel

Verträge außerhalb des Geltungsbereiches eines Friedensvertrages

1. Verträge ratione materiae

Der Umfang, in dem ein Friedensvertrag Bestimmungen über Vorkriegsverträge enthalten muß, deckt sich durchaus nicht mit dem, in welchem Landesgerichte mit der Wirkung des Kriegsausbruchs auf Verträge befaßt sind. Ein Friedensvertrag hat es nur mit vertraglichen Beziehungen zwischen Staatsangehörigen der feindlichen Mächte zu tun. Dieser Punkt wurde in der Note der Verbündeten Mächte vom 16. 6. 1919, worin sie die Bemerkungen der deutschen Friedensdelegation über den 1. Entwurf des Friedensvertrages beantworteten, wie folgt betont (Note zu Art. 299 [d]):

---

[20] Wilhelm Kiesselbach, Probleme und Entscheidungen der Deutsch-Amerikanischen Schadens-Commission, Mannheim 1927.

Der Vertrag, der die Beziehungen zwischen alliierten und deutschen Staatsangehörigen regelt, hat nicht die Frage von Beziehungen zwischen alliierten Staatsangehörigen zu regeln; dies ist ausschließlich eine interne Angelegenheit [1].

In den Friedensverträgen selbst findet sich keine ausdrückliche Bestimmung dieses Inhalts, weder in denen von 1919 und 1923 noch in denen von 1947, sie ergibt sich aber aus dem Wesen der Friedensverträge und der Natur der Sache, wie das zutreffend in der oben wiedergegebenen Note dargelegt wird. Zum Verständnis der Bestimmungen der Friedensverträge ist deshalb der Fundamentalsatz voranzuschicken, daß sie nur auf Staatsangehörige der vertragschließenden, bisher feindlichen Mächte, also auf Feinde im politischen oder staatsrechtlichen Sinne Anwendung finden. Das bedeutet nicht, um das vorweg zu nehmen, daß alle Verträge zwischen Feinden im politischen Sinne aufgelöst werden. Wie noch darzulegen, stellen die Bestimmungen der Friedensverträge darauf ab, ob die Parteien eines Vertrages „Feinde" geworden sind, und die Feindeseigenschaft wiederum hängt davon ab, ob der Handel zwischen ihnen verboten oder ungesetzlich geworden ist. Ob das der Fall ist, dafür ist nach englisch-amerikanischem Recht, wie sogleich darzulegen, das Merkmal des Feindes im territorialen Sinne maßgebend. Daraus folgt, daß nicht alle Verträge zwischen Feinden im politischen Sinne aufgehoben sind, diejenigen nämlich nicht, deren Parteien nach dem für sie maßgebenden nationalen Recht nicht Feinde im Sinne des Handelsverbots sind. Aber daraus darf nicht umgekehrt geschlossen werden, daß Verträge zwischen Parteien, die Feinde im territorialen Sinne sind, unter die Bestimmungen der Friedensverträge über Auflösung von Vorkriegsverträgen fallen. Vielmehr setzt die Anwendbarkeit der Friedensverträge ausnahmslos voraus, daß es sich um Vertragsbeziehungen zwischen Feinden im politischen Sinne, also um Angehörige der vertragschließenden, früher feindlichen Mächte handelt [2].

---

[1] Note der Alliierten Regierungen vom 16. 6. 1919, Art. 299 (d), deren Wortlaut bei Kraus-Rödiger, Urkunden zum Friedensvertrag von Versailles, Bd. I, S. 667, abgedruckt ist, siehe auch die Rede des Attorney General, Sir Donald Somervell, im House of Commons am 9. 2. 1945 (Hansard, S. 2398 f.): „Unsere Beziehungen mit ihnen" (nämlich Personen im feindlich besetzten Gebiet) „würden in keinem Friedensvertrag behandelt werden . . . und liegen ganz außerhalb dessen, was unseren gegenwärtigen Feinden künftig irgendwie auferlegt werden sollte."

[2] Diese Erkenntnis hat sich für den Versailler Vertrag nur sehr langsam durchgesetzt. Ich hatte sie (Privatrechtliche Beziehungen, S. 7 und 18) vertreten. Isay (Versailler Vertrag) war noch in der 2. Auflage (S. 143) der Meinung, daß es auf die Staatsangehörigkeit nicht ankomme, so daß Verträge zwischen Deutschen, von denen der eine in Deutschland, der andere in England wohne, aufgelöst seien. In der 3. Auflage hat er diese Ansicht aufgegeben (S. 221): Auf Verträge zwischen zwei Deutschen — so führt er aus, — findet Art. 299

Von diesem Ausgangspunkt aus wird es nunmehr möglich sein, den verschiedenen Umfang zu beschreiben, in welchem einerseits die Landesrechte, besonders das englisch-amerikanische Recht, andererseits die Friedensverträge mit dem Problem von Vorkriegsverträgen befaßt sind. Nach englischem Gemeinen Recht kann sich der Ausbruch des Krieges auf Verträge auswirken, 1. ratione personae oder 2. ratione materiae [3]. Zur ersten Klasse gehören Verträge, deren Parteien bei Kriegsausbruch „Feinde" geworden sind; zur zweiten Klasse gehören Verträge, deren Erfüllung Verkehr mit dem Feinde bedingen oder deren fortdauernder Bestand dem Feinde einen sofortigen oder künftigen Vorteil verschaffen würde. Ein derartiger Vertrag wird durch den Kriegsausbruch beendet, unabhängig davon, ob seine Parteien Angehörige von miteinander im Kriege befindlichen Staaten sind. In Sachen Badische [4] heißt es (in Übersetzung):

> Man stelle sich einen Vertrag zwischen britischen Staatsangehörigen vor, dessen weitere Erfüllung Verkehr mit dem Feinde bedingt, oder dessen fortdauernder Bestand dem Feinde einen sofortigen oder späteren Vorteil verschaffen würde. Wird ein solcher Vertrag bei Kriegsausbruch als ungesetzlich aufgelöst? Da die Ungesetzlichkeit auf Erwägungen des ordre public gestützt wird, sehe ich keinen Grund, warum ein solcher Vertrag nicht bei Ausbruch des Krieges hinfällig werden sollte, unabhängig von der Frage, ob seine Parteien Feinde oder Freunde sind. Nach meiner Meinung sollte das Merkmal nicht sein, ob eine der Vertragsparteien ein Feind ist, sondern ob der Vertrag Verkehr mit dem Feinde bedingt oder dem Feinde einen sofortigen oder künftigen Vorteil verschafft.

Während des zweiten Weltkrieges kamen zwei Fälle, Bürgschaften beteffend, vor englische Gerichte. In Kohnstamm Ltd. v. Ludwig Krumm [5] hatte eine englische Gesellschaft zugunsten einer anderen

---

keine Anwendung, weil er die Verhältnisse zwischen Deutschen grundsätzlich nicht regeln wolle. Anscheinend in Widerspruch hiermit ist er der Ansicht (S. 468), daß § 5 des Anhangs hinter Art. 303 (Verkauf eines Pfandes ohne Benachrichtigung des Eigentümers) auch dann gelte, wenn der Schuldner ein in Deutschland ansässiger Neutraler sei, denn dieser sei „Feind" im Sinne des Versailler Vertrages. Die letztere Auffassung wird auch S. 59 und 60 vertreten, wo zunächst zutreffend gesagt wird, der Versailler Vertrag regele grundsätzlich nur Beziehungen der alliierten Staaten und ihrer Angehörigen zu Deutschland und seinen Angehörigen, dann aber hinzugefügt wird, „selbstverständlich" gelte etwas anderes, soweit nicht das Merkmal der Staatsangehörigkeit, sondern die Feindeseigenschaft in Betracht komme. Dafür, daß der Versailler Vertrag nur die gegenseitigen Verhältnisse zwischen den Vertragsstaaten und deren Angehörigen regelt, vgl. noch RGZ 102, S. 363.

[3] McNair, S. 87.

[4] [1921] 2 Ch. 331 auf Seite 373, 374. Wegen früherer Entscheidungen siehe Trotter, The Law of Contract during and after the War, 4. Auflage, S. 108 f.

[5] [1940] 2 K. B. 359. Siehe auch Laws of England (Hailsham Ausgabe), Ergänzungsband 1943, I, No. 779; Krusin und Rogers, Solicitors Handbook of War Legislation (Ergänzungsband 2), S. 353; Domke, Trading with the Enemy in World War II, S. 160.

englischen Gesellschaft für Schulden einer deutschen Gesellschaft an diese zweite englische Gesellschaft Bürgschaft übernommen. Die Gesellschaft, welche die Bürgschaft übernommen hatte, wurde aus der Bürgschaft in Anspruch genommen, verweigerte aber die Zahlung mit der Begründung, daß, wenn sie die garantierte Summe bezahlen müsse, sie damit die Verpflichtung eines Feindes erfüllen würde. Sie wurde verurteilt mit der Begründung, daß ein Bürge, der die verbürgte Schuld eines Feindes bezahle, damit nicht das Delikt eines Handels mit dem Feinde begehe, denn wenn auch die Verpflichtung der deutschen Gesellschaft, ihren Gläubiger zu bezahlen, durch die Zahlung erlösche, entstehe eine neue Verpflichtung, nämlich die, den Bürgen zu befriedigen, während „befriedigen" im Sinne des Trading with the Enemy Act einen vollständigen Untergang der Verpflichtung bedeute und nicht bloß eine Übertragung der Verpflichtung [6]. Stockholms Enskilda Bank v. Schering Ltd. [7], ein Fall, der zweimal vor die Gerichte kam, betraf ebenfalls eine Schuld einer deutschen Firma an eine englische Gesellschaft, welche Schuld von einer schwedischen Bank verbürgt war. Die Klage des Gläubigers gegen den Bürgen auf eine durch die Bürgschaft gesicherte Teilzahlung wurde abgewiesen, weil nach der besonderen Lage des Falles die von dem Bürgen verlangte Zahlung einen Vorteil für den deutschen Hauptschuldner mit sich gebracht hätte. Der Bürge erhob dann Klage auf Feststellung, daß der Vertrag als ganzer durch den Kriegsausbruch aufgelöst worden sei, mit der Begründung, der weitere Bestand des Vertrages würde zum Nachteil englischer Interessen und zum Vorteil des deutschen Schuldners ausschlagen. Die Klage drang in der ersten Instanz durch, das Berufungsgericht nahm aber an, daß der Vertrag durch den Kriegsausbruch nur aufgeschoben, nicht aufgehoben worden sei, und hob die Entscheidung auf. Die Berufung gegen diese Entscheidung wurde vom House of Lords zurückgewiesen [8]. Zu beachten ist, daß, obwohl die deutsche Gesellschaft zu den Parteien des Vertrages gehörte, der dem Anspruch zugrunde lag, der eingeklagte Anspruch der einer englischen gegen eine neutrale Firma war.

---

[6] Ob die Auffassung des Gerichts von dem Berufungsgericht bestätigt werden würde, ist zweifelhaft. Sir Wilfred Greene, M. R., bezog sich auf diese Entscheidung in Stockholms Enskilda Bank v. Schering (vgl. die folgende Fußnote), lehnte es aber ab, sich über ihre Richtigkeit positiv oder negativ zu äußern. Vgl. auch McNair, S. 178, Note 4, wo es heißt, daß Kohnstamm Ltd. v. Ludwig Krumm nunmehr als eine Entscheidung von zweifelhaftem Wert gelten müsse.

[7] [1941] 1 K. B. 424; [1943] 1 All E. R. 418; [1943] 2 All E. R. 486.

[8] [1946] 1 All E. R. 36.

Ein anderer Fall, dessen Parteien nicht Feinde waren, dessen Entscheidung aber von der Gültigkeit eines Vertrages abhing, der nach der Behauptung einer Partei zwischen einer englischen und einer deutschen Firma abgeschlossen war, kam vor die King's Bench Division unter den folgenden Umständen[9]: Die Kläger fabrizierten gewisse Maschinen, deren Geheimnis ihnen von einer deutschen Firma gegen die Verpflichtung überlassen war, den Fabrikationsprozeß geheim zu halten und eine gleiche Verpflichtung ihrer Belegschaft aufzuerlegen. Einige ihrer Arbeiter verließen sie nach Kriegsausbruch und traten in den Dienst der beklagten Gesellschaft. Dieser Gesellschaft teilten sie ihre Kenntnis der Maschinen mit, die darauf eine Faksimilemaschine fabrizierte. Auf Schadenersatz und ein Verbot der Herstellung verklagt, wandte die beklagte Gesellschaft ein, der Anspruch sei gestützt auf eine Verleitung zum Bruch einer vertraglichen Verpflichtung, ein Geheimnis nicht weiterzugeben, und diese Verpflichtung sei nicht wirksam, denn die Kläger seien unter einer gleichen Verpflichtung gegenüber der deutschen Gesellschaft, die aus der Bewahrung des Geheimnisses Vorteil ziehen werde; folglich — so wurde geltend gemacht — sei die Verpflichtung zur Geheimhaltung bei Kriegsausbruch erloschen, und da der Vertrag nichtig geworden sei, könne ein Anspruch, der sich auf eine vermeintliche Anstiftung stütze, ihn zu brechen, nicht durchdringen. Das Gericht schloß sich dieser Auffassung nicht an; die Bestimmung über Geheimhaltung zwischen der klägerischen Gesellschaft und ihrer Belegschaft — so wurde ausgeführt — bestehe selbständig und zum Vorteil der klägerischen Gesellschaft; sie werde deshalb nicht dadurch unwirksam, daß ihre Befolgung zwischen den Parteien unter gewissen Umständen nach dem Kriege zum Vorteil der deutschen Gesellschaft ausschlagen könne.

Diese Beispiele zeigen, wie Verträge zwischen nicht-feindlichen Parteien, zwei englischen Parteien, oder einer englischen und einer neutralen, durch den Kriegsausbruch ratione materiae hinfällig werden können. Auf der anderen Seite ist es offensichtlich nicht Aufgabe eines Friedensvertrages, Beziehungen zwischen zwei britischen oder zwischen einer britischen und einer neutralen Firma zu regeln.

---

[9] B. O. Morris Ltd. v. R. Gilman Ltd., Reports of Patents etc. Cases, Band 60, S. 20 f.; siehe unten S. 75, Note 2.

2. Verträge ratione personae

Selbst wenn, wie meist der Fall, der Streit aus Beziehungen zwischen Feinden entspringt, so daß eine Beendigung des Vertrages ratione personae in Betracht kommt, mag die Sache gleichwohl außerhalb des Bereiches eines Friedensvertrages bleiben. Nach englischem Gemeinen Recht ebenso wie nach den verschiedenen britischen Trading with the Enemy Acts ist das Merkmal für die Feindeseigenschaft einer Person nicht ihre Staatsangehörigkeit, sondern der Ort, wo sie ihren gewöhnlichen Aufenthalt hat oder ihr Geschäft betreibt. Ein britischer Staatsangehöriger, der in Deutschland Aufenthalt hat oder Geschäfte betreibt, gilt als Feind, und ein Vertrag zwischen ihm und einer in England befindlichen oder Geschäfte betreibenden Gesellschaft ist dementsprechend zu behandeln. Es gibt deshalb Verträge, die, obwohl nach englischem Merkmal Verträge zwischen Feinden darstellend, dennoch keine Beziehungen zwischen britischen und feindlichen Staatsangehörigen in sich schließen und folglich aus dem Geltungsbereich eines Friedensvertrages herausfallen. Dabei sei von vornherein bemerkt, daß gewisse weiter unten zu behandelnde Typen solcher Verträge im Versailler Vertrag erwähnt werden, aber das ist nur ein scheinbarer Widerspruch zu dem Satze, daß ein Friedensvertrag mit Verträgen solcher Art nichts zu tun hat. Der Versailler Vertrag verweist auf solche Verträge nur, um klar zu stellen, daß seine Bestimmungen über Vorkriegsverträge nicht für Verträge gelten, aus denen keine Beziehungen zwischen alliierten und deutschen Staatsangehörigen erwachsen. Dieser gewissermaßen negative Charakter der betreffenden Bestimmungen wird durch den Wortlaut angedeutet: Wo es sich um positive Regeln handelt, gebraucht der Friedensvertrag den Ausdruck, daß die Verträge „aufgelöst" oder aber „aufrecht erhalten" sind. Für negative Regeln wird der Ausdruck gebraucht, daß die Bestimmungen des Friedensvertrages „nicht anwendbar" sind.

Zu den Verträgen, welche nach englischem Recht Verträge zwischen Feinden sind, gleichwohl außerhalb des Wirkungsbereiches eines Friedensvertrages bleiben, gehören die folgenden:

a) Verträge, deren eine Partei einem neutralen Staat angehört, aber im feindlichen oder feindlich besetzten Gebiet wohnt

Nach dem Grundsatz „pacta tertiis nec nocent nec prosunt" bindet ein Friedensvertrag neutrale Staaten nicht. Ein Vertrag zwischen einer britischen Firma (im territorialen Sinne) und einem

Schweizer Staatsangehörigen, der in Deutschland ein Geschäft betreibt oder dort ansässig ist, gilt nach englischem Recht als ein Vertrag mit einem Feinde und wird so behandelt. Aber ein Friedensvertrag zwischen Großbritannien und Deutschland würde mit einem solchen Vertrage nicht befaßt sein; auch hätten die Schweizer Gerichte die Bestimmungen des Friedensvertrages nicht anzuwenden, der im Verhältnis zwischen Großbritannien und der Schweiz eine res inter alios acta sein würde. Gemischte Schiedsgerichte oder Versöhnungs-Kommissionen würden für Streitigkeiten aus solchen Verträgen nicht zuständig sein. Wenn ein aus einem solchen Vertrage entstehender Streit vor ein Schweizer Gericht kommen sollte, würde dies nach den Grundsätzen des Schweizer Internationalen Privatrechts zu entscheiden haben, welches Recht auf den Fall anwendbar ist, und dieses Recht, dagegen nicht die Bestimmungen des Friedensvertrages anzuwenden haben[10]. Ein deutsches Gericht müßte von demselben Ausgangspunkt ausgehen und den Friedensvertrag ebensowenig anwenden wie ein Schweizer Gericht; denn obwohl ein von Deutschland ratifizierter Friedensvertrag zweifellos für ein deutsches Gericht bindend ist, würde es nicht die Aufgabe eines solchen Friedensvertrages sein, vertragliche Beziehungen zwischen einem deutschen und einem schweizer Staatsangehörigen zu regeln.

Noch eine andere Klasse von Personen, die zwar weder deutsche Staatsangehörige sind, noch in Deutschland wohnen oder ihr Geschäft betreiben, gleichwohl im Sinne des British Trading with the Enemy Act, 1939, als Feinde gelten, bleibt außerhalb des Wirkungsbereiches des Friedensvertrages. Nach s. 2 (2) dieses britischen Gesetzes kann das Handelsamt anordnen, daß irgendeine Person für die Dauer einer solchen Anordnung als Feind im Sinne des Gesetzes gilt. In Ausübung dieser Ermächtigung hat das Handelsamt von Zeit zu Zeit Listen derartiger zu Feinden erklärten Personen (physische Personen oder Korporationen) herausgegeben (sogenannte Schwarze Listen). Verträge, die während des Krieges zwischen britischen Staatsangehörigen und Personen dieser Schwarzen Listen geschlossen werden, würden zweifellos nach

---

[10] Sauser-Hall, Les Traités de Paix et les droits privés des Neutres, 1924; Schnitzer, Handbuch des Internationalen Privatrechts, 2. Aufl., S. 63; Schweizer Bundesgericht 4. 11. 20, Hans. Rsch. 21, 586; weitere Entscheidungen: Revue de droit int. privé 20, 248 ff. Die von der International Law Association vorgeschlagenen Regeln (siehe nachstehend Kap. 3, 2) enthalten eine Regel [2 (b), (c)] über die Stellung von Neutralen. Diese Erstreckung auf Neutrale beruht darauf, daß diese Regeln anscheinend als Vorschläge für die Erweiterung des Völkerrechts gemeint sind, welches Völkerrecht natürlich für alle Staaten gilt, während ein Friedensvertrag nur für die vertragschließenden Staaten bindend ist.

englischem Recht nichtig sein. Ob sie nach englischem Recht, falls abgeschlossen, bevor die eine Partei auf die Schwarze Liste gesetzt wurde, nachträglich aufgelöst werden, ist zweifelhaft, und Entscheidungen darüber fehlen. Sicher ist aber, daß ein Vertrag, der mit einer Person auf der Schwarzen Liste geschlossen worden ist, als solcher durch den Friedensvertrag nicht berührt wird, sondern nur, wenn die auf die Liste gesetzte Partei ein deutscher Staatsangehöriger ist. Deutsche Staatsangehörige erscheinen natürlich im allgemeinen nicht auf der Schwarzen Liste, denn wenn sie in Deutschland wohnen oder Handel betreiben, sind sie ohnehin Feinde im Sinne des englischen Gemeinen Rechts und des Trading with the Enemy Act. Sie müssen aber, falls sie in Deutschland weder Aufenthalt haben noch Geschäfte betreiben, auf die Schwarze Liste gesetzt werden, um im Sinne des englischen Rechts als Feinde zu gelten, und dies wird meist dann geschehen, wenn sie entweder einem Feinde helfen oder unter seiner Kontrolle stehen. Sind sie einmal auf die Schwarze Liste gesetzt, so sind sie natürlich in jeder Beziehung einem Feinde im territorialen Sinne gleichgestellt und die im Friedensvertrage an einen solchen Feindescharakter geknüpften Folgen, die im einzelnen später zu beschreiben sind, finden auf sie Anwendung. Ein Friedensvertrag ist deshalb mit „Schwarze Liste-Feinden“ insoweit befaßt, als solche Feinde deutsche Staatsangehörige sind, die, falls sie nicht auf die Liste gesetzt worden wären, mangels eines Aufenthalts oder Geschäftsbetriebes im Feindesland, nicht als feindliche Staatsangehörige im Sinn des Rechts der beteiligten Alliierten Macht gegolten hätten.

Was Körperschaften anlangt, so ist ihre Staatsangehörigkeit nach Völkerrecht umstritten. Einige Autoren sind der Ansicht, daß es keine völkerrechtliche Regel für die Entscheidung dieser Frage gibt[11]. Andere sind der Meinung, daß sie die Staatsangehörigkeit entweder des Staats haben, in dessen Gebiet sie ihren Sitz haben, oder des Staats, nach dessen Recht sie errichtet worden sind[12]. Section 2 des Britischen Gesetzes über Handel mit dem Feind, 1939, definiert Körperschaften, gleichgültig ob eingetragen oder nicht eingetragen, als feindliche, wenn sie entweder unter der Kontrolle eines Feindes stehen oder nach dem Recht eines feindlichen Staates errichtet oder eingetragen sind oder im feindlichen Gebiet Handel treiben. Insoweit das Gesetz die Staatsangehörigkeit einer Körperschaft davon abhängig macht, unter wessen Kontrolle sie steht,

---

[11] Oppenheim-Lauterpacht, Bd. 2, S. 228, § 88 (a), wo weitere Literatur zu der Frage angeführt wird.

[12] Earl of Birkenhead, International Law, 6. Aufl., S. 193.

stimmt es mit der Entscheidung des House of Lords i. S. Daimler Co. Ltd. v. Continental Tyre and Rubber Co. überein[13], wo das Merkmal der Kontrolle zum ersten Mal angewandt wurde. In dieser Entscheidung sagte Lord Halsbury, der damalige Lord Chancellor, daß eine Körperschaft feindlichen Charakter habe, wenn die Vertreter, durch die sie handele, oder die Person, unter deren de facto-Kontrolle sie sei, im Feindesland Aufenthalt hätten. Das Merkmal der Kontrolle einer Gesellschaft wurde also gewissermaßen dem des Aufenthalts einer physischen Person gleichgestellt[14]: ebenso wie eine physische Person mit Aufenthalt oder Geschäftsbetrieb in Feindesland unabhängig von ihrer Staatsangehörigkeit als Feind gilt, so wird eine Gesellschaft, falls die Vertreter, durch die sie handelt, in Feindesland wohnen, als ein Feind angesehen, unabhängig davon, ob die Merkmale, welche für die Staatsangehörigkeit einer Gesellschaft im allgemeinen maßgebend sind, zu demselben Ergebnis führen. Auf der anderen Seite hat ein Friedensvertrag nur mit Verhältnissen zwischen Feinden im staatsrechtlichen Sinne zu tun, so daß das territoriale Merkmal keine Anwendung findet und deshalb das Merkmal der Kontrolle ebensowenig, da das Merkmal der Kontrolle für Körperschaften dem Merkmal des Aufenthalts für Individuen entspricht. Dies ist augenscheinlich der Grund, warum das britische Gesetz über Handel mit dem Feind von 1918 feindliche Gesellschaften im wesentlichen so definierte wie das Gesetz von 1939, während die Peace Treaty Order in Council[15] als feindliche Korporationen die bezeichnete, welche in einem feindlichen Staate nach dessen Recht errichtet worden waren. Ein Friedensvertrag hat also mit feindlichen Körperschaften nur zu tun, wenn sie feindliche Staatsangehörigkeit besitzen, nicht dagegen, wenn sie in Feindesland sozusagen ihren Aufenthalt haben, für welch letzteren Begriff das Merkmal der Kontrolle entscheidend ist, oder zum mindesten sein kann.

---

[13] [1916] 2 A. C. 307.

[14] Ähnlich Isay (3. Aufl., S. 53). Er führt aus, der Versailler Vertrag stelle das Merkmal der Kontrolle als selbständigen Tatbestand mit eigener Rechtsfolge neben den Tatbestand der Staatsangehörigkeit. Daß es sich um zwei selbständige Tatbestände handelt, entspricht der oben im Text entwickelten Auffassung. Das Merkmal der Kontrolle ist aber m. E. nur ein Unterfall eines auch sonst im Kriegsrecht bedeutsamen Merkmals, nämlich des Merkmals des Aufenthaltes

[15] Es ist dies eine auf gesetzlicher Ermächtigung (Treaty of Peace Act, 1919, 8 und 9 Geo. V, cap. 33) beruhende Königliche Verordnung vom 18. 8. 1919, durch welche der Versailler Vertrag in Kraft gesetzt wurde.

b) Alle Parteien britisch, aber eine von ihnen mit Aufenthalt in Feindesland

Verträge zwischen britischen Staatsangehörigen, deren einer zum maßgebenden Zeitpunkt [16] im feindlichen oder feindlich besetzten Gebiet wohnt oder Handel treibt, beispielsweise ein Vertrag zwischen einem britischen Kaufmann, der in London wohnt oder Handel treibt, und einem, der auf den Kanalinseln wohnt oder Handel treibt. Die Gültigkeit eines solchen Vertrages richtet sich ausschließlich nach britischem Recht, und zwar je nachdem, nach englischem Recht oder dem der Kanalinseln. Nach Art. 299 (d) 2. Satz des Versailler Vertrags sollen die in diesem Artikel enthaltenen Vorschriften keine Anwendung auf Verträge zwischen Staatsangehörigen der Alliierten und Assoziierten Mächte finden, zwischen denen der Handel deshalb verboten worden war, weil einer von ihnen in einem vom Feinde besetzten Gebiet Aufenthalt hatte. Anscheinend ist diese Bestimmung aufgenommen worden, um die Rechtslage völlig klar zu machen, ist aber nicht eigentlich notwendig, denn der Versailler Vertrag konnte und wollte natürlich nicht Beziehungen zwischen Staatsangehörigen Großbritanniens oder seiner Verbündeten regeln. Diese Erwägung zeigt, daß die Bestimmung, wenn man sie überhaupt aufzunehmen für nötig hielt, zu eng ist: es kommt nicht darauf an, ob die Partei, deren Feindeseigenschaft auf Aufenthalt beruht, solchen Aufenthalt im feindlich besetzten Gebiet hat, oder im eigentlich feindlichen Gebiet. Der Vorbehalt von Art. 299 (d) 2. Satz bezieht sich nur auf die erste Alternative. Es ist aber klar, daß wenn ein Vertrag zwischen einem britischen Staatsangehörigen mit britischem Aufenthalt und einem britischen Staatsangehörigen mit Aufenthalt im von den deutschen Truppen besetzten Belgien nicht unter den Friedensvertrag fällt, ein Vertrag zwischen einem britischen Staatsangehörigen mit Aufenthalt in Großbritannien und einem mit Aufenthalt in Deutschland ebensowenig darunter fällt, in beiden Fällen deshalb, weil ein Friedensvertrag mit Beziehungen zwischen britischen Staatsangehörigen nichts zu tun hat.

Die Friedensverträge von 1947 enthalten keine dem Art. 299 (d) Satz 2 des Versailler Vertrages entsprechende Bestimmung; gleichwohl werden Verträge der in Art. 299 (d) Satz 2 des Versailler Vertrages behandelten Art, wie etwa Verträge zwischen zwei britischen Staatsangehörigen, der eine mit Aufenthalt in London, der andere

[16] Welches dieser Zeitpunkt ist, wird später dargelegt werden.

mit Aufenthalt in Rumänien, nicht von den Friedensverträgen erfaßt.

Die Bestimmung, daß der Versailler Vertrag auf solche Verträge nicht Anwendung findet, welche Regel, weil aus allgemeinen Grundsätzen folgend, auch für die Friedensverträge von 1947 gilt, bedeutet natürlich nicht, daß solche Verträge in Kraft bleiben. Wenn ein unter englisches Recht fallender Vertrag Verkehr mit dem Feinde im territorialen Sinne bedingt oder darauf abzielt, ihm Beistand zu leisten, dann wird er aufgelöst; das ist aber keine Folge des Friedensvertrages, sondern eine solche des englischen Rechts.

Die Bestimmung des Art. 299 (d) 2. Satz gehört zu der Kategorie von Vorschriften, die oben als „negative" bezeichnet worden sind. Ihre einzige Wirkung besteht darin, die Bestimmungen des Friedensvertrages von der Anwendung auszuschließen. Die Folge ist, daß nur Landesrecht auf solche Verträge Anwendung findet. Der Versailler Vertrag bestimmte das nicht ausdrücklich, und die Verträge von 1947, da sie sich mit solcher Eventualität nicht befassen, natürlich ebensowenig. Nur der Vertrag von Lausanne enthielt eine besondere Bestimmung, nämlich die des Art. 82 Abs. 2. Dort ist vorgeschrieben, daß gewisse Arten von Verträgen von der Anwendung des Art. 73, der die Auflösung von Verträgen vorschreibt, ausgenommen und nur durch „ordinary law" (gewöhnliches Recht) geregelt werden sollen. Die Bestimmung ist selbstverständlich, denn wenn Verträge nicht unter die allgemeine Regel des Friedensvertrages, nämlich daß Vorkriegsverträge aufgelöst werden, fallen, welches andere Recht soll dann Anwendung finden als das „ordinary law"?

c) Alle Parteien deutsch

Verträge, die vor dem Kriege zwischen deutschen Staatsangehörigen geschlossen waren, von denen einer oder alle zu dem entscheidenden Zeitpunkt in feindlichem oder feindlich besetztem Gebiet wohnten.

Folgende Fälle kommen in Betracht:

1. Ein vor dem Kriege geschlossener Vertrag zwischen einem deutschen Staatsangehörigen, der in Großbritannien wohnte oder Geschäfte betrieb, und einem in Deutschland wohnenden deutschen Staatsangehörigen.

2. Ein Vertrag zwischen zwei deutschen Staatsangehörigen, von denen der eine in einem während des Krieges von den britischen

Truppen besetzten Gebiet wohnte, während der andere in deutschem unbesetzten Gebiet wohnte.

3. Ein Vertrag zwischen einem deutschen Staatsangehörigen, der in einem neutralen Lande wohnte oder Geschäfte betrieb, und einem deutschen Staatsangehörigen, der in einem Gebiet wohnte, das später von den Truppen der Siegermächte besetzt wurde.

Mit all solchen Verträgen hat ein Friedensvertrag nichts zu tun, da es sich nur um Beziehungen zwischen deutschen Staatsangehörigen handelt. Streitigkeiten aus solchen Verträgen würden voraussichtlich vor deutsche Gerichte kommen, die natürlich deutsches Recht anwenden würden. Nur in dem ersten Beispiel kann ein Streit möglicherweise vor ein englisches Gericht kommen. Das Gericht würde dann mit einem Problem befaßt sein, für dessen Lösung es anscheinend keine Entscheidungen gibt, nämlich, ob die Vorschriften des englischen Rechts über Handel mit dem Feind für alle Verträge gelten, deren Parteien Feinde im territorialen Sinne sind. Die Frage dürfte zu bejahen sein. Ein deutscher Staatsangehöriger, der während des Krieges in England wohnte, hatte das englische Recht über Handel mit dem Feind zu befolgen, durfte also einen Vertrag nicht ausführen, wenn das Handel mit der anderen in Deutschland wohnenden Partei in sich geschlossen hätte. Geld, das die in England wohnende Partei der in Deutschland wohnenden Partei schuldete, hätte von ihr an den britischen Verwalter feindlichen Vermögens gezahlt werden müssen. Wenn während des Krieges der Vertrag englischem Recht unterworfen war (Gemeinem Recht oder Gesetzesrecht), warum sollte diese Unterwerfung mit Kriegsausbruch enden? Vermutlich würde ein englisches Gericht zu dem Ergebnis kommen, daß ein solcher Vertrag durch den Kriegsausbruch ebenso aufgelöst ist, als wenn die in England wohnende Partei englische Staatsangehörigkeit besessen hätte.

d) Verträge zwischen Feinden im politischen Sinne, in die aber ein Nicht-Feind kraft Rechtsnachfolge eintritt

Eine Rechtsnachfolge dieser Art kann eintreten:

aa) durch Erbfolge: es ist beispielsweise vor Kriegsausbruch ein Vertrag zwischen einem britischen und einem deutschen Staatsangehörigen geschlossen worden, dessen deutsche Partei vor Inkrafttreten des Friedensvertrages stirbt und von einem britischen Staatsangehörigen beerbt wird. Wiederum würde die Behandlung eines solchen Vertrages ein Problem darstellen, für dessen Lösung ausschließlich britisches Recht in Betracht kommt, was natürlich nicht ausschließt, daß aus der ursprünglich feindlichen Staatsangehörigkeit der Vertragsparteien gewisse Schlüsse gezogen werden.

bb) Ein anderer, praktisch bedeutsamerer Fall der Rechtsnachfolge kann dadurch eintreten, daß das Gebiet, in welchem die Parteien wohnten oder Geschäfte betrieben, kraft des Friedensvertrages abgetreten wird. Wenn beispielsweise Teile Deutschlands abgetreten werden, was wird aus Verträgen, die zwischen britischen oder alliierten Staatsangehörigen und in dem abgetretenen Gebiet wohnenden Parteien geschlossen waren? Der Friedensvertrag wird mit solchen Verträgen nicht befaßt sein, wie das folgende Beispiel zeigt.

Angenommen, vor dem Kriege war zwischen einem britischen Staatsangehörigen mit Wohnsitz in England und einem deutschen Staatsangehörigen mit Wohnsitz in Königsberg (Ostpreußen) ein Vertrag abgeschlossen; wird Königsberg an Rußland oder Polen abgetreten und erwerben die Einwohner Königsbergs dadurch, wie bei solchen Gebietsabtretungen üblich, russische oder polnische Staatsangehörigkeit, so würden Beziehungen zwischen einem britischen Staatsangehörigen einerseits und einem russischen oder polnischen Staatsangehörigen andererseits in Frage stehen, mit denen natürlich der Friedensvertrag nicht befaßt ist. Nur für eine Eventualität käme eine Regelung durch den Friedensvertrag in Frage. Wenn Gebiet kraft eines Friedensvertrages abgetreten wird, so räumt der Friedensvertrag in der Regel den Bewohnern des abgetretenen Gebiets die Befugnis ein, für die Beibehaltung ihrer früheren Staatsangehörigkeit zu optieren. Ein solches Optionsrecht enthielt der Versailler Vertrag für die Einwohner der meisten unter dem Vertrag abgetretenen Gebiete[17]. Der Friedensvertrag mit Italien von 1947 sieht an Gebietsabtretungen die Zession kleiner Grenzgebiete an Frankreich und Jugoslawien, ferner die der Inseln im Dodekanes an Griechenland, schließlich die Errichtung der Stadt Triest als eines selbständigen Freistaats vor[18] und bestimmt, daß den Bewohnern der an Frankreich, Jugoslawien und Griechenland abgetretenen Gebiete durch Gesetzgebung der Nachfolgestaaten der Erwerb der Staatsangehörigkeit des Nachfolgestaats

[17] Art. 91 für die Bewohner der an Polen abgetretenen Gebiete; Art. 85 für die an die Tschechoslowakei abgetretenen Gebiete, Art. 37 für die an Belgien abgetretenen Gebiete. Kein Optionsrecht wurde den Einwohnern von Elsaß-Lothringen eingeräumt. Siehe ferner Art. 31 und 32 des Vertrages von Lausanne.

[18] Art. 6, 11, 14, 21; vgl. Kunz in American Journal of International Law, Band 41, S. 622.

und dementsprechend der Verlust der italienischen Staatsangehörigkeit zu ermöglichen ist, mit der Befugnis, innerhalb bestimmter Frist für die Beibehaltung der italienischen Staatsangehörigkeit zu optieren [19]. Für den Freistaat Triest enthält das endgültige Statut eine gleiche Bestimmung: die Bewohner erhalten die Staatsangehörigkeit des Freistaats, gleichfalls mit einem Optionsrecht für die Beibehaltung ihrer italienischen Staatsangehörigkeit [20]. In den übrigen Friedensverträgen von 1947 werden Annexionen im eigentlichen Sinne nicht vorgesehen. Es werden aber für die besiegten Mächte die Grenzen, so wie sie an einem bestimmten Stichtage bestanden, wiederhergestellt [21], und es wird in den Verträgen mit Rumänien und Ungarn hinzugefügt, daß der Wiener Schiedsspruch vom 30. 8. 1940 null und nichtig ist [22] und die Grenzen zwischen Rumänien und Ungarn, so wie sie am 1. 1. 1938 bestanden, wiederhergestellt werden. In dem Vertrag mit Finnland endlich werden bestimmte Gebiete Finnlands, die an Sowjetrußland in früheren russisch-finnischen Friedensverträgen überlassen, dann aber nach Ausbruch des zweiten Krieges zwischen Finnland und Rußland von Finnland erneut besetzt worden waren, endgültig abgetreten [23]. Sachlich laufen diese Bestimmungen auf Gebietsabtretungen hinaus. Eine Regelung über die Staatsangehörigkeit der Bewohner der abgetretenen Gebiete fehlt. Da der Wiener Schiedsspruch für null und nichtig erklärt wird, unter Wiederherstellung der am 1. 1. 1938 zwischen Rumänien und Ungarn bestehenden Grenze, dürfte anzunehmen sein, daß damit automatisch die Angehörigen der Gebietsteile, die von dem Wiener Schiedsspruch betroffen wurden, ihre alte Staatsangehörigkeit wieder erlangen. Voraussichtlich wird es nötig sein, in einem Vertrage zwischen Ungarn und Rumänien Übergangsvorschriften zu vereinbaren, und ebenso dürfte es nötig sein, zwischen Bulgarien und Finnland einerseits, den Nachbarstaaten, an die bulgarische bzw. finnische Gebiete übergehen, andererseits, Verträge zu schließen, worin die künftige Staatsangehörigkeit der Einwohner der ihre Staatshoheit wechselnden Gebiete geregelt wird.

Wenn der künftige Friedensvertrag mit Deutschland nach Art des Versailler Vertrages und der Friedensverträge von 1947 den Bewohnern der von Deutschland abzutretenden Gebiete, also, um auf den obigen Fall zurückzukommen, den Bewohnern von Kö-

---

[19] Art. 19.

[20] Anhang VI, Art. 6 des Vertrages mit Italien.

[21] Art. 1 Vertrag mit Rumänien, Art. 1 Vertrag mit Bulgarien, Art. 1 Vertrag mit Ungarn, Art. 1 Vertrag mit Finnland.

[22] Art. 2 Vertrag mit Rumänien, Art. 1 (2) Vertrag mit Ungarn.

[23] Art. 2 des Vertrages mit Finnland.

nigsberg, ein Recht, für Beibehaltung der deutschen Staatsangehörigkeit zu optieren, einräumen und der Kaufmann in Königsberg dieses Optionsrecht ausüben, also seine deutsche Staatsangehörigkeit beibehalten sollte, so würde eine Vertragsbeziehung zwischen einem britischen und einem deutschen Staatsangehörigen in Frage stehen, für die der Friedensvertrag eine Bestimmung enthalten müßte. Es war, soweit der Versailler Vertrag in Betracht kam, streitig, was aus einem Vertrage zwischen einem alliierten Staatsangehörigen und dem Bewohner eines abgetretenen Gebiets wurde, der für die Beibehaltung seiner deutschen Staatsangehörigkeit optierte. Der Versailler Vertrag enthielt nur eine einschlägige Bestimmung, nämlich die des Artikel 299 (d):

> Dieser Artikel und seine Anlage finden keine Anwendung auf Verträge, deren Parteien dadurch Feinde geworden sind, daß eine von ihnen Einwohner eines Gebiets war, das unter eine andere Souveränität tritt, falls diese Partei infolge des gegenwärtigen Vertrags die Staatsangehörigkeit einer alliierten oder assoziierten Macht erwirbt.

Ein Beispiel für diese Bestimmung würde ein Vertrag bilden, der vor Ausbruch des Krieges von 1914 zwischen einem britischen Staatsangehörigen mit englischem Wohnsitz und einem deutschen Staatsangehörigen mit Wohnsitz in Eupen geschlossen war. Eupen wurde nach dem ersten Weltkrieg an Belgien abgetreten, und die deutschen Bewohner Eupens erwarben darauf belgische Staatsangehörigkeit. Bevor Art. 299 (d) des Versailler Vertrages in seiner Bedeutung für diesen konkreten Fall geprüft wird, ist der Inhalt von Art. 299 (a) und § 1 des Anhangs, auf die weiter unten im einzelnen eingegangen werden wird, kurz darzustellen, denn ohne eine solche kurze Zusammenfassung würde das Verständnis dafür erschwert sein, was die Bestimmung des Art. 299 (d)

> „Dieser Artikel und seine Anlage finden auf Verträge einer gewissen Gattung keine Anwendung"

für eine Bedeutung hat.

Art. 299 (a) und § 1 der Anlage bestimmen, kurz zusammengefaßt, daß Verträge zwischen Parteien von dem Zeitpunkt ab aufgelöst sind, zu dem der Handel zwischen ihnen verboten oder rechtswidrig geworden ist. Um auf unser Beispiel zurückzukommen, so würde der fragliche Vertrag kraft dieser Bestimmung aufgelöst worden sein, denn Eupen bildete einen Teil des deutschen Reichs und die Einwohner Eupens unterlagen deshalb dem britischen Handelsverbot (British Trading with the Enemy Act, 1914). Art. 299 (d) bestimmt aber, daß Art. 299 (a) nebst Anlage, falls der Kaufmann in Eupen belgische Staatsangehörigkeit erwirbt, nicht anwendbar, der Vertrag deshalb nicht aufgelöst sein soll. Der

Grund für diese, auf den ersten Blick überraschende Bestimmung ist augenscheinlich derselbe, der den bereits erwähnten Bestimmungen über Verträge zwischen alliierten Staatsangehörigen zugrundeliegt, deren einer in feindlichem oder feindlich besetztem Gebiet wohnt. Es handelt sich nicht um vertragliche Beziehungen zwischen Feinden (im politischen Sinne), sondern um solche zwischen einem britischen und einem belgischen Staatsangehörigen, mit denen der Friedensvertrag nichts zu tun hat. Es muß wieder betont werden, daß Art. 299 (d) den Vertrag nicht aufrecht erhält, sondern sich auf die Bestimmung beschränkt, daß Art. 299 (a) nicht Anwendung findet; in anderen Worten, er enthält nur eine negative, nicht aber eine positive Vorschrift. Der Vertrag wird durch den Friedensvertrag nicht aufgelöst. Es bleibt aber offen, ob er in Kraft bleibt oder unter dem maßgebenden Landesrecht aufgelöst wird; falls unter engliches Recht fallend, würde er aufgelöst werden, denn eine der Vertragsparteien war ein Feind im territorialen Sinne, und der Umstand, daß nach der Besetzung Eupens durch belgische Truppen die deutsche Vertragspartei nicht mehr ein Feind im territorialen Sinne war, führt natürlich nicht zur Wiederinkraftsetzung des Vertrages. Es kann aber folgende praktische Schwierigkeit entstehen: Nach Art. 299 (d) findet Art. 299 (a) dann keine Anwendung, wenn der Einwohner des abgetretenen Gebiets die Staatsangehörigkeit einer alliierten Macht erwirbt, in unserem Beispiel die Staatsangehörigkeit Belgiens. Folglich würde, wenn der Bewohner Eupens für Beibehaltung seiner deutschen Staatsangehörigkeit optiert, die Ausnahme von Art. 299 (d) nicht zutreffen, Art. 299 (a) würde anwendbar, der Vertrag folglich aufgelöst sein. Das Ergebnis ist wiederum logisch, denn es ist kein Grund ersichtlich, warum ein Vertrag zwischen einem britischen und einem deutschen Staatsangehörigen, die beide auch im territorialen Sinne Feinde waren, nicht von der im Versailler Vertrag bestimmten Auflösung von Vorkriegsverträgen ergriffen werden sollte. Das Ergebnis wäre gleichwohl praktisch unbefriedigend. Die Frist, innerhalb deren die Bewohner von Eupen für Beibehaltung ihrer deutschen Staatsangehörigkeit optieren konnten, betrug zwei Jahre von dem Inkrafttreten des Versailler Vertrags ab. Es blieb deshalb für einen nicht unbeträchtlichen Zeitraum ungewiß, ob Art. 299 (a) Anwendung fand oder nicht. Immerhin ist die praktische Bedeutung dieser Übergangszeit weniger bedeutend, als auf den ersten Blick scheinen könnte. Denn vermutlich würde, auch wenn Art. 299 (a) ausscheidet, der Vertrag, sei es nach englischem, sei es nach belgischem Landesrecht, ohnehin der Auflösung verfallen, so daß das Ergebnis das gleiche blieb, mochte die deutsche Partei für belgische oder deutsche Staatsangehörigkeit optieren. Im ersten Falle würde der Vertrag nach Landesrecht (englischem oder belgischem) aufgelöst werden, im zweiten Falle nach Art. 299 (a) des Versailler Vertrags.

Um die Rechtslage vollkommen klar zu machen, sei ein etwas abweichender Fall untersucht, nämlich ein Vertrag zwischen einem deutschen Staatsangehörigen (mit deutschem Wohnsitz) und einem Kaufmann in Eupen, obwohl ein solcher Fall nicht zu der Kategorie gehört, die augenblicklich behandelt wird, nämlich der von Verträgen, die ursprünglich zwischen Feinden im politischen Sinne geschlossen waren.

Wieder müssen zwei Eventualitäten unterschieden werden:

a) der Kaufmann aus Eupen optiert für Beibehaltung der deutschen Staatsangehörigkeit,

b) er erwirbt belgische Staatsangehörigkeit.

Der erste Fall richtet sich augenscheinlich nach deutschem Recht, und zwar ausschließlich nach deutschem Recht, da der Friedensvertrag mit vertraglichen Beziehungen zwischen deutschen Staatsangehörigen nichts zu tun hat. Die Lösung des zweiten Falles ist dagegen zweifelhaft, denn hier handelt es sich um Beziehungen zwischen einem belgischen und einem deutschen Staatsangehörigen, für die der Friedensvertrag eine Lösung enthalten sollte. Findet Art. 299 (a) Anwendung, oder schließt Art. 299 (d) diese Anwendung aus? Anscheinend trifft das letztere zu, denn alle Bedingungen des Art. 299 (d) sind erfüllt. Der Kaufmann aus Eupen wurde zum Feinde, weil er der Einwohner eines Gebietes war, das demnächst seine Souveränität wechselte, und er erwarb belgische Staatsangehörigkeit. Wäre die Bestimmung von Art. 299 (d) nicht vorhanden, so wäre der Vertrag nach Art. 299 (a) aufgelöst, denn zwischen der deutschen Vertragspartei und der aus Eupen bestand nach der Besetzung Eupens durch die Belgier ein Handelsverbot. Auffällig ist aber, daß die Vorschrift rein negativ ist. Aus Art. 299 (d) kann man nur den Schluß ziehen, daß Art. 299 (a) nicht Anwendung findet, während die Frage, ob der Vertrag aufrecht erhalten oder aufgelöst wird, offen bleibt; dabei sollte der Umstand, daß es sich um Beziehungen zwischen einem belgischen und einem deutschen Staatsangehörigen handelt, Anlaß zu einer positiven Vorschrift sein. Ein Artikel im Versailler Vertrag betraf ein analoges Problem, nämlich die Behandlung von Verträgen zwischen deutschen Staatsangehörigen und Einwohnern von Elsaß-Lothringen. Nach der Besetzung Elsaß-Lothringens durch französische Truppen wurde am 30. 11. 1918 eine französische Verordnung erlassen, die Handel zwischen den Einwohnern Elsaß-Lothringens und denen von Deutschland verbot. Von diesem Zeitpunkt ab wurden die Einwohner Elsaß-Lothringens und Deutschlands Feinde im Sinne von Art. 299 (a) und § 1 des Anhangs, und das hätte zu dem Ergebnis geführt, daß von diesem Zeitpunkt ab Verträge zwischen den Einwohnern Elsaß-Lothringens und Deutschlands aufgelöst wurden. Art. 75 des Versailler Vertrages sah aber das Gegenteil vor, nämlich, daß solche Verträge aufrecht erhalten werden, vorbehaltlich des Rechts der französischen Regierung, die Auflösung eines bestimmten Vertrages im Allgemeininteresse zu verlangen. Der Artikel beschränkte sich auf Elsaß-Lothringen und war nicht anwendbar auf die übrigen Gebiete, die von Deutschland an eine gegnerische Macht abgetreten wurden.

Die Friedensverträge von 1947 enthalten keine Bestimmung über das Problem, nicht einmal eine rein negative wie Art. 299 (d) des Versailler Vertrages.

Es dürfte sich empfehlen, daß der künftige Friedensvertrag mit Deutschland eine bestimmte Regel über Verträge zwischen deutschen Staatsangehörigen und Einwohnern der von Deutschland abzutretenden Gebiete enthält. Es müßte für solche Verträge positiv vorgesehen werden, entweder daß sie aufrecht erhalten werden (Lösung des Art. 75 Versailler Vertrag für Elsaß-Lothringen), oder daß sie aufgelöst werden. Eine negative Bestimmung wie die des Art. 299 (d) des Versailler Vertrages dürfte nicht genügen.

e) Verträge zwischen Feinden im politischen, aber nicht im territorialen Sinn

Während es, wie oben gezeigt, Fälle gibt, wo das Landesrecht Verträge zwischen Feinden regelt, während diese Verträge gleichwohl außerhalb des Bereichs eines Friedensvertrages bleiben, gibt es umgekehrt Fälle, mit denen sich ein Friedensvertrag befassen muß, obwohl nach Landesrecht Beziehungen zwischen Feinden nicht in Frage stehen. Bei einem Vertrage zwischen einem britischen und einem deutschen Staatsangehörigen, die beide in Großbritannien wohnen oder Geschäfte betreiben, entsteht nach englischem Recht kein Problem des Handels mit dem Feind [24]. Nur

[24] Nordmann v. Rayner and Sturges, 33 T. L. R. 87; Schostall v. Johnson, 36 T. L. R. 75 und Schaffenius v. Goldberg [1916] 1 K. B. 284. In allen diesen Fällen war eine Vertragspartei ein feindlicher Ausländer, der in England lebte. Es wurde entschieden, daß der Vertrag in Kraft bleibe, und daß die vorübergehende Internierung des Klägers ihn nicht zu einem feindlichen Staatsangehörigen mache.

wenn der deutsche Staatsangehörige vor Inkrafttreten des Friedensvertrages nach Deutschland zurückkehrt, beispielsweise zufolge eines Repatriierungs-Abkommens zwischen den beiden Regierungen, wird die deutsche Partei im Sinne des englischen Rechts zum feindlichen Ausländer, mit den entsprechenden Folgen für den Vertrag zwischen den Parteien. Ein Friedensvertrag hat aber für einen solchen Vertrag Vorsorge zu treffen, selbst wenn die deutsche Partei bis zum Abschluß des Friedensvertrages in Großbritannien wohnen bleibt; denn es handelt sich um einen Vertrag zwischen einem britischen und einem deutschen Staatsangehörigen. Daraus folgt nicht etwa, daß der Friedensvertrag die Auflösung eines solchen Vertrages vorsehen muß. Wie später gezeigt werden wird, verwies der Versailler Vertrag hinsichtlich der Frage, wer als Feind anzusehen sei, auf das Landesrecht der einen oder anderen Partei. Falls der künftige Friedensvertrag eine gleiche Regelung enthält, so würde ein Vertrag zwischen einem britischen und einem deutschen Staatsangehörigen, die beide in Großbritannien leben, gültig bleiben; aber er würde gültig bleiben, nicht weil es sich um eine rechtliche Beziehung handelt, mit welcher der Friedensvertrag nichts zu tun hat, sondern weil das Landesrecht, auf das der Friedensvertrag verweist, für den Feindesbegriff das territoriale Merkmal verwendet, und deshalb Parteien, die zu allen entscheidenden Zeitpunkten ihren Aufenthalt in Großbritannien hatten, nicht als Feinde ansieht, selbst wenn sie Staatsangehörige der kriegführenden Mächte sind. Die Verträge von 1919 enthielten keine ausdrückliche Regelung für diesen Fall. Sie befaßten sich mit ihm nur indirekt, insofern als sie hinsichtlich der Bestimmung des Charakters als Feind auf das Landesrecht verwiesen. Der Vertrag von Lausanne sah ausdrücklich vor [25], daß Verträge von der Auflösung ausgenommen sein und sich nach allgemeinem Recht richten sollen, wenn sie innerhalb des Gebiets einer der vertragschließenden Mächte geschlossen waren, sofern dies Gebiet für eine der Vertragsparteien, die dort während des Krieges verblieb und über ihre Person und Vermögen frei verfügen konnte, ein feindliches Land war, beispielsweise ein in der Türkei geschlossener Vertrag zwischen einem während des Krieges dort verbliebenen britischen Staatsangehörigen und einem türkischen, in der Türkei lebenden Staatsangehörigen. Solch ein Vertrag wurde durch den

---

[25] Art. 82, para. 2. Auf die befremdliche Tatsache sei hingewiesen, daß in Absatz 1 dieses Artikels die Begriffsbestimmung des Feindes mit der des § 1 des Anhangs zu Art. 299 Versailler Vertrag übereinstimmt, während in Abs. 2 das Wort „enemy" im politischen Sinne gebraucht wird. Siehe nachstehend S. 34.

Lausanner Vertrag nicht aufgelöst, vorbehaltlich jedoch der Auflösung, die etwa aus allgemeinem Recht folgte. Die Aufrechterhaltung des Vertrages war aber davon abhängig, daß der in dem feindlichen Lande verbliebene feindliche Staatsangehörige — in unserem Beispiel der britische Staatsangehörige, der während des Krieges in der Türkei verblieb — dort frei über seine Person und sein Vermögen verfügen durfte. Daraus scheint zu folgen, daß wenn der britische Staatsangehörige interniert oder sein Vermögen in der Türkei sequestiert worden wäre, die allgemeinen Regeln des Lausanner Vertrages über die Auflösung von Vorkriegsverträgen anwendbar gewesen wären [26].

Die Friedensverträge von 1947 gleichen den Verträgen von 1919: sie verweisen wegen des Feindesbegriffs auf das Landesrecht, so daß Verträge zwischen Staatsangehörigen zweier kriegführender Mächte, die während des Krieges im selben Lande wohnten, nur dann aufgelöst werden, wenn eins der in Betracht kommenden Landesrechte nicht das territoriale, sondern das politische Merkmal für den Begriff „Feind" verwendet.

3. Kapitel

Quellen des Rechts über Vorkriegsverträge

1. Friedensverträge von 1919, 1923 und 1947

Das Völkerrecht enthält keine Vorschriften darüber, wie Vorkriegsverträge zwischen Feinden durch Kriegsausbruch oder die Wiederherstellung des Friedens berührt werden. Vorschriften, welche die Privatparteien unmittelbar bänden, kann es nicht enthalten, da das Völkerrecht nichts mit Privatparteien zu tun hat und nur im Verhältnis zwischen Staaten gilt [1]. Es gibt aber nicht einmal eine Vorschrift des Völkerrechts, welche Staaten verpflichtete, ihr Landesrecht einer solchen Vorschrift anzupassen. Die Vorschriften in den Friedensverträgen von 1919 und 1923 können nicht als bindende Präzedenzien angesehen werden, da die große Mehrzahl der Staaten der Welt nicht zu den Vertragsparteien der Friedensverträge gehörten, nicht einmal alle Weltmächte, denn die Vereinigten Staaten ratifizierten den Vertrag nicht, und Rußland war sogar an seinem Abschluß nicht beteiligt. Es kann aber gleich-

[26] Siehe Societa Commerciale d'Oriente v. Gouvernement Turc, Rec. IX, S. 612 ff. Vgl. auch unten S. 35.

[1] Oppenheim-Lauterpacht, International Law, Band 2, § 101.

wohl behauptet werden, daß sich eine feste Praxis über Vorkriegsverträge und ihre Behandlung nach Kriegsende gebildet hat, welche Praxis in den Friedensverträgen von 1919, dem Vertrag von Lausanne, den Beschlüssen der International Law Association und den Friedensverträgen von 1947 ihren Niederschlag gefunden hat. Diese letzteren Verträge finden allerdings, wie oben erwähnt, im Verhältnis zu den Vereinigten Staaten von Amerika in bezug auf Vorkriegsverträge ebensowenig Anwendung, wie dies für die Friedensverträge von 1919 selbst dann der Fall gewesen wäre, wenn sie von den Vereinigten Staaten ratifiziert worden wären. Aber im Gegensatz zu den Friedensverträgen von 1919 gehört bei den Friedensverträgen von 1947 Rußland zu den vertragschließenden Mächten.

2. Vorschläge der International Law Association

Die Association befaßte sich mit diesen Problemen auf den Kongressen in Madrid 1913, Warschau 1928 und New York 1930 und arbeitete auf dem letztgenannten Kongreß ins einzelne gehende Vorschläge aus, die im wesentlichen mit der Regelung der Friedensverträge von 1919 und von Lausanne übereinstimmten [2].

Ein Hinweis auf diese Beschlüsse der International Law Association erscheint zulässig, denn für den Gegenstand dieses Buches, nämlich die Tendenzen des Völkerrechts in bezug auf Vorkriegsverträge sind Beschlüsse, die auf einem internationalen Kongreß von den dort versammelten Juristen mit großer Mehrheit gefaßt wurden, natürlich von Bedeutung; auch wird der künftige Friedensvertrag mit Deutschland voraussichtlich davon beeinflußt werden. Es wäre anders, wenn es sich um die Auslegung eines bestimmten Friedensvertrages handelte. Für die Auslegung eines solchen bestimmten Friedensvertrages würde nach englischer Auffassung auf die Entstehungsgeschichte des Vertrages nicht eingegangen werden dürfen. Im Gegensatz hierzu betrachten viele nichtenglische Gerichte Europas, besonders die von Deutschland, die Entstehungsgeschichte eines Gesetzes oder eines Vertrages als ein wertvolles Auslegungsmittel, und internationale Gerichte sind dem häufig gefolgt [3]. Besonders für die Auslegung der Verträge von

---

[2] Bericht der 35. Konferenz der Internat. Law Association, New York 1930, S. 109 ff. Der Wortlaut der Vorschläge mit einer kurzen Übersicht ihrer Geschichte und der zu Grunde liegenden Ideen bei Webber, Effect of War on Contracts (2. Aufl., London 1946), S. 743 ff.

[3] S. British Yearbook of International Law 1930, S. 170 f. und S. 186; ferner die gutachtliche Äußerung des Ständigen Internationalen Gerichtshofs über

1919 und 1947 kann man nicht davon absehen, auf die Entstehungsgeschichte einzugehen. Der Versailler Vertrag ist in englischer und französischer Sprache aufgesetzt, und beide Texte sind für maßgebend erklärt, so daß im Falle einer Abweichung keiner der beiden Texte den Vorrang vor dem anderen hat. Tatsächlich weichen in mehreren Bestimmungen der englische und der französische Text von einander ab. Eine solche Antinomie kann am ehesten durch ein Zurückgehen auf die Entstehungsgeschichte des Vertrages gelöst werden. Ein Beispiel dieser Art der Auslegung wird später gegeben werden[4]. Die anderen Friedensverträge der Versailler Gruppe sind in französischer, englischer und italienischer Sprache abgefaßt, wobei ausdrücklich bestimmt ist, daß der französische Text maßgebend ist. Der Lausanner Vertrag ist in französischer und englischer Sprache abgefaßt, ohne eine Bestimmung darüber, welcher Text maßgebend sein soll. Bei den Verträgen von 1947 sind der französische, englische und russische Text für maßgebend erklärt worden, so daß für die Lösung etwaiger Antinomien ebenso wie bei dem Versailler Vertrag ein Eingehen auf die Entstehungsgeschichte häufig notwendig werden wird.

3. Mängel der Friedensverträge und der Entscheidungen der Gemischten Schiedsgerichte

Wenn man von einer Praxis des Völkerrechts im Hinblick auf Vorkriegsverträge, wie sie durch die verschiedenen Friedensverträge und die Beschlüsse der International Law Association bezeugt wird, sprechen will, so darf man darin doch nicht zu weit gehen. Zwar handelt es sich um eine mehr oder minder geschlossene Sammlung von Vorschriften, an die sich die Friedensverträge von 1947 in großen Zügen angeschlossen haben, wie es voraussichtlich auch das Friedensinstrument mit Deutschland tun

---

Minderheitsschulen in Albanien, Ser. A/B, No. 64; Schiedsgericht für Oberschlesien, Gawelczyk v. Polish State, Official Collection IV, S. 44; Ungar.-Tschechoslowakisches Gemischtes Schiedsgericht, Kotra and Others v. Czechoslovak State, Recueil Général, 1934, S. 15; schließlich die Entscheidungen des Ständigen Internationalen Gerichtshofs zitiert bei Oppenheim-Lauterpacht, § 554 (8), Fußnote 1. Oppenheim-Lauterpacht unterstreicht den Gegensatz zwischen englischer und kontinentaler Praxis in dieser Beziehung und warnt den englischen Leser, sich nicht durch Untersuchungen über die Formulierung und Abfassung eines internationalen Dokuments zum Zweck seiner Auslegung schockieren zu lassen (ebenda § 167, m, S. 341, Fußnote 2).

[4] Siehe S. 128. Vgl. auch die Entscheidung Annual Digest 1929/30, Case No. 235.

wird. Denn solche den interessierten Kreisen vertrauten Vorschriften werden natürlich von den Regierungen bereitwilliger angenommen als irgendein vollkommen neues System. Man darf aber andererseits nicht glauben, daß das Recht hinsichtlich jedes aus Vorkriegsverträgen entstehenden Problems geregelt worden sei. Die Friedensverträge sind weder erschöpfend, noch sind sie frei von Zweifelsfragen. Auf einige von ihnen ist bereits hingewiesen, andere sollen später untersucht werden. Solche Zweifelsfragen sind hinsichtlich der Friedensverträge von 1919 nicht zu verwundern, denn die Verfasser dieser Friedensverträge fanden sich einer ganz neuen Aufgabe gegenüber, für die es kaum irgendwelche Vorbilder in der völkerrechtlichen Praxis gab. Es ist deshalb nicht überraschend, daß es nicht gelang, für all die unzähligen Fragen, die später auftauchten, klare und unzweideutige Bestimmungen vorzusehen. Kein Gesetz kann das je tun. Das ausgeklügeltste System gesetzlicher Kasuistik ist arm im Vergleich zu der unerschöpflichen Kraft des Lebens, neue Kombinationen hervorzubringen, demgegenüber ein Gesetz günstigenfalls ein Alphabet ist. Diese Schwierigkeiten konnten auch nicht völlig von den Gemischten Schiedsgerichten überwunden werden, die zwischen den meisten der vertragschließenden Mächte geschaffen wurden. Die Zuständigkeit dieser Schiedsgerichte erstreckte sich auf alle Streitigkeiten aus Vorkriegsverträgen. Billigerweise muß man zugeben, daß die Schiedsgerichte, obwohl stark überlastet, zu einem besseren Verständnis der Friedensverträge wesentlich beigetragen haben. Aber die Entscheidungen sind durchaus nicht einheitlich. Wie im Verlaufe dieser Untersuchung gezeigt werden wird, bestanden hinsichtlich der Auslegung zahlreicher Artikel große Meinungsverschiedenheiten und diese Meinungsverschiedenheiten zeigten sich nicht nur zwischen verschiedenen Gemischten Schiedsgerichten, wie etwa dem deutsch-englischen und dem deutsch-französischen, sondern auch zwischen verschiedenen Abteilungen desselben Schiedsgerichts. Der Versailler Vertrag sah vor, daß, wenn die Zahl der Fälle dies rechtfertigte, ein Schiedsgericht in mehreren Abteilungen sitzen solle. Einige der Schiedsgerichte machten von dieser Befugnis Gebrauch und errichteten zwei oder mehr Kammern. Es gab aber weder ein Verfahren, um einheitliche Entscheidungen zwischen verschiedenen Abteilungen desselben Schiedsgerichts herbeizuführen, noch gab es ein Berufungsgericht, an das gegen die Entscheidungen der Gemischten Schiedsgerichte hätte appelliert werden können. Deshalb gelang eine gleichförmige Auslegung der Friedensverträge nicht, und es war kaum ein Artikel in den Friedensverträgen, der nicht von den verschiedenen Schiedsgerichten verschieden ausgelegt worden wäre[5].

Es ist infolgedessen unmöglich, die verschiedenen Prinzipien, die aus den Entscheidungen der Gemischten Schiedsgerichte hervorgehen, in einer systematischen Rechtsdarstellung zusammenzufassen. Was aber möglich ist, und was im Verlauf dieses Buches versucht werden soll, ist, im Lichte der praktischen Erfahrung, die während des ersten Weltkrieges und danach gewonnen worden war, und im Lichte der Entscheidungen der Gemischten Schiedsgerichte einen Überblick über die Probleme zu geben, die aufgetaucht sind, Vorschläge für ihre Lösung zu machen und, soweit der Text der Friedensverträge keine klare, befriedigende oder erschöpfende Antwort gibt, Änderungen für den künftigen Friedensvertrag anzuregen.

Die Verfasser der Friedensverträge von 1947 haben aus diesem Material augenscheinlich geschöpft und sind bemüht gewesen, Kontroversen zu lösen, die aus den Friedensverträgen von 1919 und 1923 entstanden waren. Es muß freilich befürchtet werden, daß ihnen diese Aufgabe nur teilweise gelungen ist. Wie im Laufe der Untersuchung im einzelnen zu zeigen, ist die Fassung der Verträge von 1947, soweit sie sich auf Vorkriegsverträge beziehen, in mancher Beziehung eine Verbesserung gegenüber den Verträgen von 1919 und 1923. Andererseits sind die Verträge von 1947 weit weniger eingehend als die von 1919 bzw. 1923, und diese allzu große Kürze wird, wie zu befürchten, manche Probleme aufwerfen, für die in den früheren Verträgen eine ausdrückliche Lösung vorgesehen war. Schließlich sehen die Verträge von 1947 keine Gemischten Schiedsgerichte, sondern sogenannte Versöhnungskommissionen vor, wobei bedauerlicherweise für das Verfahren vor diesen Kommissionen und das von ihnen anzuwendende Recht nahezu alles offen geblieben ist. Es ist zu vermuten, daß auf diesem Gebiet zahlreiche neue Kontroversen entstehen werden[6].

[5] Hinsichtlich des Rechts, das einige der Gemischten Schiedsgerichte für sich in Anspruch nahmen, in Übereinstimmung mit Recht und Billigkeit zu entscheiden, siehe unten S. 99, Fußnote 2.

[6] Siehe wegen der Einzelheiten unten Anhang 1.

4. Kapitel

Beziehungen zwischen den Friedensverträgen und dem Landesrecht

Das charakteristische Kennzeichen der durch die Friedensverträge und die Vorschläge der International Law Association bezeugten Praxis ist die enge Verbindung zwischen dem Landesrecht der beteiligten Staaten und dem Friedensvertrag. Grundsätzlich braucht ein Friedensvertrag sich an kein Landesrecht anzuschließen. Ein Friedensvertrag kann Verträge für aufgelöst erklären, die nach dem Landesrecht in Kraft bleiben, oder kann umgekehrt Verträge in Kraft lassen, die nach dem Landesrecht aufgelöst werden. Aber es liegt selbstverständlich näher, daß ein Friedensvertrag ein solches Auseinanderfallen zwischen seinen Vorschriften und denen des Landesrechts vermeidet und seine Vorschriften möglichst den letzteren anpaßt. Große praktische Schwierigkeiten würden entstehen, wenn Verträge, obwohl nach Landesrecht in Kraft bleibend, durch den Friedensvertrag aufgelöst würden, und mehr noch, wenn Verträge, die unter Landesrecht aufgelöst wurden, im Friedensvertrag aufrecht erhalten würden. Deshalb knüpft die internationale Praxis ihre Vorschriften über Vorkriegsverträge an die Vorschriften des Landesrechts an.

Nach Art. 299 (a) des Versailler Vertrages gelten Verträge zwischen Feinden als mit dem Zeitpunkte aufgelöst, an dem zwei der Beteiligten Feinde geworden sind und § 1 des Anhangs definiert den Begriff „Feind", wie folgt:

> Im Sinne der Art. 299, 300 und 301 gelten Vertragsparteien dann als Feinde, wenn der Handel zwischen ihnen verboten worden oder infolge von Gesetzen, Verordnungen oder Vorschriften, denen eine der Parteien unterworfen worden war, rechtswidrig geworden war.

Art. 82 des Vertrages von Lausanne enthält eine leicht abweichende Begriffsbestimmung. Der erste Satz dieses Artikels lautet wie folgt:

> Im Sinne des gegenwärtigen Abschnitts gelten Parteien eines Vertrages als Feinde von dem Zeitpunkt, zu dem der Handel zwischen ihnen entweder tatsächlich unmöglich wurde, oder infolge von Gesetzen, Verordnungen oder Vorschriften, denen eine der Parteien unterworfen war, verboten oder rechtswidrig wurde.

Der Artikel enthält einen 2. Absatz folgenden Wortlauts:

> In Abweichung von den Vorschriften der Art. 73—75, 79 und 80 sollen Verträge von dem allgemeinen Recht geregelt werden, wenn sie innerhalb des Gebiets einer der Hohen vertragschließenden Teile zwischen Feinden (einschl. Gesellschaften) oder ihren Agenten geschlossen waren, falls dieses Gebiet für eine der vertragschließenden Parteien, die dort während des Krieges blieb und dort über ihre Person und ihr Vermögen frei verfügen konnte, ein feindliches Gebiet war.

Die Einschränkung des Absatz 2 ist augenscheinlich hinzugefügt worden, weil nach dem Landesrecht einiger der vertragschließenden Mächte, allerdings nicht nach englischem Recht, das Merkmal des Feindes, bei dessen Vorliegen der Handel rechtswidrig wird, auf die Staatsangehörigkeit, und nicht auf den Wohnsitz abgestellt war, beispielsweise nach französischem Recht. Ohne die Bestimmung des Absatz 2 würde deshalb ein Vertrag zwischen einem türkischen Staatsangehörigen und einem französischen Staatsangehörigen, die beide in der Türkei leben, der Auflösung verfallen. Absatz 2 bestimmt aber, daß die Auflösung nicht stattfinden soll, sofern die in dem feindlichen Lande verbliebene Vertragspartei über ihre Person und ihr Vermögen frei verfügen durfte. Der Grund für diese Beschränkung ist vermutlich darin zu suchen, daß eine Vertragspartei, die interniert oder deren Vermögen beschlagnahmt ist, meist nicht in der Lage sein wird, den Vertrag zu erfüllen [1].

Auch in einer anderen Beziehung findet sich eine Abweichung zwischen dem Versailler und dem Lausanner Vertrage, nämlich darin, daß in diesem der Begriff des Feindes weiter gefaßt ist. Nach dem Lausanner Vertrag gelten Vertragsparteien auch dann als Feinde, wenn der Handel zwischen ihnen tatsächlich unmöglich geworden ist (became impossible in fact). Als eine Verbesserung der Begriffsbestimmung des Versailler Vertrages dürfte das nicht anzusehen sein, denn dessen Kennzeichen, nämlich, daß Handel verboten oder rechtswidrig geworden ist, ist klar, während es in vielen Fällen zweifelhaft sein mag, ob und wann der Handel zwischen den Parteien tatsächlich unmöglich wurde. Wenn es auf der anderen Seite einwandfrei bewiesen ist, daß der Handel zwischen den Parteien tatsächlich unmöglich geworden war, dann finden die Vorschriften des Landesrechts über verbotene Geschäfte und Unmöglichwerden von vertraglichen Leistungen Anwendung, und das dürfte zum Schutze der Parteien genügen.

Auch den Begriffsbestimmungen in den Beschlüssen der International Law Association dürften die des Versailler Vertrages vorzuziehen sein. Vorschrift (1) der International Law Association lautet, wie folgt:

> Bei Ausbruch des Krieges sollen Verträge zwischen Personen beliebiger Staatsangehörigkeit, die in den Gebieten der miteinander kriegführenden Mächte wohnen, als aufgelöst behandelt werden.

Wie ersichtlich, stellt die Vorschrift nicht auf das Landesrecht der einen oder anderen Partei ab. Aber warum sollte ein Vertrag nach dem Friedensvertrag aufgelöst werden, wenn das Landesrecht

---

[1] Vgl. oben S. 29, Fußnote 26.

keiner Partei Handel mit dem Feind verbietet? Und umgekehrt: wenn eins der beteiligten Landesrechte als Merkmal für den Feindbegriff die Staatsangehörigkeit verwendet, so daß also trotz Aufenthalts im gleichen Lande Verträge zwischen Feinden im politischen Sinne aufgelöst werden, warum sollte dann der Friedensvertrag solche Verträge in Kraft lassen, wie das aus dem Vorschlag der International Law Association folgen würde, da nach ihm Verträge nur zwischen Personen mit Aufenthalt in zwei feindlichen Ländern aufgehoben werden?

Die Verträge von 1947 nehmen die Begriffsbestimmung des Versailler Vertrags, die sich im großen und ganzen bewährt hat, wieder auf. Klausel Nr. 1 Teil D des von Vorkriegsverträgen handelnden Anhangs bestimmt im wesentlichen in wörtlicher Übereinstimmung mit dem Versailler Vertrag, daß Vertragsparteien als Feinde von dem Zeitpunkt ab gelten, zu dem der Handel zwischen ihnen infolge von Gesetzen, Verordnungen oder Vorschriften rechtswidrig geworden ist. In der Begriffsbestimmung der Verträge von 1947 wird von „natural or juridical persons" gesprochen, welche Wendung sich im Versailler Vertrag nicht findet. Aber natürlich bezog sich auch die Bestimmung des Versailler Vertrags auf alle Personen, juristische sowohl wie natürliche. Daß die Verträge von 1947 nur darauf abstellen, daß der Handel rechtswidrig geworden ist (trading ... became unlawful) und nicht, wie der Versailler Vertrag auch darauf, daß Handel verboten worden ist (trading shall have been prohibited), dürfte ebensowenig einen sachlichen Unterschied bedeuten, denn wenn der Handel verboten wird, wird er eben dadurch rechtswidrig. Zweifelhaft kann sein, ob die folgende Änderung sachliche Bedeutung hat: Im Versailler Vertrag kam es darauf an, ob den den Handel rechtswidrig machenden Verordnungen oder Vorschriften e i n e der Parteien unterworfen war (to which o n e of those parties was subject). Die Verträge von 1947 sprechen von Gesetzen, Verordnungen und Vorschriften, denen s o l c h e Parteien oder die Verträge unterworfen waren (to which such persons or the contracts were subject). Wir kommen darauf zurück [2].

Zur Vermeidung eines Mißverständnisses sei darauf hingewiesen, daß, obwohl die Begriffsbestimmung des Feindes im Versailler Vertrag und den Verträgen von 1947 im wesentlichen identisch ist, zwischen den beiden Vertragsgruppen ein bedeutsamer Unterschied besteht. Es stellt nämlich der Versailler Vertrag ausschließlich auf das Feindwerden der Vertragsparteien ab. Dagegen verlangen

[2] Siehe Seite 38.

die Verträge von 1947 noch eine weitere Voraussetzung, damit Vorkriegsverträge aufgelöst werden: Neben dem Feindwerden der Vertragsparteien ist die Vertragsauflösung daran geknüpft, daß die Ausführung des Vertrages Verkehr (intercourse) zwischen den nunmehr Feinden gewordenen Parteien bedingte. Die Bedeutung dieses sehr erheblichen Unterschieds wird weiter unten geschildert werden [3].

Die Vorbedingung für die Auflösung von Vorkriegsverträgen, wenn man von der Ausnahme des Lausanner Vertrages absieht, die in den Verträgen von 1947 wieder fallen gelassen worden ist, ist die, daß zwischen den Vertragsparteien infolge von Gesetzen, Verordnungen oder Vorschriften der Handel rechtswidrig geworden ist. Die Fassung macht es klar, daß diese Gesetze, Verordnungen oder Vorschriften, kürzer gesagt, das Landesrecht, das den Handel rechtswidrig macht, das Landesrecht ist, dem eine der Vertragsparteien unterworfen ist. Ein Vertrag zwischen einem britischen und deutschen Staatsangehörigen, beide mit Aufenthalt in ihren Ländern, wurde nach dem Versailler Vertrag aufgelöst, weil nach britischem Recht (englischem Gemeinen Recht oder Kriegsnotrecht oder beidem vereinigt) Handel mit dem Feind rechtswidrig ist; ob es nach deutschem Recht ebenso ist, spielte für den Versailler Vertrag keine Rolle. Bestehen mehr als zwei Vertragsparteien, wird der Vertrag aufgelöst, auch wenn das Landesrecht nur einer von ihnen solche Beschränkungen enthält. Eine Offene Handelsgesellschaft, die aus fünf Deutschen und einem britischen Gesellschafter besteht, wird aufgelöst, denn der britische Partner ist am Handel mit den anderen verhindert. Daß das deutsche Recht eine solche Regel nicht enthält, ist unerheblich. Der Wortlaut des Art. 299 (a) ist unzweideutig. Ein Vertrag ist aufgelöst „when any two of the parties became enemies" (wenn beliebige zwei der Vertragsparteien Feinde geworden sind). Das gleiche ergibt sich aus § 1 des Anhangs, wo auf das Landesrecht abgestellt wird „to which one of those parties was subject" (dem eine der Parteien unterworfen war) [4]. Hier könnte der Wortlaut der Verträge von 1947 vielleicht Anlaß zu Zweifeln geben, denn, wie oben gezeigt, wird in diesen

---

[3] Siehe S. 48 ff.

[4] Isay, S. 239, leugnet dies. Er behauptet, es fehle jeder innere Grund dafür, daß Offene Handelsgesellschaften oder nichtrechtsfähige Vereine aufgelöst würden, an denen auch nur ein feindlicher Ausländer beteiligt sei. Der Text ist aber so unzweideutig, daß m. E. ein Zweifel nicht möglich ist. Auch fehlt es durchaus nicht an einem inneren Grunde. Vorkriegsverträge verfallen dann der Auflösung, wenn ihre Ausführung Verkehr mit dem Feinde bedingen würde. Wird Verkehr beispielsweise mit dem deutschen Partner einer englischen partnership deshalb entbehrlich, weil er der einzige feindliche Ausländer gegenüber vielleicht einem Dutzend britischer Partner ist?

Verträgen auf das ein Handelsverbot zwischen den Vertragsparteien enthaltende Landesrecht abgestellt „to which such persons or the contracts were subject"! Der Pluralis „persons" könnte zu der Auslegung führen, daß das Landesrecht aller Vertragsparteien ein Handelsverbot enthalten muß. Andererseits heißt es unter A in Klausel 1 des auf Verträge bezüglichen Anhangs, daß ein Vertrag „which required for its execution intercourse between any of the parties thereto having become enemies as defined in Part D of this Annex" aufgelöst sein soll (ein Vertrag, der für seine Ausführung Verkehr zwischen irgendeiner der Vertragsparteien bedingt, die Feinde im Sinne von Teil D dieses Anhangs geworden sind, soll aufgelöst sein). Das zeigt, daß der Sinn der Friedensverträge von 1947 der gleiche ist wie der von 1919. Sollte wirklich nach den Verträgen von 1947 ein Vorkriegsvertrag aufrecht erhalten sein, weil nach dem Landesrecht einer seiner Parteien der Handel nicht verboten war, während für die andere Vertragspartei ein solches Verbot bestand und sie deshalb den Vertrag nicht erfüllen konnte? Auch dem Zusatz der Verträge von 1947, daß die Vertragsparteien auch dann als Feinde gelten, wenn der Handel zwischen ihnen rechtswidrig wurde zufolge von Gesetzen, Verordnungen oder Vorschriften, denen „die Verträge" („the contracts") unterworfen waren, dürfte eine sachliche Bedeutung nicht zukommen. Der Zusatz scheint an Handelsverbote zu denken, die nicht aus der Person der Vertragsparteien, sondern aus dem Gegenstand des Vertrages abgeleitet werden. Solche Handelsverbote gibt es zweifellos. Beispielsweise würde nach englischem Recht eine Seeversicherung, die ein britischer Staatsangehöriger mit einer neutralen Versicherungsgesellschaft gegen die Gefahr einer Aufbringung durch britische Kriegsschiffe abschließt, nichtig sein[5]. Aber für einen Friedensvertrag kommt ein Fall, in welchem das Handelsverbot nicht aus der Person der Vertragsparteien, sondern aus dem Gegenstand des Vertrages eingreift, nicht in Betracht, denn aus den oben in Kapitel 2, 1 dargelegten Gründen würde ein derartiger Vertrag nicht in den Wirkungsbereich des Friedensvertrages fallen, weil es sich dabei nicht um einen Vertrag zwischen Feinden im politischen Sinne handeln würde. Im ganzen ist also nicht einzusehen, warum die Verträge von 1947 in der Definition des Feind-Begriffs von dem Vorbild des Versailler Vertrages abgewichen sind. Eine inhaltliche Änderung scheint nicht beabsichtigt zu sein; die Definition ist aber weniger scharf und deswegen schwerer verständich.

[5] McNair, S. 248, Dynamit Aktien-Gesellschaft von Rio Tinto Co. [1918] A. C. 260, 292, 294.

Was bedeutet es, wenn die Auflösung von Vorkriegsverträgen davon abhängt, daß der Handel zwischen den Vertragsparteien gesetzwidrig geworden ist? Drei Auslegungen dieser Bestimmung scheinen möglich, nämlich, daß nach dem Landesrecht einer der Vertragsparteien

1. Handel zwischen den Staatsangehörigen der beteiligten Länder allgemein verboten worden ist,
2. Handel zwischen den besonderen Parteien verboten worden ist,
3. der konkrete Vertrag unter das Handelsverbot fällt.

1. Allgemeines Verbot des Handels zwischen feindlichen Staatsangehörigen

Die Auslegung unter 1. kann ausgeschlossen werden. Sie würde mit dem unzweideutigen Wortlaut der Bestimmung, Vertragsparteien gelten dann als Feinde, wenn der Handel zwischen ihnen verboten worden oder gesetzwidrig geworden ist, unvereinbar sein. Das bezieht sich klar auf die besonderen Parteien und nicht auf die Angehörigen der feindlichen Mächte im allgemeinen. Das deutsch-englische Gemischte Schiedsgericht war wiederholt mit diesem Problem befaßt, und zwar hinsichtlich von Vorkriegsverträgen zwischen einem britischen und einem deutschen Staatsangehörigen, die beide bei Ausbruch des Krieges in demselben Lande wohnten, von denen einer jedoch, z. B. der in Deutschland lebende Brite, in sein Land zurückkehrte. Die Frage entstand, ob die Vertragsparteien unmittelbar bei Kriegsausbruch Feinde im Sinne des Versailler Vertrages wurden, oder erst, wenn beispielsweise die deutsche Partei nach Deutschland zurückkehrte. Das Gericht entschied in allen Fällen, daß es auf das letztere Datum ankäme [6], und in der Tat würde eine andere Auffassung, abgesehen davon, daß sie in Widerspruch zu dem klaren Wortlaut der Bestimmung stände, auch deshalb unbefriedigend sein, weil dann der Friedensvertrag für die Auflösung eines Vorkriegsvertrages einen anderen Zeitpunkt festsetzte als den, zu welchem der Vertrag nach Landesrecht aufgelöst wird. Es muß aber auf eine Entscheidung des italienisch-türkischen Gemischten Schiedsgerichts hingewiesen werden [7], die bei erster Betrachtung den Artikel 82 des Lausanner Vertrages, der eine gleiche Definition des Begriffes „Feind" ent-

[6] Read v. German Government, Rec. Band V, S. 248 ff.; Penny v. Mehnarto, Rec. VI, S. 46 ff.; Wilson Nachlaß v. Schwab, Rec. VII, S. 369 ff.

[7] Societa Commerciale d'Oriente v. Gouvernement Turc, Rec. IX, S. 612 ff.

hält wie der Versailler Vertrag, anders auszulegen scheint. Eine italienische Bank mit dem Hauptsitz in Italien und einer Niederlassung in der Türkei hatte dem türkischen Finanzministerium eine Anleihe gewährt und verklagte das Ministerium auf Rückzahlung dieser Anleihe vor dem Gemischten Schiedsgericht. Das Ministerium bestritt die Zuständigkeit des Gemischten Schiedsgerichts, und die Entscheidung des Schiedsgerichts beschränkte sich auf die Frage der Zuständigkeit, die es bejahte. In dieser Beziehung ist es lehrreich, den Lausanner Vertrag mit dem Versailler Vertrag zu vergleichen. Der Versailler Vertrag hatte einen besonderen Abschnitt (Abschn. VI), der sich auf Gemischte Schiedsgerichtshöfe bezieht, und dessen Art. 304 (b), 2. Absatz, soweit hier erheblich, bestimmt:

> Außerdem regelt der Gemischte Schiedsgerichtshof alle Streitfragen bezüglich der vor Inkrafttreten des gegenwärtigen Vertrages zwischen Staatsangehörigen der Alliierten und Assoziierten Mächte und deutschen Staatsangehörigen geschlossenen Verträge.

Diese Bestimmung macht es klar, daß die Definition „Feind" im § 1 der Anlage nicht Anwendung findet, soweit es sich um die Zuständigkeit der Gemischten Schiedsgerichte handelt. Mit anderen Worten: während Parteien eines Vorkriegsvertrages Feinde im Sinne von Art. 299 (a) und § 1 des Anhangs nur dann sind, wenn sie nicht nur Staatsangehörige der kriegführenden Mächte sind, sondern auch unter die Begriffsbestimmung des § 1 fallen, wenn also der Handel zwischen ihnen rechtswidrig geworden ist, reicht es für die Zuständigkeit des Gemischten Schiedsgerichts aus, daß die Vertragsparteien Feinde im politischen Sinne sind. Nach dem Lausanner Vertrag ist diese Regelung weniger klar infolge des Umstands, daß seine Bestimmungen über Verträge und über die Zuständigkeit der Gemischten Schiedsgerichte für Streitigkeiten aus solchen Verträgen in demselben Abschnitt enthalten sind, nämlich in Abschnitt II des Teils III unter der Überschrift „Verträge, Verjährung, Urteile". Art. 73—77 dieses Abschnitts handeln von Verträgen, Art. 79—81 von Verjährungs- und Ausschlußfristen, Handelspapieren und der Verwirklichung dinglicher Sicherheiten. Diesen folgt Art. 82, der die Begriffsbestimmung des Feindes enthält und wie bereits erwähnt, mit der Definition des Versailler Vertrages übereinstimmt, abgesehen von der oben hervorgehobenen einen Ausnahme. Wenn diese Definition auf die vorangegangenen Art. 73—77 und 79—81 beschränkt gewesen wäre, wo dieselbe Materie behandelt wird, auf die sich Abschnitt 5 des Versailler Vertrages „Verträge, Verjährung, Urteile" bezieht, so wäre keine Schwierigkeit entstanden. Die Begriffsbestimmung des Art. 82 des

Lausanner Vertrages gilt aber „for the purpose of the present section" (für die Zwecke dieses Abschnitts) und scheint deshalb Art. 78 einzuschließen, der Teil dieses Abschnitts bildet und von der Zuständigkeit der Gemischten Schiedsgerichte für Streitigkeiten aus Vorkriegsverträgen handelt. Warum die Bestimmung des Art. 78 nicht in Abschnitt V (Art. 92—98) ihren Platz gefunden hat, der sedes materiae für die Gemischten Schiedsgerichte bildet, ist nicht ersichtlich. Daß der Art. 78 nicht dort, sondern in den Abschnitt II „Verträge, Verjährung, Urteile" aufgenommen worden ist, scheint bei wörtlicher Auslegung zu dem Ergebnis zu führen, daß die Begriffsbestimmung des „Feindes" in Art. 82 sich auch auf die Zuständigkeitsbestimmung des Art. 78 bezieht, m. a. Worten, daß die Zuständigkeit des Schiedsgerichts für Streitigkeiten aus Vorkriegsverträgen voraussetzt, daß die Vertragsparteien nicht nur Feinde im politischen Sinne, sondern auch Feinde im Sinne von Art. 82 waren, daß also der Handel zwischen ihnen rechtswidrig geworden war. Dies Ergebnis würde aber augenscheinlich so unmöglich sein, daß man den Art. 82 einschränkend auslegen muß, nämlich dahin, daß die darin enthaltene Begriffsbestimmung sich auf Art. 78 nicht bezieht. Hätte das italienisch-türkische Schiedsgericht den Art. 82 in diesem einschränkenden Sinne ausgelegt, so wäre gegen diese Entscheidung nichts einzuwenden. Das Schiedsgericht ging aber weiter. Es entschied allgemein und nicht nur im Hinblick auf Art. 82, daß die Begriffsbestimmung des Feindes lediglich bedeute, daß unter gewissen Umständen die Vertragsparteien „Feinde" im Sinne des Friedensvertrages werden könnten, bevor zwischen den Ländern, denen sie angehören, Krieg ausgebrochen sei. Diese Auslegung des Art. 82 ist in dieser Allgemeinheit schwerlich haltbar, übrigens auch im Widerspruch zu der Rechtsprechung aller übrigen Gemischten Schiedsgerichte, welche die entsprechenden Bestimmungen des Versailler Vertrages auszulegen hatten.

Der Wortlaut der Friedensverträge von 1947 vermeidet diese Unklarheit. Die Definition des Begriffes „Feind" findet sich in Teil D des mit „Verträgen, Verjährung und Handelspapieren" befaßten Anhangs, und in der Begriffsbestimmung von Teil D heißt es ausdrücklich, daß sie „for the purposes of this Annex" (für die Zwecke dieses Anhangs) gilt, also nicht für den Teil des Vertrages, der sich mit der Erledigung von Streitigkeiten befaßt und für diese Erledigung Versöhnungskommissionen (Conciliation Commissions) vorsieht [8]. Es ist deshalb für die Verträge von 1947 klar, was auch

[8] Art. 83 Vertrag mit Italien, Art. 32 Vertrag mit Rumänien, Art. 31 Vertrag mit Bulgarien. Art. 35 Vertrag mit Ungarn, Art. 31 Vertrag mit Finnland.

für die Verträge von 1919 klar ist und für den Lausanner Vertrag zu Unrecht von dem italienisch-türkischen Schiedsgericht geleugnet wurde, daß die Zuständigkeit der Versöhnungskommissionen hinsichtlich Streitfragen aus Vorkriegsverträgen nur voraussetzt, daß die Vertragsparteien Feinde im politischen Sinne sind [9].

Um nach dieser Abschweifung auf die Frage zurückzukommen, auf welche Art von Verträgen sich die Feindeseigenschaft im Sinne des § 1 der Anlage beziehen muß, so haben wir gesehen, daß die erste der in Betracht kommenden Auslegungen, nämlich daß der Handel zwischen Staatsangehörigen der beteiligten Länder allgemein verboten worden ist, unhaltbar und auch von dem Gemischten Schiedsgericht nie vertreten worden ist, wobei die Entscheidung des italienisch-türkischen Gemischten Schiedsgerichtes in Sachen Società Commerciale d'Oriente v. Türkische Regierung nur eine scheinbare Ausnahme bildet.

Die Wahl scheint deshalb zwischen der zweiten und dritten der oben zur Erwägung gestellten Auslegungen zu liegen. Jene soll im folgenden als die abstrakte, diese als die konkrete Auslegung bezeichnet werden.

2. Landesrechtliches Handelsverbot [10] im Hinblick auf den individuellen Vertrag

Von dem oben erwähnten Ausgangspunkt aus, daß ein Friedensvertrag, soweit als möglich, mit dem Landesrecht übereinstimmen soll, scheint die konkrete Auslegung die befriedigendere zu sein. Nur eine solche Auslegung ergibt die Übereinstimmung von Landesrecht mit den Bestimmungen des Friedensvertrages, wie fol-

---

[9] Damit ist aber nicht gesagt, daß die individuellen Parteien, und nicht etwa nur die beteiligten Regierungen, die Versöhnungs-Kommissionen anrufen dürfen. Hierüber vgl. unten Anhang 1.

[10] Der — anscheinend nicht genügend scharfe — Wortlaut der englischen Ausgabe dieses Buches hat zu dem Mißverständnis geführt (Kegel, Die Abwicklung von Vorkriegsverträgen, 3. Beiheft zur Deutschen Rechts-Zeitschrift 1948), nach meiner Meinung verlange der Versailler Vertrag nicht nur ein Erfüllungsverbot im gegebenen Falle, sondern die Vertragsauflösung als Folge eines solchen Erfüllungsverbots nach dem Recht des verbietenden Staates. Das ist nicht meine Meinung, vielmehr verstehe ich unter der konkreten Auslegung, daß das landesrechtliche Handelsverbot hinsichtlich des konkreten Vertrages besteht, anders ausgedrückt, daß der konkrete Vertrag von einer Partei kraft des für sie geltenden Landesrechts nicht erfüllt werden darf. Welche Folgen das Landesrecht an das Handelsverbot knüpft, ob Aufschiebung oder Aufhebung, ist unerheblich. Insoweit besteht zwischen Kegel und mir keine Meinungsverschiedenheit. Wenn er zur Widerlegung meiner vermeintlich abweichenden Meinung darauf hinweist, der Versailler Vertrag habe gerade eine einheitliche Sachentscheidung treffen und dabei die Regelung des englischen

gender Fall zeigen mag, der sich während des ersten Weltkrieges ereignete [11].

Ein in England lebender deutscher Staatsangehöriger namens Müller stellte eine unwiderrufliche Vollmacht zugunsten eines in England lebenden britischen Staatsangehörigen aus; Müller kehrte während des Krieges nach Deutschland zurück. Nach Müllers Rückkehr, aber noch während des Krieges verkaufte sein Bevollmächtigter ein in Müllers Eigentum stehendes Haus an einen britischen, in England wohnenden Staatsangehörigen, namens Tingley, der auf den Kaufpreis eine Anzahlung leistete. Später strengte Tingley gegen Müller einen Prozeß auf Rückzahlung der von ihm geleisteten Anzahlung an, mit der Begründung, der Verkauf sei unwirksam, denn die von Müller erteilte Vollmacht sei infolge seiner Rückkehr nach Deutschland erloschen, und der Bevollmächtigte habe deshalb das Eigentum auf ihn, Tingley, nicht übertragen können. Der Fall kam vor das Berufungsgericht in London, dessen Mehrheit entschied, die Vollmacht sei trotz der Rückkehr des Verkäufers nach Deutschland wirksam geblieben. Im zweiten Weltkriege kam ein ähnlicher Fall vor das House of Lords [12], das von der Entscheidung Tingley v. Muller nicht geradezu abrückte, aber immerhin betonte, daß sie auf der besonderen Lage dieses Falles beruhte. Die Ernennung eines Bevollmächtigten wurde also, wenn auch nur mit Rücksicht auf die besonderen Umstände des Falles, als nicht durch die Rückkehr des Vollmachtgebers nach Deutschland beendet angesehen. Die Entscheidung des Berufungsgerichts in Sachen Tingley v. Muller erging, bevor der erste Weltkrieg durch das Inkrafttreten des Versailler Vertrages beendet war. Hätte nicht der Käufer auf Rückzahlung seiner Anzahlung, sondern der Verkäufer auf Zahlung des Restes des Kaufpreises geklagt und diese Klage erst nach Inkrafttreten des Versailler Vertrages erhoben, so würde das deutsch-englische Gemischte Schiedsgericht nach Art. 304 (b), Absatz 2 des Versailler Vertrages zuständig gewesen sein, wo bestimmt ist, daß alle Streitfragen aus vor Inkrafttreten des Versailler Vertrages zwischen Angehörigen der alliierten

---

Rechts übernehmen wollen, kann ich das allerdings nur für bedingt richtig halten, denn kraft der Abstellung des Versailler Vertrages auf das Landesrecht ist eben die einheitliche Sachentscheidung nicht erreicht (vgl. die Ausführungen am Schluß des dritten Kapitels).

[11] Tingley v. Muller [1917] 2 Ch. 144. Siehe auch eine Südafrikanische Entscheidung Treasury v. Gundelfinger, Annual Digest, 1919—22, Fall No. 280 und den amerikanischen Fall Williams v. Paine, (1897) 169 U. S. 55.

[12] Sovfracht v. Van Udens Scheepvaart [1943] A. C. 203. Siehe auch McNair, S. 208, Fußnote 7, welcher der Ansicht ist, daß der Entscheidung in Sachen Tingley v. Muller, wenn das Problem vor das House of Lords käme, schwerlich beigetreten werden würde.

Mächte und Deutschland geschlossenen Verträgen zur Zuständigkeit des Gemischten Schiedsgerichts gehören. Das Schiedsgericht hätte dann in erster Linie den Versailler Vertrag anwenden müssen, und englisches Landesrecht nur insoweit, als der Versailler Vertrag auf dieses Recht verweist. Das Schiedsgericht hätte dann zuerst prüfen müssen, ob die von Müller erteilte Vollmacht gemäß Art. 299 (a) und § 1 des Anhangs erloschen war, und in diesem Zusammenhang hätte es die Wahl zwischen den beiden oben als möglich bezeichneten Auslegungen, der konkreten oder der abstrakten, treffen müssen. Wenn das Schiedsgericht die abstrakte Auslegung angenommen hätte, so wäre die Folge gewesen, daß die Vollmacht erloschen war, da Müller bei Rückkehr nach Deutschland zu seinem Bevollmächtigten, der in England blieb, in das Verhältnis als Feind trat. Folglich hätte der Kaufvertrag als nichtig angesehen werden müssen, da der Bevollmächtigte, der das Haus namens des Eigentümers verkaufte, ohne Vertretungsmacht gehandelt hätte. Dies Ergebnis wäre also der Entscheidung des Berufungsgerichts direkt entgegengesetzt gewesen, und obwohl eine solche Verschiedenheit dadurch hätte erklärt werden können, daß die Entscheidung des englischen Gerichts auf englischem Gemeinen Recht, die des Schiedsgerichts auf dem Versailler Vertrag beruhte, so wäre das Ergebnis gleichwohl höchst unbefriedigend gewesen [13]. Ein Friedensvertrag kann natürlich von dem Landesrecht über Vorkriegsverträge abweichen und das Landesrecht durch ganz andere Bestimmungen ersetzen. Der Friedensvertrag kann z. B. vorsehen, daß alle Vorkriegsverträge aufgelöst werden, selbst wenn keines der beteiligten Landesrechte das vorschreibt. Oder er kann vorschreiben, daß ein Vorkriegsvertrag aufgelöst wird, wenn seine Erfüllung infolge des Krieges unmöglich wurde, ohne irgendeine Anknüpfung an die rechtliche Lage, die auf Grund des Landesrechts entstand. Die Friedensverträge taten dies aber nicht, wie bereits ausgeführt. Im Gegenteil, sowohl die von 1919 wie die von 1923 wie die von 1947 verknüpften ihre Bestimmungen mit denen des Landesrechts insofern, als das Merkmal als Feind, das für die Aufrechterhaltung oder Auflösung von Vorkriegsverträgen entscheidend ist [14], nach „den Gesetzen, Verordnungen oder Vorschriften, denen eine der

[13] Siehe auch unten S. 67 über Verträge des Familienrechts, deren Aufrechterhaltung nach dem Friedensvertrag nur daraus hergeleitet werden kann, daß sie nach Landesrecht aufrechterhalten sind.

[14] Vgl. S. 38 hinsichtlich der Frage, ob die Abweichungen in Einzelheiten des Textes des Lausanner Vertrages und der Verträge von 1947 eine sachliche Bedeutung haben.

Parteien unterworfen war", sich richtet. Kann man sich vorstellen, daß trotz dieser Verknüpfung des Landesrechts mit den Friedensverträgen ein Vorkriegsvertrag nach Landesrecht aufgelöst und nach dem Friedensvertrag aufrecht erhalten wird? Wenn ein Friedensvertrag seine Bestimmungen an die des Landesrechts anknüpft, so ist es ein Postulat der Vernunft, daß die Bestimmungen des Friedensvertrages zu demselben Ergebnis führen wie die des Landesrechts. Dies wird nur erreicht, wenn § 1 des Anhangs dahin ausgelegt wird, daß ein Vorkriegsvertrag dann und nur dann nach dem Friedensvertrag aufgelöst wird, wenn der konkrete Vertrag unter das Handelsverbot fällt. Nur durch eine solche Auslegung wird der Zweck des Art. 299 (a) des Versailler Vertrags erreicht, der in der Note der Alliierten Regierungen an die deutsche Regierung vom 16. 6. 1919, wie folgt, erklärt worden war [15]:

> Die Entscheidung über die Aufrechterhaltung oder Auflösung eines Vorkriegsvertrages hängt davon ab, ob der Handel zwischen den Parteien rechtswidrig wurde; denn wenn das nicht geschah, hätte der Vertrag ausgeführt werden können.

Wenn es sich darum handelt, ob der Vertrag hätte ausgeführt werden können und der Vertrag je nachdem aufgelöst oder aufrecht erhalten ist, dann muß der individuelle Vertrag in Betracht gezogen werden, da, wie die Entscheidung in Sachen Tingley v. Muller zeigt, auch wenn im allgemeinen Handel zwischen den Vertragsparteien rechtswidrig ist, ein individueller Vertrag in Kraft bleiben kann.

Es gibt noch eine weitere Entscheidung der Gemischten Schiedsgerichte, die dieses Problem betrifft [16]. Eine der zur Entscheidung stehenden Fragen war, ob ein Vorkriegsvertrag zwischen einer belgischen und einer deutschen Gesellschaft über Lieferung von Kriegsmaterial durch den Ausbruch des Krieges aufgelöst worden war. Anscheinend hatte weder die belgische noch die deutsche Regierung Verordnungen erlassen, durch die allgemein Handel zwischen deutschen und belgischen Staatsangehörigen verboten wurde. Aber das Gericht nahm an, daß die Ausführung des Vertrages nach Kriegsausbruch auf Seiten der belgischen Gesellschaft Landesverrat dargestellt hätte und der Vertrag deshalb durch Kriegsausbruch aufgelöst worden sei; diese Auflösung — so führte das Gericht aus — werde durch Art. 299 (a) und § 1 des Anhangs bestätigt, denn die Worte im § 1, daß Handel zwischen ihnen (nämlich den Vertragsparteien) verboten worden oder sonst

---

[15] Siehe die Fußnote 1, S. 11, wo diese Note zitiert ist.

[16] Germano-Belge Mixed Arbitral Tribunal, Société coloniale anversoise v. Friedrich Krupp A. G., Rec. III, S. 541.

rechtswidrig geworden sei, „ne visent pas seulement l'interdiction générale du commerce, mais aussi l'interdiction d'un certain genre de commerce tel que le commerce des armes et des munitions". Das ist ein Schritt in der richtigen Richtung, nur geht er nicht weit genug. Worauf es ankommt, ist nicht das Verbot eines „certain genre de commerce", sondern des konkreten Vertrages. Man kann sich einen Vertrag vorstellen, dessen Gegenstand nicht Lieferung von Kriegsmaterial war, dessen Ausführung aber unter den besonderen Umständen des Falles für die eine oder andere Partei Landesverrat darstellen und deshalb für diese Partei rechtswidrig sein würde. Es wäre überraschend, wenn ein solcher Vertrag mit Rücksicht darauf, daß zwischen den beteiligten Ländern weder Handel im allgemeinen noch Handel einer bestimmten Art verboten worden war, aufrecht erhalten werden würde. Man braucht sich nur zu fragen, ob die Partei, die es ablehnte, den Vertrag auszuführen, weil das für sie Begehung von Landesverrat bedeutet hätte, sich des Vertragsbruchs schuldig gemacht hätte und deshalb der anderen Partei zum Schadensersatz verpflichtet wäre, um sich klar zu machen, daß eine zu einem solchen Ergebnis führende Auslegung, also die obige Auslegung Nr. 2 nicht richtig sein kann.

Ein weiterer Grund dafür, daß die dritte und nicht die zweite Auslegung zutreffend ist, sei hinzugefügt.

In manchen Fällen ist es nicht möglich, zu sagen, ob Handel zwischen den Parteien rechtswidrig geworden ist, ohne daß man den konkreten Vertrag in Rücksicht zieht. Wir haben gesehen, daß nach englischem Gemeinen Recht ein Feind im territorialen Sinne eine Person beliebiger Staatsangehörigkeit ist, die sich freiwillig im feindlichen Gebiet aufhält oder Geschäfte betreibt. Aufenthalt kann eine Person nur in einem Lande haben, sie kann aber Geschäfte in verschiedenen Ländern betreiben. Da die Definition eines Feindes zwischen Aufenthalt und Geschäftsbetrieb unterscheidet, ist es klar, daß jemand als Feind gilt, der ein Geschäft im feindlichen Lande betreibt, obwohl er im nichtfeindlichen Lande lebt. Ein in Großbritannien lebender Engländer gilt gleichwohl als Feind, wenn er Geschäfte in Deutschland betreibt. Aber muß er in einem solchen Falle in jeder Beziehung als Feind angesehen werden? Augenscheinlich nicht.

Wir wollen die Frage im Lichte folgenden Falles prüfen: Vor dem ersten Weltkriege betrieb eine englische Gesellschaft, Imperial Continental Gas Association, Geschäfte in Großbritannien und in Deutschland, in Deutschland nicht in Form einer selbständigen

Tochtergesellschaft, sondern in Form eines Zweigunternehmens. Dieses deutsche Unternehmen setzte seinen Geschäftsbetrieb in Deutschland für einige Zeit nach Kriegsausbruch fort, weil die deutsche Gesetzgebung des ersten Weltkrieges erst später die Überwachung von Unternehmungen einführte, die von Feinden betrieben wurden. Die Gesellschaft betrieb also noch Geschäfte im feindlichen Gebiet nach Kriegsausbruch [17]. Diese Tatsache konnte natürlich nicht zur Folge haben, daß ein Vertrag zwischen dem Hauptsitz in England und einem englischen Fabrikanten betreffend die Lieferung von Maschinen für das englische Geschäft durch Kriegsausbruch aufgelöst wurde. Die Lage wäre anders, wenn die von dem Hauptsitz bestellten Maschinen für das deutsche Zweigunternehmen bestimmt gewesen wären. Ein solcher Vertrag würde durch Kriegsausbruch aufgelöst werden, weil die Gesellschaft, insoweit sie ein Zweigunternehmen im feindlichen Lande betrieb und der fragliche Vertrag sich auf dies Zweigunternehmen bezog, als Feind angesehen werden muß. Aus diesem Beispiel folgt, daß der Betrieb von Geschäften im Feindesland ohne einen Aufenthalt daselbst die Feindeseigenschaft nur in Anbetracht des im Feindesland betriebenen Geschäfts herbeiführt. Nur Geschäfte, die auf diesen Teil des Geschäftsbetriebs bezug haben, werden betroffen [18]. Die abstrakte Konstruktion könnte deshalb in manchen Fällen zu einem toten Punkt führen. Es würde nicht möglich sein, im allgemeinen festzustellen, ob Handel zwischen den Vertragsparteien

---

[17] Feindlicher Charakter setzt natürlich voraus, daß der Geschäftsbetrieb im Feindesland nach Kriegsausbruch noch fortgesetzt wird; wird er bei Kriegsausbruch eingestellt, so besteht die Feindeseigenschaft nicht (Nigel Gold Mining Co. v. Hoade [1901] 2 K. B. 849). Wie steht es mit einem Geschäft, das während des Krieges vom Verwalter feindlichen Vermögens oder einem von ihm eingesetzten Verwalter betrieben wird? Die Antwort ist m. E., daß ein solches Geschäft nicht länger von dem Eigentümer betrieben wird und deshalb die Folgen nicht eintreten, die sich an Geschäftsbetrieb im feindlichen Gebiet knüpfen. Vgl. In the Ring Spring's Ltd. Letters Patent [1944], 1 Ch. 180.

[18] In dem Urteil von Sir William Scott in The Yonge Klassina (1904) 5 Ch. Rob. 302—303 heißt es (in Übersetzung): Ein Mann kann Geschäftsbetriebe in 2 Ländern haben, und wenn er für beide tätig wird, so muß er als ein Angehöriger beider Länder angesehen werden h i n s i c h t l i c h d e r G e s c h ä f t e, d i e i n d i e s e n L ä n d e r n i h r e n U r s p r u n g h a b e n. Dieser Satz wurde von Lord Lindley in Jansen v. Driefontein Consolidated Mines Ltd. [1902] A. C., S. 506, übernommen. In Anglo-Mexican [1917] W. N. 280 wurde angenommen, eine im neutralen Ausland lebende Person müsse, falls sie Gesellschafter einer Firma sei, die im oder vom feindlichen Ausland tätig werde, als Feind h i n s i c h t l i c h i h r e r B e t e i l i g u n g a n d i e s e r F i r m a gelten. Viele der im zweiten Weltkriege erlassenen Handelsverbote sprechen ausdrücklich aus, daß der Geschäftsbetrieb im feindlichen Ausland den Inhabern nur in Ansehung dieses Betriebes zum Feinde macht, z. B. British Trading with the Enemy Act, 1940, s. 2 (e). United States General Ruling No. 11, sec. 2 (a) (III). Weitere Beispiele bei Domke, Trading with the Enemy in World War II (New York 1943), S. 33, 34.

gesetzwidrig geworden ist oder nicht. In dem obigen Beispiel einer Lieferung von Maschinen von einem englischen Fabrikanten an die Imperial Continental Gas Association könnte man nicht im allgemeinen sagen, ob Handel zwischen diesen beiden Vertragsparteien gesetzwidrig geworden ist, sondern man müßte den konkreten Vertrag ins Auge fassen, ein weiteres Argument für das Ergebnis, daß der konkrete Vertrag und nicht die allgemeine Stellung der Vertragsparteien berücksichtigt werden muß, wenn festgestellt werden soll, ob die Bestimmungen des Friedensvertrages über Auflösung von Vorkriegsverträgen Anwendung finden.

Nach der Fassung der Friedensverträge von 1947 kann kein Zweifel sein, daß es auf den konkreten Vertrag ankommt, denn es heißt, daß jeder Vertrag, der für seine Ausführung Verkehr zwischen feindlichen Vertragsparteien bedingt, als aufgelöst gilt. Wenn es darauf ankommt, ob die Ausführung eines Vertrages Verkehr bedingt oder nicht, muß selbstverständlich der konkrete Vertrag untersucht werden. Insoweit kann der für die Friedensverträge von 1919 und 1923 mögliche, oben erörterte Zweifel nicht auftauchen. Die Fassung der Verträge von 1947 hat aber eine Folge, bei der man sich fragen muß, ob sie von den Verfassern der Verträge richtig erkannt worden ist. Ein Vertrag zwischen Feinden, so heißt es, wird aufgelöst, wenn seine Ausführung Verkehr mit dem Feinde bedingt. Der Ausdruck „Verkehr mit dem Feinde" (intercourse between enemies) ist anscheinend aus einer der grundlegenden englischen Entscheidungen aus dem ersten Weltkriege entnommen, nämlich der Entscheidung in Re Badische [19], worin die Auflösung eines Vorkriegsvertrages nach englischem Gemeinen Recht davon abhängig gemacht wird „that either its further performance involves intercourse with the enemy or its continued existence would confer upon the enemy an immediate or future benefit" (daß die Ausführung des Vertrages Verkehr mit dem Feinde bedingt oder seine Aufrechterhaltung dem Feinde einen sofortigen oder zukünftigen Vorteil verschafft). Schon in einer vorangegangenen, gleichfalls grundlegenden Entscheidung Ertel Bieber & Co. v. Rio Tinto Co. [20] war von Lord Dunedin darauf hingewiesen worden, daß ein Vorkriegsvertrag aufgelöst werde, wenn eine der beiden oben erwähnten Voraussetzungen eintrete, nämlich entweder Verkehr mit dem Feind oder Verschaffung eines Vorteils für den Feind [21]. Verkehr mit dem Feind war also nach

[19] [1921] 2 Ch. 331.

[20] [1918] A. C. 260.

[21] Lord Dunedins Formulierung war: Ein Vorkriegsvertrag sei aufgelöst, der „1. gives opportunities for the conveyance of information which may hurt the

diesen Entscheidungen nicht die einzige Voraussetzung für Auflösung eines Vorkriegsvertrages. War der Vorkriegsvertrag geeignet, dem Feinde einen sofortigen oder späteren Vorteil zu verschaffen, so trat gleichfalls Auflösung ein [22]. Die Friedensverträge von 1947 übernehmen aber nur das erste Merkmal, bestimmen dagegen nicht, daß auch bei Vorliegen des zweiten Merkmals, also wenn die Ausführung des Vertrages dem Feinde einen Vorteil verschafft, der Vertrag aufgelöst wird. Die Folgerung ist unabweisbar, daß Verträge, die zwar dem Feinde einen Vorteil verschaffen, deren Ausführung aber keinen Verkehr mit dem Feinde bedingt, nach den Friedensverträgen von 1947 aufrecht erhalten werden. Das wird z. B. wichtig bei Verträgen, die eine Verpflichtung zur Unterlassung begründen. Nach englischem Gemeinen Recht werden auch solche auf Unterlassung gerichtete Verträge (restrictive covenants genannt) durch Kriegsausbruch aufgelöst, falls diese vertraglich ausbedungene Unterlassung dem Feinde einen Vorteil verschaffen würde [23]. Für den Versailler Vertrag war daraus m. E. zu folgern [24], daß die darin vorgeschriebene Auflösung von Vorkriegsverträgen auch Verträge mit Unterlassungsverpflichtungen ergriff, vorausgesetzt natürlich, daß die Vertragsparteien Feinde geworden waren. Urteile der Gemischten Schiedsgerichte zu dieser Frage sind nicht bekannt geworden. Für die Friedensverträge von 1947 kann kein Zweifel sein, daß Verträge auf Unterlassung nicht aufgelöst werden, denn eine reine Unterlassung bedingt keinen Verkehr mit dem Feind. Auch für die Behandlung von Suspensionsklauseln [25] kann der Umstand von Bedeutung werden, daß nach den Friedensverträgen von 1947 der Verkehr mit dem Feind die einzige Voraussetzung für die Auflösung von Vorkriegsverträgen bildet. Englische Gerichte haben wiederholt entschieden [26], derartige Klauseln in Vorkriegsverträgen, nämlich Bestimmungen, daß die Verträge bei Kriegsausbruch suspendiert seien, mit Kriegsende aber wieder in Kraft treten, seien

---

conduct of the war or 2. may tend to increase the resources of the enemy or cripple the resources of the King's subjects" (ein Vertrag, der 1. Gelegenheit gibt für die Übermittelung von Informationen, welche die Kriegführung beeinträchtigen könnten oder 2. die Hilfsmittel des Feindes stärken oder die der Untertanen des Königs schwächen könnte).

[22] Diese beiden Merkmale sind auch während des 2. Weltkrieges als entscheidend anerkannt worden. Vgl. die oben S. 13, Note 7 zitierte Entscheidung des House of Lords in Sachen Schering Ltd. v. Stockholms Enskilda Bank und McNair, S. 90.

[23] Zinc Corporation v. Hirsch [1916] 1 K. B., S. 541 ff.

[24] Vgl. mein Buch „Privatrechtliche Beziehungen", S. 11; ebenso Jul. Lehmann, Ausgleichsgesetz, S. 69; abweichend Isay, S. 225/6.

[25] Vgl. unten Kap. 12.

[26] Vgl. Entscheidungen und Schrifttum, die S. 140, Fußnote 1, zitiert sind.

nichtig, denn die Gewißheit, der Vertrag lebe bei Kriegsende wieder auf, bedeute für den Feind einen Vorteil. Dieser Auffassung hat sich das deutsch-rumänische Schiedsgericht angeschlossen [27].

Auch für Agenturverträge kann der Umstand von Bedeutung sein, daß nach den Friedensverträgen von 1947 nur solche Verträge aufgelöst werden, die einen Verkehr mit dem Feinde bedingen. Nach dem Versailler Vertrag verfielen Agenturverträge schlechthin der Auflösung, wenn die Parteien Feinde wurden. Nach den Friedensverträgen von 1947 ist das nur dann der Fall, wenn die Ausführung des Agenturvertrages Verkehr zwischen Prinzipal und Agenten in sich schließt, und das braucht nicht immer zuzutreffen, z. B. nicht bei Verträgen auf Einziehung von Forderungen, Erhaltung von Vermögen oder ähnlichem. Derartige Agenturverträge bleiben nach den Verträgen von 1947 bestehen [28].

5. Kapitel

Welches Landesrecht ist anwendbar?

Von den Bestimmungen der zur Versailler Gruppe gehörenden Verträge über Vorkriegsverträge ist gesagt worden, daß sie der Rechtslage nach englischem Recht genau entsprechen [1]. Das trifft im großen und ganzen zu. Die Verträge der Versailler Gruppe und ebenso der Vertrag von Lausanne sahen im allgemeinen die Auflösung von Vorkriegsverträgen vor, und in dieser Beziehung ähnelten sie mehr englischem als kontinentalem Recht, unter welch letzterem, jedenfalls vor dem ersten Weltkriege, Vorkriegsverträge durch den Kriegsausbruch als solchen nicht berührt wurden. Aber auf der anderen Seite lösten die Friedensverträge Vorkriegsverträge, wie bereits erwähnt, nicht schlechthin auf, sondern nur, soweit Handel zwischen den Vertragsparteien zufolge von Gesetzen oder Verordnungen rechtswidrig geworden war, denen eine der Vertragsparteien unterworfen war. Es brauchte nicht notwendig das Recht, dem die britische Partei unterworfen war, das Handelsverbot zu enthalten. Beispielsweise würde ein Vertrag zwischen einem britischen und deutschen Staatsangehörigen aufgelöst worden sein, wenn nach britischem Recht Handel zwischen den Par-

---

[27] Braunstein v. Oelwerke Germania, Rec. IX, S. 443 ff. Vgl. auch Andrew Martin, British Yearbook of International Law 1947 S. 296, wo der obigen Auffassung zugestimmt wird.

[28] Die Rechtslage nach den Friedensverträgen von 1947 stimmt insoweit mit der Auffassung der amerikanischen Gerichte über Agenturverträge überein (vgl. unten S. 64, Note 20.

[1] Temperley, 1. c., Band V, S. 96.

teien zulässig geblieben, aber nach deutschem Recht verboten gewesen wäre. Tatsächlich trat das selten ein. Weder im ersten noch im zweiten Weltkriege waren von Deutschland allgemeine Handelsverbote mit dem Feind erlassen. Die Vorschrift des englischen Gemeinen Rechts, daß Verträge zwischen Feinden bei Ausbruch des Krieges aufgelöst oder aufgehoben werden, besteht im deutschen Rechte nicht, auch die deutsche Kriegsgesetzgebung enthält keine solche Vorschrift. Was die deutsche Gesetzgebung während beider Weltkriege verbot, war Zahlung an Feinde [2]. Ein solches Zahlungsverbot bedeutet aber nicht, daß im Sinne von § 1 des Anhangs Handel zwischen den Parteien verboten oder ungesetzlich geworden sei. Das deutsch-polnische Gemischte Schiedsgericht [3] und ebenso das deutsch-englische Gemischte Schiedsgericht [4] erörterten diese Frage, und das letztere neigte der Auffassung zu, daß der Eingriff in die Verhältnisse zwischen den Parteien auf Grund des 1. Gesetzes (nämlich des deutschen Zahlungsverbots) ausreicht, um den fraglichen Darlehensvertrag unter Art. 299 des Friedensvertrags zu bringen. Aber nach meiner Meinung läuft ein Zahlungsverbot nicht auf ein Handelsverbot hinaus. Ebensowenig kann eine Bestimmung im deutschen Strafgesetzbuch als ein Handelsverbot aufgefaßt werden. Nach § 89 des StGB begeht ein Deutscher Landesverrat, der vorsätzlich während eines gegen das Deutsche Reich ausgebrochenen Krieges einer feindlichen Macht Vorschub leistet oder der Kriegsmacht des Deutschen Reiches oder einer seiner Bundesgenossen Nachteil zufügt. Es kann natürlich so liegen, daß ein deutscher Staatsangehöriger, der mit dem Staatsangehörigen einer feindlichen Macht Handel treibt, dadurch Landesverrat begeht; das kommt auf die Umstände des konkreten Falles an. Das genügt aber nicht, um alle Verträge zwischen späteren Feinden unter die Bestimmung von § 1 des Anhangs zu bringen. Trotz des Umstands, daß Deutschland kein allgemeines Handelsverbot erlassen hat, mag ein konkreter Vertrag nach deutschem Recht unter ein Verbot fallen und deshalb durch den Friedensvertrag aufgelöst werden, selbst wenn das Recht des Landes, dem die andere Vertragspartei unterworfen ist, ihn nicht ungesetzlich macht. Ein Vertrag, dessen Erfüllung nach den besonderen Umständen des Falles Landesverrat im Sinne des deutschen Strafrechts bedeutet und deshalb nach deutschem Recht rechtswidrig ist, verfällt nach dem Friedensvertrag der Auflösung, weil die

[2] Deutsche Verordnungen vom 30. 9. 1914 und 15. 1. 1940 (RGBl I, S. 1733). Vgl. auch Domke, Trading with the Enemy in World War II, S. 35.
[3] Poznanski v. Lentz et Hirschfeld, Rec. IV, S. 360.
[4] Wilms v. Meyer dec'd., Rec. VIII, S. 296 f.

Bedingung, daß Handel zwischen den Parteien verboten worden war, mit Rücksicht auf diesen konkreten Vertrag erfüllt ist [5]. Aber das trifft eben nur auf diesen speziellen Vertrag zu, während ein allgemeines Handelsverbot, demzufolge alle Vorkriegsverträge gesetzwidrig geworden wären, von Deutschland, wie gesagt, nicht erlassen worden ist. Daß eine weitere Bestimmung des deutschen Kriegsnotrechts [6], nämlich daß ein feindlicher Staatsangehöriger vor deutschen Gerichten nicht klagen kann, nicht auf ein allgemeines Handelsverbot hinausläuft, liegt auf der Hand, obwohl die mangelnde Prozeßfähigkeit während des Krieges gelegentlich als ein Grund für Auflösung von Vorkriegsverträgen angeführt worden ist [7]. Tatsächlich ist der Grund nicht überzeugend: ein Recht geht dadurch nicht unter, daß seine gerichtliche Geltendmachung vorübergehend ausgeschlossen ist. In der Mehrzahl der Fälle hing es deshalb von englischem Recht ab, ob nach dem Versailler Vertrag ein Vertrag zwischen einem deutschen und einem britischen Staatsangehörigen aufgelöst wurde. Es muß aber unterstrichen werden, daß dies weniger die Folge des Versailler Vertrags als die des deutschen Rechtes war. Hätte das letztere ein allgemeines Verbot des Handels mit dem Feind enthalten, so hätte es ebenso beachtet werden müssen wie englisches Recht, oder anders ausgedrückt, für die Auflösung von Vorkriegsverträgen genügt es, daß das Landesrecht einer Vertragspartei ein Handelsverbot enthält, mag dies nun das Recht Deutschlands oder das des Feindesstaats sein. Das kann von praktischer Bedeutung für die Regelung nach dem zweiten Weltkriege werden. Wenn etwa ein Vertrag zwar nicht nach englischem Recht, wohl aber nach dem Landesrecht einer gegnerischen Macht unter ein Handelsverbot fällt, etwa weil das Recht des betreffenden Landes für den Begriff des Feindes nicht auf das Merkmal des Aufenthalts, sondern auf das der Staatsangehörigkeit abstellt, so können Fälle eintreten, in denen ein Vertrag nach englischem Recht durch den Kriegsausbruch nicht berührt wird, wohl aber nach dem Recht der anderen Partei. Ein

[5] Siehe Société coloniale anversoise v. Friedrich Krupp A. G., Rec. VI, S. 541 ff., zitiert oben S. 45, Note 16, und Meuneries Bruxelloise v. Wiener et consorts, Rrc. X, S. 91 ff.

[6] Bundesratsverordnung vom 7. August 1914; im 2. Weltkriege ist keine entsprechende Verordnung ergangen, augenscheinlich deswegen, weil ein Devisenausländer Prozesse vor deutschen Gerichten nur mit Genehmigung der Devisenstelle anstrengen darf und die Devisenstelle deshalb durch Verweigerung der Genehmigung dasselbe Ergebnis herbeiführen kann. Vgl. Domke, 1. c., S. 233.

[7] Vgl. Lord Stowell in The Hope (1799) 1 C. Rob. 196, 201, während in der neueren englischen Literatur und Rechtsprechung die Auflösung von Vorkriegsverträgen meist aus der Ungesetzlichkeit des Verkehrs mit dem Feinde hergeleitet wird.

solcher Vertrag würde nach dem künftigen Friedensvertrag der Auflösung verfallen.

Zusammenfassend muß betont werden, daß die Bestimmungen eines Friedensvertrages über Vorkriegsverträge, wenn das Muster des Versailler Vertrages insoweit befolgt wird, nur im Zusammenhang mit dem Landesrecht einer der Vertragsparteien angewendet werden können. Der Friedensvertrag als solcher bestimmt weder, daß Vorkriegsverträge aufgelöst werden, noch daß sie in Kraft bleiben, mit der oben erwähnten Ausnahme für Verträge zwischen Bewohnern Elsaß-Lothringens und deutschen Staatsangehörigen und der weiteren Ausnahme für gewisse Arten von Verträgen, die in Kapitel 11 beschrieben werden sollen. Was der Friedensvertrag tut, ist gewissermaßen, das Landesrecht zu bestätigen, dem eine der Vertragsparteien unterworfen ist. Wenn nach diesem Landesrecht Handel zwischen den Vertragsparteien verboten oder ungesetzlich geworden ist, so knüpft der Friedensvertrag an solche Bestimmungen die Folge der Auflösung des Vorkriegsvertrages. Sollte der künftige Friedensvertag mit Deutschland, wie zu vermuten, die gleichen Bestimmungen enthalten wie die Friedensverträge von 1919, 1923 und 1947, so würde für die Frage, ob ein Vorkriegsvertrag aufrecht erhalten oder aufgelöst ist, zuerst zu untersuchen sein, ob nach dem Landesrecht einer der Vertragsparteien der in Rede stehende Vertrag ungesetzlich geworden ist. Falls ja, wird er durch den Friedensvertrag aufgelöst mit den später zu erörternden Folgen hinsichtlich entstandener Ansprüche, Teilerfüllung usw. Anderenfalls wird der Vertrag durch den Kriegsausbruch nicht berührt. Die Behandlung von Vorkriegsverträgen in einem Friedensvertrage ist deshalb nicht in dem Sinne gleichförmig, daß die Wirkung des Krieges auf einen Vertrag beispielsweise zwischen einem britischen und deutschen Staatsangehörigen notwendig dieselbe ist wie die auf einen Vertrag zwischen einem polnischen und einem deutschen Staatsangehörigen. Alles kommt auf das Landesrecht der beteiligten Parteien an, und da deutsches Recht, wie bereits erklärt, kein allgemeines Handelsverbot enthält, auf das Recht Großbritanniens oder Polens, und es kann deshalb vorkommen, daß derselbe Friedensvertrag einen Vertrag zwischen einem britischen und einem deutschen Staatsangehörigen auflöst, dagegen einen Vertrag zwischen einem polnischen und deutschen Staatsangehörigen aufrecht erhält.

Es liegt außerhalb des Rahmens dieses Buches, eine Übersicht über das Recht der verschiedenen kriegführenden Länder über den Handel mit dem Feind zu geben. Verwiesen sei auf die erschöpfende englische Literatur[8], auf eine eingehende deutsche Darstellung der wichtigsten materiellen Landesrechte[9] und auf ein in englischer Sprache geschriebenes Werk, worin nahezu vollständig die Bestimmungen aller am zweiten Weltkriege beteiligten Länder über Handel mit dem Feind wiedergegeben werden[10].

6. Kapitel

Begriffsbestimmung von Verträgen

1. Vorkriegsverträge im Unterschied zu Kriegsverträgen

Um unter den Friedensvertrag zu fallen, muß ein Vertrag vor Kriegsausbruch geschlossen worden sein. Die Friedensverträge von 1919, 1923 und 1947 befassen sich nicht mit Verträgen, die während des Krieges geschlossen sind. Allerdings erstreckte sich die Zuständigkeit der Gemischten Schiedsgerichte auf Streitigkeiten aus Verträgen, die vor Inkrafttreten des Friedensvertrages geschlossen waren, und folglich hätte ein Anspruch aus einem während des Krieges geschlossenen Vertrage zur Zuständigkeit der Gemischten Schiedsgerichte gehört. Mit zwei sogleich zu erwähnenden Ausnahmen haben aber die Gemischten Schiedsgerichte nie mit einem solchen Fall zu tun gehabt. Wären sie damit befaßt worden, so wäre die Lage insofern seltsam gewesen, als der Friedensvertrag für Kriegsverträge zwar die Zuständigkeit der Gemischten Schiedsgerichte vorsah, aber keine materiellen Regeln enthielt. Im Gegensatz hierzu enthalten die Beschlüsse der International Law Association einen Vorschlag für Kriegsverträge. Regel 4 unter der Überschrift „Kriegsverträge" lautet, wie folgt:

> Verträge, die während des Krieges zwischen Personen geschlossen sind, auf welche die Regeln 1 und 2 Anwendung finden, sollten nichtig sein, aber nichts in diesem Bericht sollte so angesehen werden, als wenn eine während des Krieges mit ausdrücklicher oder stillschweigender Genehmigung der kriegführenden Mächte ausgeführte Rechtshandlung dadurch nichtig würde.

---

[8] W. F. Trotter, Law of Contract during and after the War, 4. Auflage, 1940; Sir Arnold D. McNair, Legal Effects of War, 2. Auflage, 1944; C. E. Webber, Effect of War on Contracts, 2. Auflage, 1946.

[9] Kegel-Rupp-Zweigert, Die Einwirkung des Krieges auf Verträge in der Rechtsprechung Deutschlands, Frankreichs, Englands und der Vereinigten Staaten von Amerika, Berlin, 1941; ferner Kegel, Abwicklung von Vorkriegsverträgen der deutschen Wirtschaft mit dem Ausland (3. Beiheft zur Deutschen Rechts-Zeitschrift 1948).

[10] Martin Domke, Trading with the Enemy in World War II, New York, 1943, und Supplement, 1947.

In diesem Zusammenhang ist daran zu erinnern, daß das Landesrecht der verschiedenen Länder in bezug auf Kriegsverträge durchaus nicht gleichförmig ist. Nach englischem Recht sind Verträge nichtig, die während des Krieges mit einem Feinde geschlossen werden. Aber das ist durchaus nicht überall so. Nach deutschem Recht führt der Umstand, daß ein Vertrag zwischen Feinden während des Krieges geschlossen ist, für sich allein nicht zur Nichtigkeit des Vertrages. In anderen Ländern bestanden Handelsverbote mit der Folge, daß Verträge nichtig waren, die entgegen diesem Verbot geschlossen wurden. Aber solche Handelsverbote wurden während des ersten Weltkrieges in manchen der kriegführenden Länder erst geraume Zeit nach Kriegsausbruch erlassen, beispielsweise in Rußland im Oktober 1916 und in Italien im August 1916. In Bulgarien bestand überhaupt kein Handelsverbot. In Frankreich war von vornherein jeder Handel mit dem Feind verboten, obwohl der in der Verordnung dafür angeführte Grund, nämlich

„une des conséquences de l'état de guerre depuis longtemps admise par le droit des gens est d'entraîner l'interdiction de tout commerce avec l'ennemi"

schwerlich haltbar ist [1]. In diesem Zusammenhang erhebt sich die Frage, ob ein Kriegsvertrag, der nach dem Recht einer Partei gültig, nach dem Recht der anderen ungültig ist, von internationalen Gerichten als gültig oder ungültig zu behandeln ist. Obwohl es aus praktischen Gründen selten vorkommt, daß ein Vertrag zwischen Parteien geschlossen wird, nachdem zwischen ihren Ländern Krieg ausgebrochen ist, liegen immerhin einige Entscheidungen über solche Verträge vor. In einem Falle vor dem französisch-deutschen Gemischten Schiedsgericht [2] war ein Brief, worin ein Vertragsangebot angenommen wurde, von der einen Partei an die andere vor Kriegsausbruch abgesandt, aber erst nach Kriegsausbruch angekommen. Die Frage entstand, ob der Vertrag vor oder nach Kriegsausbruch geschlossen war. Das Gericht nahm das letztere an, aus Gründen, die sogleich erörtert werden sollen; aber es verdient, hervorgehoben zu werden, daß das Gericht die Möglichkeit nicht einmal andeutete, daß der nach seiner Meinung erst nach Kriegsausbruch geschlossene Vertrag aus diesem Grunde nichtig sein könne. Das Gericht war ausschließlich aus kontinentalen Richtern zusammengesetzt, was erklären mag, warum der Gedanke, ein Kriegsvertrag könne nichtig sein, überhaupt nicht aufgetaucht zu sein scheint. In der Sache Pampuri v. Zonkoff [3], einem Fall, der vor das italienisch-bulgarische Gemischte Schieds-

---

[1] Oppenheim-Lauterpacht, Bd. II, § 101, S. 263, Note 1.
[2] Banque Française et Italienne v. Warburg & Co., Rec. II, S. 249 ff.
[3] Rec. VI, S. 465 ff.

gericht nach dem Kriege von 1914—1918 kam, hatte ein italienischer, in Bulgarien wohnender Staatsangehöriger ein in Bulgarien belegenes Haus an einen Bulgaren mit bulgarischem Aufenthalt während des Krieges verkauft. Auf die Erfüllung des Vertrages vor dem Gemischten Schiedsgericht verklagt, berief er sich auf eine italienische Verordnung vom 8. 8. 1916, durch die allen italienischen Staatsangehörigen, ohne Rücksicht auf ihren Aufenthalt, Rechtsgeschäfte mit feindlichen Staatsangehörigen verboten worden waren. In Bulgarien bestand kein derartiges allgemeines Handelsverbot. Das Gemischte Schiedsgericht erklärte den Vertrag für gültig. Es ging davon aus, daß bulgarisches Recht anwendbar sei, da es sich um einen in Bulgarien zwischen zwei dort wohnenden Parteien geschlossenen Vertrag über ein dort belegenes Haus handele; deswegen sei — so nahm das Gericht an — die italienische Verordnung nur anwendbar, wenn sie sich auf die Geschäftsfähigkeit der italienischen Partei bezöge. Das sei aber nicht der Fall. Die Verordnung sei nur im Interesse der italienischen Kriegführung erlassen und dürfe deshalb von einem Gericht, das im allgemeinen bulgarisches Recht anzuwenden habe, nicht beachtet werden.

Dasselbe Problem entstand vor dem Obersten Gericht der Vereinigten Staaten in Second Russian Insurance Co. v. Miller [4]. Zwischen einer russischen Gesellschaft und einem deutschen Staatsangehörigen mit deutschem Aufenthalt war, anscheinend nach Ausbruch des Krieges zwischen Deutschland und Rußland, ein Vertrag geschlossen worden. Die Frage entstand, ob der Vertrag, der nach russischem Recht nichtig, nach deutschem Recht aber gültig war, nach dem Recht der Vereinigten Staaten als ungültig anzusehen sei. Das Gericht beantwortete die Frage bejahend, aber anscheinend mehr aus Gründen des besonderen Falles als aus allgemeinen Erwägungen.

Alle diese Fälle illustrieren die Tatsache, daß Kriegsverträge nicht nach dem Recht aller Länder ungültig sind, speziell nicht nach deutschem Recht. Wegen des Mangels einheitlicher Regeln über die Gültigkeit oder Ungültigkeit von Vorkriegsverträgen mag es sich empfehlen, die von der International Law Association vorgeschlagene Regel anzunehmen, da es sonst vorkommen könnte, daß ein Kriegsvertrag zwischen einem britischen und einem deutschen Staatsangehörigen in dem einen Lande nichtig, in dem anderen gültig ist. Immerhin würde eine Änderung der Fassung angezeigt sein. Die Vorschrift bezieht sich auf eine von den krieg-

[4] 268 U. S. 552.

führenden Mächten erteilte Genehmigung und sieht vor, daß eine mit Genehmigung der kriegführenden Mächte während des Krieges ausgeführte Rechtshandlung von der Nichtigkeit von Kriegsverträgen nicht betroffen wird. Der Ausdruck „Rechtshandlung“ scheint sich nicht auf den Vertrag selbst zu beziehen, sondern auf eine kraft des Vertrages bewirkte Leistung. In dieser Beziehung ähnelt er dem Artikel 299 (e) des Versailler Vertrages, der später behandelt werden soll [5]. Es mag aber vorkommen und ist tatsächlich vorgekommen, vor allem während der Napoleonischen Kriege, dem Vernehmen nach aber auch während der beiden letzten Weltkriege, daß die Regierung eines kriegführenden Landes eine Lizenz zum Abschluß eines Vertrages mit einem Feinde erteilte. Ein von solcher Lizenz betroffener Vertrag war natürlich wirksam, mindestens gegenüber der Regierung, von der die Lizenz ausging. Ob die Gerichtshöfe des feindlichen Landes dieselbe Haltung einnehmen würden, ist zweifelhaft. Es dürfte sich deshalb empfehlen, obwohl derartige Fälle neuerdings nicht mehr vor die Gerichte gekommen sind, die von der International Law Association vorgeschlagene Vorschrift zu übernehmen und sie dahin zu ergänzen, daß nicht nur Leistungen, die während des Krieges mit Genehmigung einer der beteiligten Regierungen erbracht worden sind, von der Nichtigkeit ausgeschlossen sind, sondern auch Verträge selbst, für deren Abschluß während des Krieges eine Lizenz erteilt worden ist.

Im Hinblick auf die verschiedene Behandlung, der Vorkriegsverträge und Kriegsverträge unterworfen sind, muß man zwischen beiden unterscheiden. Die Unterscheidung scheint einfach. Immerhin kommen Verträge vor, hinsichtlich deren es nicht ohne weiteres klar ist, ob sie vor oder nach Kriegsausbruch geschlossen worden sind. Ein Beispiel bildet das bereits erwähnte Urteil des deutsch-französischen Gemischten Schiedsgerichts Banque Française et Italienne v. Warburg & Co. Zur Entscheidung stand die Frage, ob der Vertrag mit der Absendung oder mit der Ankunft des Briefes zustande gekommen war. Im ersteren Falle wäre der Vertrag vor, im letzteren Falle nach Kriegsausbruch zum Abschluß gelangt. Es handelte sich um einen Vertrag zwischen einer deutschen Bank und der brasilianischen Filiale einer französischen Bank, und deswegen konnte französisches, deutsches und möglicherweise brasilianisches Recht in Betracht kommen. Ohne zu untersuchen, welches Recht anwendbar war, nahm das Gericht an, daß der Vertrag erst nach Kriegsausbruch zustande gekommen war.

[5] Siehe nachstehend S. 147.

Es hielt es anscheinend für selbstverständlich, daß der Vertrag erst zustande kam, wenn die Annahme des Vertragsantrags bei der Partei einging, die das Angebot abgegeben hatte. Dem ist in der Tat so nach deutschem Recht. Nach französischem Recht aber ist die Frage bestritten. Es gibt Belegstellen [6] für die Meinung, daß nach französischem Recht ein Vertrag schon zustande kommt, wenn die Annahme des Vertragsangebots abgesandt wird. Man kann deshalb die Entscheidung, ob ein Vertrag vor oder nach Kriegsausbruch geschlossen worden ist, nur treffen, nachdem man festgestellt hat, welches Recht anwendbar ist.

Eine weitere Frage kann sich erheben, nämlich die, ob ein Vertrag, der zwar vor Kriegsausbruch, aber im Hinblick auf die bei einem möglichen Kriegsausbruch entstehenden Schwierigkeiten geschlossen ist, als Kriegsvertrag und folglich als nichtig anzusehen ist, oder als Vorkriegsvertrag mit den sich daran knüpfenden Folgen, vor allem der später zu erörternden Folge, daß ein bereits erfüllter Vertrag durch den Kriegsausbruch nicht berührt wird. Während des zweiten Weltkrieges kam folgender Fall vor den britischen Prisen-Gerichtshof [7]: Eine britische Gesellschaft verkaufte und übereignete vor dem Kriege Ware an eine deutsche Gesellschaft. Das britische Schiff, das die Ware für die deutsche Gesellschaft von Hongkong nach Hamburg brachte, legte in London vor Kriegsausbruch an, um dort andere Ware abzuladen. Mit Rücksicht auf die internationale Lage entschlossen sich die Reeder, die Reise nach Hamburg aufzugeben, und verabredeten im Wege des Tausches mit der deutschen Gesellschaft, daß andere Ware, die von der deutschen Gesellschaft an die englische verkauft und auf dem Wege nach England bis nach Genua gelangt war, gegen einen entsprechenden Teil der im Londoner Hafen angelangten deutschen Ware ausgetauscht werden solle. Diese Verabredung wurde im Hinblick auf die zur Zeit bestehende internationale Spannung und zum Schutz der kaufmännischen Interessen beider Parteien geschlossen. Die im Londoner Hafen lagernde, ursprünglich für Hamburg bestimmte Ware wurde von den britischen Behörden als Prise beschlagnahmt. Die englische Gesellschaft behauptete, die Ware sei ihr Eigentum geworden, wogegen von der britischen Regierung geltend gemacht wurde, die Vereinbarung zwischen den beiden Gesellschaften verstoße gegen ordre public. Der Prisen-Gerichtshof erkannte auf Freigabe der Ware. Er nahm an, englisches Gemeines Recht und die Gesetzgebung über Handel mit dem

[6] Siehe Colin-Capitant, II, S. 273 ff.

[7] The Glenearn, Admiralty Division (in prize), Lloyds Reports of Prize Cases, 2. Serie, 1940, S. 63 ff.

Feind verböten nur Rechtsgeschäfte nach Kriegsausbruch und nicht Rechtsgeschäfte, die vor Kriegsausbruch mit einem möglichen Feinde geschlossen würden. Wenn ordre public eine andere Regelung erfordere, so hätte es dem Parlament offen gestanden, dafür Vorkehrungen zu treffen; den Gerichten stehe es nicht zu, Regeln über ordre public für solche Angelegenheiten zu erfinden [8]. Nach dieser Auffassung sind Verträge, die unmittelbar vor Ausbruch des Krieges zugegebenerweise im Hinblick auf die von dem Kriegsausbruch befürchteten Schwierigkeiten geschlossen sind, gültig. Eine amerikanische Entscheidung [9] vertritt die entgegengesetzte Auffassung: wenn Verträge im Hinblick auf einen befürchteten Krieg geschlossen werden, so werden sie, falls der Krieg tatsächlich ausbricht, als während des Krieges geschlossen behandelt. Die von dem englischen Gericht vertretene Auffassung setzt voraus, daß keine geheime Vereinbarung vorliegt, das Abkommen solle nur Bedeutung haben, falls es wirklich zum Kriegsausbruch käme, dagegen nicht beachtet werden, falls der Krieg nicht ausbräche. Eine nur simulierte Verabredung wäre auch nach englischer Auffassung nichtig [10].

2. Verträge im Gegensatz zu einseitigen Rechtsgeschäften

Was bedeutet der Begriff „Vertrag" in diesem Zusammenhang? Im Landesrecht wird das Problem gewöhnlich als das „der Einwirkung des Krieges auf Verträge" bezeichnet. Entsprechend trägt der Abschnitt V von Teil I des Versailler Vertrags die Überschrift „Verträge, Verjährung, Urteile" und ebenso Abschnitt II des Lausanner Vertrages „Verträge und Verjährung". Der einschlägige Anhang der Pariser Verträge trägt die Überschrift „Verträge, Verjährung und Handelspapiere". Ebenso befaßte sich die International Law Association auf ihren verschiedenen Konferenzen mit dem Problem unter der Bezeichnung „Einwirkung des Krieges auf Verträge". Daraus dürfte hervorgehen, daß nur ein Vertrag im technischen Sinne des Wortes in Betracht kommt, so daß Rechtsgeschäfte, die nicht eigentlich Verträge sind, durch den Kriegsausbruch nicht berührt werden und außer acht gelassen werden können.

---

[8] Siehe British Prize Law, 1939—1944, von S. W. D. Rowson (1945), 61 L. Q. R. 87.

[9] Frederick v. Rob. 128, zitiert 15 Harvard Law Review 237, Rogers v. Hodley (1863) 2 H. & C. 227.

[10] Bowes v. Foster (1858) 2 H $_2$ N. 119, Halsbury, Laws of England (2nd ed.) vol. VII, S. 341.

Der Begriff „Vertrag“ ist nicht in allen Ländern einheitlich. Nach englischem Gemeinen Recht bedeutet ein Vertrag eine Vereinbarung, worin sich eine Partei der anderen gegenüber verpflichtet, etwas zu geben, zu tun oder zu unterlassen. Von anderen Arten der Vereinbarung unterscheidet sich ein Vertrag darin, daß er eine Verpflichtung zwischen den Parteien des Abkommens herbeiführt. Andere Rechtsgeschäfte, die zwar auch eine Vereinbarung in sich schließen, aber Rechte mit dinglicher Wirkung oder einen Familienstatus schaffen oder übertragen, werden im englischen Recht gewöhnlich nicht als Verträge bezeichnet, während nach Römischem Recht der Begriff „Vertrag“ solche Vereinbarungen umfaßt. In diesem weiteren Sinne wird die Bezeichnung „Vertrag“ im allgemeinen gebraucht, wenn von der Einwirkung des Krieges auf Verträge die Rede ist. Die Friedensverträge beziehen sich vielfach auf Vereinbarungen, die nicht Verträge im englischen Sinne des Wortes sind, wie z. B. Mieten, Verpfändungen, Konzessionen oder familienrechtliche Verträge. Die Vorschläge der International Law Association verwenden denselben Sprachgebrauch. Im Nachstehenden schließt deshalb der Ausdruck „Vertrag“ derartige Vereinbarungen in sich, die nicht Verträge im Sinne des englischen Rechtes sind.

Insofern ein Vertrag die Existenz von zum mindesten zwei Parteien voraussetzt, unterscheidet er sich von einem einseitigen Rechtsgeschäft. Es gibt derartige einseitige Rechtsgeschäfte, die, obwohl sie nicht Verträge sind, dennoch rechtliche Verpflichtungen begründen. Von diesen seien die folgenden drei untersucht:

a) Vertragsangebote,
b) Letztwillige Verfügungen,
c) Vollmachten.

a) Vertragsangebote

Zweifellos stellt ein Angebot, solange es noch nicht angenommen ist, keinen Vertrag dar. Nach englischem und nach französischem Recht ist eine Partei, die ein Angebot macht, vor seiner Annahme durch die andere Partei daran nicht gebunden [11]. Nach dem Recht anderer Länder erzeugt ein Vertragsangebot eine Bindung. Bekanntlich sieht z. B. § 145 des deutschen BGB vor, daß, wer einem anderen die Schließung eines Vertrages anträgt, an den Antrag gebunden ist, sofern er nicht die Gebundenheit ausgeschlossen hat.

---

[11] Offord v. Davies, 12 C. B. N. S. 748. Anders ist es, wenn das Angebot in der urkundlichen Form des Deed erklärt oder eine Gegenleistung dafür gewährt worden ist.

Wie würde ein Vertragsangebot, das eine in Deutschland wohnende Person vor Kriegsausbruch einer in England wohnenden Person gemacht hat, durch den Kriegsausbruch beeinflußt werden? Die Frage mag akademisch erscheinen, weil im allgemeinen ein Vertragsangebot innerhalb kurzer Frist angenommen werden muß [12]. Die Partei, von der das Vertragsangebot ausgeht, kann aber für die Annahme des Antrags eine Frist bestimmt haben, wie es, z. B., häufig für sogenannte Optionsverträge geschieht. Wenn die Gesellschaft A der Gesellschaft B eine Option einräumt, Aktien innerhalb einer bestimmten Frist zu kaufen und innerhalb der Frist Krieg zwischen den Ländern der beiden Gesellschaften ausbricht, kann dann die Gesellschaft B das Recht ausüben, diese Aktien zu kaufen? Zwischen den beiden Gesellschaften besteht eine Rechtsbeziehung, aber nicht die eines Vertrages, denn ein Vertrag ist noch nicht geschlossen; aber natürlich muß die Regel, daß Vorkriegsverträge durch den Kriegsausbruch aufgelöst werden, a fortiori auf die Verpflichtung Anwendung finden, die aus einem bloßen Angebot hervorgeht. Wäre das Vertragsangebot bereits vor Kriegsausbruch angenommen, die Aktien aber noch nicht geliefert worden, so würde der Vertrag aufgelöst worden sein und die Gesellschaft B kein Recht haben, die Lieferung der Aktien zu verlangen. Es ist nicht denkbar, daß eine Verpflichtung, die in einem früheren Stadium zur Entstehung gelangt, nämlich vor dem Abschluß des Vertrages, unberührt bleibt [13].

b) Letztwillige Verfügungen

Ein Testament ist ein einseitiger Akt ohne ein vertragliches Element; es tritt beim Tode des Erblassers in Kraft. Nach dem Rechte mancher Länder geht die Erbschaft auf den in einem Testament eingesetzten Erben unmittelbar über, ohne daß er die Erbschaft anzunehmen braucht. Ähnliches gilt nach dem Recht mancher Länder für das Recht eines Vermächtnisnehmers [14]. Nach dem Rechte anderer Länder muß der Erbe oder Vermächtnisnehmer die Erbschaft oder das Vermächtnis annehmen. Das Amt eines Testamentsvollstreckers, der in einem Testament ernannt ist, beginnt

[12] Vgl. §§ 146, 147 BGB.

[13] Die Rechtslage kann anders sein, wenn ein bereits abgeschlossener Vertrag eine Option zugunsten einer der Parteien enthält. Es wird, z. B., in einem Mietvertrag dem Mieter das Recht gewährt, das Haus zu kaufen. Sofern der Mietvertrag nach den Bestimmungen der Friedensverträge aufrecht erhalten bleibt, kann daraus die Aufrechterhaltung der Option folgen. Das hängt von der Trennbarkeit ab (siehe nachstehend S. 141).

[14] §§ 1942 und 2176 des deutschen BGB.

erst, wenn der Ernannte das Amt annimmt. Aber selbst wenn, wie nach dem Recht einiger Länder für den Erben oder Vermächtnisnehmer, oder wie nach dem Recht aller Länder für den Testamentsvollstrecker, eine Annahmehandlung notwendig ist, um die dem Begünstigten im Testament eingeräumten Rechte zur Entstehung zu bringen, kann solche Annahmeerklärung nicht als die Annahme eines vom Erblasser in seinem Testament gemachten Angebots angesehen werden. In einem Prozeß vor dem deutsch-englischen Schiedsgericht versuchte ein Vermächtnisnehmer Renten, die ihm in einem Testament vermacht worden waren, einzuziehen, und zwar im Wege des Ausgleichsverfahrens, unter Berufung auf Artikel 296 (2) des Versailler Vertrages, nach welcher Bestimmung Schulden „aus Geschäften oder Verträgen" durch Vermittelung der Ausgleichsämter zu regeln sind. Seine Behauptung war, die Annahme des Amts als Testamentsvollstrecker habe rechtliche Beziehungen zwischen dem Vermächtnisnehmer und dem Testamentsvollstrecker geschaffen und stelle daher ein „Geschäft" oder einen „Vertrag" im Sinne des Versailler Vertrags dar. Das Gericht schloß sich dieser Auffassung nicht an. Es war der Ansicht, alle drei erheblichen Rechtsgeschäfte, nämlich das Testament, die Annahme des Amts als Testamentsvollstrecker durch die dazu berufene Person, und schließlich die Annahme der Erbschaft durch den Erben seien einseitige Akte und könnten nicht als „Verträge oder Geschäfte" zwischen dem Erblasser und dem Erben angesehen werden [15]. Folglich fallen Ansprüche aus letztwilligen Verfügungen nicht unter die Vorschrift über die Auflösung von Verträgen durch Kriegsausbruch. Das schließt nicht aus, daß solche Ansprüche durch einen Friedensvertrag in anderer Hinsicht berührt werden. Sollte ein Ausgleichsverfahren eingeführt werden, so kommen möglicherweise solche Ansprüche in den Bereich dieses Ausgleichsverfahrens. Sollte Privateigentum der Liquidation unterworfen werden, so kann eine solche Liquidation Ansprüche aus letztwilligen Verfügungen betreffen [16]. Aber die besonderen Folgen, die sich auf die Auflösung von Verträgen beziehen, erstrecken sich auf solche Ansprüche nicht.

In einer bestimmten Art letztwilliger Verfügungen findet sich jedoch ein vertragliches Element: nach deutschem Recht, und ebenso, wenn auch nur mit Einschränkungen, nach französischem Recht, kann ein Erblasser durch Vertrag einen Erben einsetzen,

---

[15] Benvenisti v. Fuerstenberg, Rec. II, S. 190 f. Derselben Meinung Moore v. May et Eltzbacher, l. c., S. 886.

[16] Siehe unten S. 84 Note 12.

sowie Vermächtnisse und Auflagen anordnen. Ein solcher Vertrag, worin jede Vertragspartei Verfügungen von Todes wegen treffen kann, von denen sie nur unter gewissen Voraussetzungen zurücktreten darf, ist ein Vertrag im eigentlichen Sinne. Gemischte Schiedsgerichte sind anscheinend nie mit der Einwirkung des Krieges auf solche Verträge befaßt worden, und die Frage blieb deshalb offen, ob ein solcher Vertrag, wenn seine Parteien Feinde wurden, durch den Versailler Vertrag aufgelöst worden wäre. Der Vertrag von Lausanne [17] bestimmte, daß außer anderen Verträgen auch solche, die sich auf Schenkungen oder wohltätige Zuwendungen (relating to gifts or bounties of any kind whatever) bezögen, aufrecht erhalten werden, und Erbverträge dürften zu dieser Kategorie gehören.

Die Vorschläge der International Law Association stimmen damit überein. Regel 6 handelt von verschiedenen Klassen von Verträgen, die von der im allgemeinen vorgeschriebenen Auflösung von Vorkriegsverträgen nicht betroffen werden sollen. Der letzte Absatz dieser Regel bezieht sich auf letztwillige Verfügungen und lautet, wie folgt:

> Insoweit in einer letztwilligen Verfügung ein vertragliches Element enthalten sein sollte, soll keine dieser Regeln so aufgefaßt werden, als wenn eine solche letztwillige Verfügung oder ein damit in Zusammenhang stehender Vertrag ungültig gemacht würde.

Weder in dem der Konferenz vorgelegten Bericht des Ausschusses noch in den Verhandlungen bei der Konferenz selbst wurden für diese Regel für letztwillige Verfügungen Gründe angegeben. Der Grund für die Ausnahme wird der gewesen sein, daß wenn Testamente im allgemeinen von der durch den Kriegsausbruch herbeigeführten Auflösung ausgenommen sein sollen, diese Ausnahme gelten soll ohne Rücksicht darauf, ob in der letztwilligen Verfügung ein vertragliches Element enthalten ist oder nicht. Demgegenüber könnte immerhin geltend gemacht werden, daß das Fundament eines Erbvertrages, nämlich enge persönliche Beziehungen zwischen den Parteien in der Regel durch den Kriegsausbruch vernichtet worden sind, was die Auflösung des Erbvertrages rechtfertigen könnte. Sei dem, wie ihm wolle, die allgemeine Tendenz scheint die zu sein, Erbverträge von der Auflösung infolge Kriegsausbruchs auszunehmen.

Die Friedensverträge von 1947 enthalten keine Bestimmungen über Erbverträge oder letztwillige Verfügungen im allgemeinen.

---

[17] Art. 73 (h).

c) Vollmachten

Unter dem Versailler Vertrag entstanden gewisse Schwierigkeiten in bezug auf Vollmachten. Nach manchen Rechtssystemen wird eine Vollmacht als ein Vertrag angesehen, z. B. ein Agenturvertrag. Nach englischem Gemeinen Recht wird eine Person, der die Ermächtigung erteilt wird, für eine andere Person zu handeln, als deren Agent angesehen, obwohl andererseits ausgesprochen worden ist, „eine Vollmacht sei ein einseitiges Instrument und in keinem Sinne ein Vertrag“ [18]. Im deutschen Recht wird bekanntlich zwischen der Vollmacht als solcher und dem ihrer Erteilung zugrundeliegenden Rechtsverhältnisse unterschieden. Häufig wird einer Vollmacht ein Auftrag oder ein Geschäftsbesorgungsvertrag zugrunde liegen, aber es gibt Fälle, wo der Vollmacht keinerlei Rechtsverhältnis zugrunde liegt. Eine Frau kann ihrem Manne eine Vollmacht erteilen, ohne ein spezielleres Rechtsverhältnis als das zwischen Mann und Frau. Es ist nach deutschem Recht sogar möglich, daß eine Vollmacht jemandem erteilt wird, der davon nichts weiß.

Insoweit Vollmachten nach dem anwendbaren Landesrecht als Verträge angesehen werden, dürften sie nach richtiger Ansicht das allgemeine Schicksal von Vorkriegsverträgen teilen, also durch Kriegsausbruch aufgelöst werden [19]. Dies war die Ansicht des House of Lords in Sovfracht v. Van Udens Scheepvaart. In bezug auf Vollmachten, auf die deutsches Recht Anwendung findet, könnte man von einem dogmatischen Standpunkt aus zu dem Schluß gelangen, daß die Vollmacht in Kraft bleibt oder durch den Kriegsausbruch beendet wird, je nachdem ein Rechtsverhältnis ihrer Erteilung zugrunde liegt oder nicht. § 168 des BGB bestimmt, daß die Vollmacht solange in Kraft bleibt wie das ihrer Erteilung zugrunde liegende Rechtsverhältnis. Das Rechtsverhältnis wird in der Regel ein Auftrag sein, und da ein Auftragsverhältnis durch Kriegsausbruch beendet wird [20], würde auch die auf Grund

[18] Chatenay v. Brazilian Submarine Telegraph [1891] 1 Q. B. 85, per Lindley, L. J.

[19] Hinsichtlich der Fragen, ob Rechtsgeschäfte, die der Bevollmächtigte nach Kriegsausbruch in gutem Glauben und in Unkenntnis von der Beendigung der Vollmacht vorgenommen hat, gültig sind, und ob der Bevollmächtigte dem Vollmachtgeber auf Schadensersatz haftet, vgl. unten S. 107 ff.

[20] Maxwell v. Grunhut (1914) 31 T. E. R. 79 (C. A.); McNair, S. 91; siehe indessen den amerikanischen Fall Sutherland v. Mayer, 271 U. S. 272, wo angenommen wurde, daß ein Auftrag, der vor dem Kriege erteilt war und keinen Verkehr mit dem Feinde bedingte, weil er beispielsweise die Einziehung von Schulden, die Erhaltung von Eigentum und ähnliches zum Gegenstande hatte, durch den Krieg nicht beendet werde. Die Friedensverträge von 1947 führen zu dem gleichen Ergebnis, da nach ihnen, wie wiederholt betont, Verträge nur aufgelöst werden, soweit ihre Ausführung Verkehr mit dem Feinde bedingt.

des Auftrags erteilte Vollmacht erlöschen. Falls kein solches Rechtsverhältnis zugrunde liegt, wenn, z. B. lediglich ein Freund für den anderen handelt, so würde der Grundsatz der Auflösung von Verträgen nicht anwendbar sein und die Vollmacht in Kraft bleiben. Ein solches Ergebnis wäre aber einigermaßen künstlich. Die gesündere Ansicht dürfte die sein, daß eine Vollmacht ohne Rücksicht auf ein zugrunde liegendes Rechtsverhältnis durch den Kriegsausbruch erlischt, jedenfalls dann, wenn ihre Ausführung Verkehr mit dem Feinde bedingt. Die Unterscheidung zwischen einer Vollmacht, der ein Rechtsverhältnis zugrunde liegt, und einer Vollmacht ohne ein solches Rechtsverhältnis stand vor den Gemischten Schiedsgerichten nicht zur Diskussion. In allen Fällen, mit denen die Gerichte befaßt waren, bestand zwischen den beteiligten Personen ein Auftragsverhältnis. Die Gerichte nahmen, ohne die Frage im einzelnen zu prüfen, an, daß die Vollmacht erloschen sei [21].

Anscheinend war in keinem der Fälle die Vollmacht unwiderruflich, oder bezog sich auf den Verkauf von Grundstücken. Das besondere Problem, das vor den englischen Gerichten in Sachen Tingley v. Muller (vgl. oben) entstand, scheint vor die Gemischten Schiedsgerichte nicht gekommen zu sein.

Selbst wenn eine Vollmacht zwischen Vollmachtgeber und Be-

---

[21] Libert v. Foss and Others, Rec. VI, S. 679; Strauß v. Deutsche Bank, Rec. VII, S. 372 f.; Howse, Mead v. Mosesmann, Rec. VIII, S. 5. Der in der Entscheidung des deutsch-englischen Schiedsgerichts Read v. Deutsche Regierung, Rec. IV, S. 248 f., behandelte Fall war darin eigentümlich, daß die Vollmacht während des Krieges erteilt worden war. Das Gericht ließ es offen, ob die Vollmacht durch den Friedensvertrag aufgehoben worden war (S. 252). Die Entscheidung des deutsch-französischen Gemischten Schiedsgerichts in Sachen Bonnet Dupeyron v. Ephraim Meyer (Rec. II. S. 89 f.) betraf einen Banksafe, den ein französischer Staatsangehöriger in einer deutschen Bank gemietet hatte. Der französische Mieter hatte einen in Deutschland wohnenden deutschen Staatsangehörigen bevollmächtigt, den Safe zu öffnen und über seinen Inhalt zu verfügen. Das Gericht entschied, daß trotz der Auflösung des Agenturvertrages zwischen dem Mieter und seinem Bevollmächtigten die Vollmacht zwischen dem Kunden und der Bank in Kraft blieb, da sie eine einseitige Erklärung, und nicht einen Vertrag darstelle, und da sie außerdem Teil eines Mietvertrages bilde, der nach § 2 (b) des Anhangs hinter Art. 303 des Versailler Vertrags von der Auflösung ausgenommen sei. Vgl. unten S. 127 für die Frage, ob alle Mietsverträge oder nur solche, die sich auf Grundstücke oder Häuser beziehen, in Kraft bleiben, und ferner S. 108 hinsichtlich des Schutzes von dritten Parteien. Ein besserer Grund für die Entscheidung des Schiedsgerichts wäre wohl der Schutz gewesen, den deutsches Recht der Bank gewährte, die weder wußte noch wissen konnte, daß die Vollmacht infolge des Kriegsausbruchs erloschen war. Die Ansicht, die Vollmacht bilde einen Teil des Mietvertrages, dürfte nicht zutreffend sein, da, wenn sie einen Teil des Mietvertrages bilden würde, sie nicht ohne Zustimmung der Bank hätte widerrufen werden dürfen, während es klar ist, daß der Mieter das Recht hatte, die Vollmacht auch ohne Zustimmung der Bank zu widerrufen.

vollmächtigtem infolge des Kriegsausbruchs erlischt, bleibt die Frage, ob eine dritte Partei, die gutgläubig die Vollmacht noch für gültig hielt und mit dem Bevollmächtigten im Namen des Vollmachtgebers verhandelte, geschützt ist oder nicht. Das Recht verschiedener Länder enthält Bestimmungen, die später geschildert werden sollen[22], für den Schutz dritter Parteien in einem solchen Falle.

Um ein Mißverständnis zu verhüten, sei auf den Unterschied zwischen einseitigen Rechtsgeschäften und einseitigen Verträgen hingewiesen. Während die ersteren, wie dargelegt, vom Kriegsausbruch nicht berührt werden — mit Ausnahme eines Vertragsangebots und möglicherweise einer Vollmacht —, kommen die letzteren genau so wie zweiseitige Verträge unter die Vorschrift über Vorkriegsverträge. Der einzige Unterschied zwischen einseitigen und mehrseitigen Verträgen in bezug auf die Einwirkung des Krieges ist der, daß in bezug auf die ersteren weit weniger verwickelte Fragen auftauchen als in bezug auf die letzteren, wie im einzelnen gezeigt werden soll.

3. Familienrechtliche Geschäfte

Es versteht sich von selbst, daß familienrechtliche Geschäfte, wie etwa die Eingehung einer Ehe, durch den Kriegsausbruch nicht berührt werden[23]. Wenn ein Ehegatte nach England kommt und der andere in Deutschland zurückbleibt — ein ziemlich häufiges Ereignis während des zweiten Weltkrieges —, kann der Umstand, daß die Parteien im Sinne des Friedensvertrages Feinde geworden sind, unmöglich zur Auflösung der Ehe führen. Andererseits kann kein Zweifel daran sein, daß eine Ehe ein Vertrag im weiteren Sinne dieses Begriffes ist. Wie kann das absurde Ergebnis der Auflösung in einem solchen Falle vermieden werden? Art. 73 des Lausanner Vertrages bestimmt, daß Verträge, die sich auf Personenstand beziehen, in Kraft bleiben. Dieselbe Vorschrift findet sich in den Vorschlägen der International Law Association: Verträge, die sich auf Personenstand beziehen (relating to family relations and/or status) sollten von der Auflösung ausgenommen sein. Keine derartige Ausnahme war aber im Versailler Vertrage vorgesehen. Einige der Alliierten und Assoziierten Mächte, z. B. Frankreich, Italien und Belgien, waren vorsichtig genug, in ihre Forderung auf Aufrechterhaltung gewisser Vertragsarten gemäß

[22] Siehe unten S. 107.
[23] McNair, S. 100/101.

Art. 299 (b) Verträge aufzunehmen, die sich auf Personenstand beziehen (Contrats relatifs au statut familial). Die britische Regierung hielt es nicht für nötig, derartige Verträge zu erwähnen. Es ist indessen klar, daß sie in Kraft bleiben, gleichgültig, ob sie zwischen einem britischen und deutschen oder einem französischen und deutschen Staatsangehörigen geschlossen sind. Die Erklärung, falls eine solche nötig ist, liegt in der Tatsache, daß nach englischem Recht der Kriegsausbruch keinen Einfluß auf familienrechtliche Verträge hat [24], und daß, wo das Landesrecht kein Handelsverbot enthält, unter dem Versailler Vertrag keine Vertragsauflösung eintritt. Das ist übrigens ein weiterer Beweis für die oben entwickelte Lehre, daß nur die dritte der für die Auslegung von Art. 299 (a) und § 1 des Anhangs zu Art. 303 möglichen Auslegungen die richtige ist. Die Annahme der abstrakten Konstruktion würde zum Ergebnis haben, daß familienrechtliche Verträge aufgelöst werden, eine reductio ad absurdum, die eine solche Auslegung unmöglich macht.

Was gehört zu familienrechtlichen Verträgen außer der Ehe? Ein Adoptionsvertrag gehört zu dieser Kategorie. In bezug auf Eheverträge ist die Lage zweifelhaft. Nach dem Recht mancher Länder können die Verlobten oder Ehegatten ihre güterrechtlichen Verhältnisse durch einen Ehevertrag regeln (Contrat de mariage im französischen, Ehevertrag im deutschen Recht), und sie können nach dem Recht einiger Länder auch nach der Eingehung der Ehe den Güterstand aufheben oder ändern. Solche Verträge schaffen keinen Personenstand im eigentlichen Sinne. Die Gültigkeit der Ehe ist von dem Ehevertrag nicht abhängig und die Verhältnisse zwischen Mann und Frau werden nur in vermögensrechtlicher Beziehung betroffen. Immerhin stehen sie im engen Zusammenhang mit der Ehe, und wenn diese durch den Krieg nicht berührt wird, scheint es unnatürlich, daß jene infolge des Krieges aufgelöst würden.

Ein weiteres Argument für die Aufrechterhaltung von Eheverträgen ist das, daß ein solcher Vertrag die vermögensrechtlichen Verhältnisse der Gatten regelt. Seine Wirkung vollzieht sich des-

[24] McNair, S. 101. Familienrechtliche Geschäfte unterscheiden sich von anderen Verträgen, auch wenn sie während des Krieges geschlossen sind. Die allgemeine Regel ist, daß Verträge, die während des Krieges mit Feinden geschlossen sind, widerrechtlich und nichtig sind (vgl. oben S. 55). Aber eine während des Krieges zwischen Feinden geschlossene Ehe wurde für gültig angesehen (Faßbender v. Attorney General [1922] 1 Ch. 232). Der Grund, der dafür angeführt wurde, nämlich daß eine Ehe nicht nur ein Vertrag ist, sondern ein Geschäft, das einen Personenstand begründet, gilt a fortiori für Vorkriegsehen.

halb auf dem Gebiete des Vermögens: nach englischem Rechte, z. B. führt eine Ehe keine Änderung im Eigentum der Ehegatten herbei: das Vermögen der Gatten bleibt vollkommen getrennt. Umgekehrt geht das Vermögen, das einem der Gatten gehört, auf beide als Gemeinschafter über, wenn Gütergemeinschaft vereinbart ist. Andererseits wenn, wie in Schottland oder in Frankreich, Gütergemeinschaft (volle oder beschränkte) zwischen Mann und Frau besteht und sie durch Ehevertrag ausgeschlossen wird, bleiben güterrechtliche Folgen aus, die sonst eingetreten wären. Die Vorschriften über die Auflösung von Verträgen infolge des Feindwerdens der Parteien machen aber vor Eigentum oder eigentumsähnlichen Rechten Halt, die durch die Verträge begründet worden sind. Eigentum oder eigentumsähnliche Rechte bleiben bestehen. Diese Erwägung schließt die Auflösung von Vorkriegsverträgen aus, soweit sie sich innerhalb des Gebiets des Eigentums auswirken.

Für Bestimmungen in Eheverträgen, die außerhalb des Gebiets des Eigentums vertragliche Verpflichtungen auferlegen oder vertragliche Rechte verleihen, muß dasselbe gelten, denn die beiden Arten von Vorschriften in demselben Vertrage sind untrennbar. Wenn, z. B. in einem Ehevertrag Gütertrennung vorgesehen und bestimmt wird, daß die Frau dem Manne zur Bestreitung des ehelichen Aufwands einen Beitrag zu leisten hat, so wäre es offenbar ungerecht, diese letztere Bestimmung als durch Kriegsausbruch aufgelöst anzusehen, während die erstere Bestimmung, als im Gebiet des Eigentums wirkend, gültig bliebe. Wo es sich hauptsächlich um Eigentum handelt und die wechselseitigen Verpflichtungen im Hinblick auf diese Eigentumsregelung begründet worden sind, ist der Vertrag nicht aufgelöst [25]. Die Annahme erscheint deshalb begründet, daß Eheverträge durch das Feindwerden von Mann und Frau nicht aufgelöst werden. Gerichtliche Entscheidungen hierüber sind nicht bekannt geworden.

Eine weitere Frage ist die, ob Parteien, die ein Verlöbnis eingegangen sind, von diesem Verlöbnisvertrag auf Grund der Tatsache, daß sie Feinde geworden sind, befreit werden. Da aus einem Verlöbnis natürlich nicht auf Eingehung der Ehe geklagt werden kann, liegt die praktische Bedeutung der Auflösung oder Nichtauflösung des Verlöbnisses in der Frage, ob ein Anspruch auf

---

[25] William F. Trotter, Law of Contract during and after War, 4. Auflage, S. 87. Es sei auf die Ausführungen von Lord Dunnedin in Ertel Bieber v. Rio Tinto [1918] A. C. S. 260 f. (auf S. 269 f.) verwiesen: There are certain contracts, particularly those which are really the concomitants of right of property which even so far as executory, are not abrogated (Es gibt gewisse Verträge, besonders die, welche in Wahrheit Begleiterscheinungen von Eigentumsrechten sind, die selbst, wenn sie noch nicht erfüllt sind, nicht aufgelöst werden).

Schadensersatz gegen denjenigen Verlobten geltend gemacht werden kann, der von dem Verlöbnis zurücktritt. Englische Entscheidungen über den Einfluß des Krieges auf Verlöbnisverträge liegen nicht vor; es wird aber angenommen, daß ein Verlöbnisvertrag nicht aufgelöst wird [26]. Nach deutschem Recht wird ein Verlöbnisvertrag dadurch nicht aufgelöst, daß die Parteien Feinde werden, da allgemein nach deutschem Recht der Krieg als solcher keine Einwirkung auf Verträge hat. Der Umstand, daß ein Verlöbnisvertrag durch den Kriegsausbruch im allgemeinen nicht hinfällig wird, schließt nicht aus, daß in einem einzelnen Fall dies Ergebnis eintritt. Das hängt von dem anwendbaren Landesrecht und von den Umständen des Falles ab. Nach deutschem Recht, z. B., besteht ein Anspruch auf Schadensersatz bei Bruch des Verlöbnisses, aber dann nicht, wenn der Verlobte einen wichtigen Grund zum Rücktritt hatte (§ 1298 BGB). Solch ein wichtiger Grund mag möglicherweise darin bestehen, daß die Verlobten Feinde im staatsrechtlichen Sinne werden. Daß sie Feinde im territorialen Sinne werden, wird im allgemeinen keinen wichtigen Grund für den Rücktritt bilden. Aber die lange Dauer des Krieges und die darauf beruhende Verschiebung der Heirat können möglicherweise als ein solcher Grund angesehen werden.

7. Kapitel

Verträge, die völlig erfüllt worden sind

Wenn ein Vertrag völlig erfüllt worden ist, ist er zu Ende, und es bleibt nichts übrig, das durch einen späteren Kriegsausbruch berührt werden könnte. Der Vertrag hat seine Wirkung erzielt und hat keine praktische Bedeutung mehr. Wenn vor dem Kriege ein Kaufvertrag geschlossen, die Ware vom Verkäufer geliefert und der Kaufpreis vom Käufer bezahlt worden ist und nunmehr Krieg ausbricht, so bestehen keine Beziehungen zwischen den Parteien mehr, die durch den Krieg ergriffen werden könnten. Anders liegt es nur, wenn der Käufer gegen den Verkäufer Ansprüche wegen Mangel der Ware hat; in einem solchen Falle ist der Vertrag nicht voll erfüllt worden, da der Verkäufer der vertraglich übernommenen oder aus dem Gesetz folgenden Zusage einer fehlerlosen Ware

[26] Trotter, l. c., S. 87. McNair, S. 132, nimmt an, daß während des Krieges ein bindender Verlöbnisvertrag zwischen einer in England und einer im feindfeindlichen Ausland lebenden Partei nicht eingegangen werden kann, behandelt aber nicht die Frage, welche Wirkung der Krieg auf einen vor seinem Ausbruch geschlossenen Verlöbnisvertrag hat.

nicht nachgekommen ist. Insoweit finden die Regeln über nicht voll erfüllte Verträge Anwendung [1].

Die Regel, daß ein erfüllter Vertrag jenseits des Bereichs des Krieges liegt, scheint einfach zu sein. Es können aber immerhin Zweifel entstehen, ob ein Vertrag voll erfüllt worden ist oder nicht. Oben ist ein Verkaufsvertrag behandelt worden, bei dem der Verkäufer die Ware geliefert, der Käufer den Kaufpreis bezahlt hat. Das Beispiel sei aber etwas abgewandelt: Angenommen, der Verkäufer habe vor Kriegsausbruch die Ware einem Spediteur oder Frachtführer zur Übermittelung an den Käufer übergeben und die Ware geriete während des Transports in Verlust. Würde in einem solchen Fall der Vertrag von dem Verkäufer völlig ausgeführt worden sein oder nur teilweise, so daß der Vertrag aufgelöst würde und der Käufer die Rückzahlung des Kaufpreises verlangen könnte, eine später zu erörternde Folge? Die Beantwortung hängt natürlich von dem zur Anwendung kommenden Landesrecht ab. Der erste zu prüfende Gesichtspunkt würde sein, was nach dem auf den Fall anwendbaren Landesrecht die Verpflichtung des Verkäufers ist. Hat er lediglich dem Käufer die Sachen zu übergeben, oder hat er ihm das Eigentum daran zu verschaffen? Oder umfaßt seine Verpflichtung sowohl Übergabe der Ware wie Verschaffung des Eigentums daran? Und falls ja, hat er beide Verpflichtungen erfüllt? Mit anderen Worten: Hat die Auslieferung der Ware an den Spediteur oder Frachtführer den Übergang des Eigentums zur Folge, oder gilt sie als Übergabe der Sache an den Käufer? Falls nein, zu welchem Zeitpunkt geht nach dem anwendbaren Landesrecht die Gefahr auf den Käufer über, erst bei Übertragung des Eigentums oder schon bei Auslieferung der Ware an den Spediteur oder Frachtführer, und im letzteren Falle hat der Verlust der Ware auf dem Transport zur Folge, daß der Verkäufer von weiteren Verpflichtungen befreit ist? Wir werden auf diese Frage später zurückkommen. Das Problem ist hier erwähnt, um zu zeigen, daß die Feststellung nicht immer einfach ist, ob ein Vertrag schon völlig erfüllt ist und deshalb durch den Kriegsausbruch nicht berührt wird, oder ob noch eine Teilerfüllung aussteht, die von den Bestimmungen des Friedensvertrages ergriffen werden kann. Das muß nach dem anwendbaren Landesrecht entschieden werden, und selbst der Umstand, daß eine Partei Eigentum oder ein sonstiges dingliches Recht begründet oder auf die andere Partei übertragen hat, schließt nicht aus, daß diese Partei noch andere Verpflichtungen zu erfüllen hat. Möglicherweise hat,

---

[1] Siehe nachstehend S. 93.

z. B. der Verkäufer selbst nach Übertragung des Eigentums auf den Käufer ihm noch die Sache zu übergeben, so daß, bis er dies tut, der Vertrag von ihm nicht voll erfüllt ist. Dieser Gesichtspunkt ist von Bedeutung für Parteien, die einen Vertrag über Bestellung von Hypotheken oder anderen dinglichen Rechten geschlossen haben. Die Beziehungen zwischen den Parteien enden mit der Begründung eines solchen dinglichen Rechts nicht. Es können auch nach diesem Zeitpunkt noch vertragliche oder gesetzliche Bestimmungen über die Befriedigung des Pfandgläubigers aus dem Pfande oder ähnliche Bestimmungen in Kraft sein, die durch den Kriegsausbruch berührt werden können. Wie später gezeigt werden soll, kann die Tatsache, daß Eigentum oder ein dingliches Recht begründet oder übertragen worden ist, insofern Bedeutung haben, als Verträge, die eine solche dingliche Wirkung erzeugt haben, zu der Klasse von Verträgen gehören können, die von der Auflösung ausgenommen sind [2]. Grundsätzlich ist aber ein Vertrag nicht bereits deshalb voll erfüllt, weil Eigentum oder ein anderes dingliches Recht, wie Hypothek oder Pfand, von der einen auf die andere Partei übertragen oder zu ihren Gunsten bestellt worden ist.

Es gibt Verträge, deren Abschluß mit ihrer Erfüllung zusammenfällt. Das deutsch-englische Schiedsgericht war mit einem Falle befaßt, wo der Kaufpreis für Ware eingeklagt wurde, die vor dem Kriege vom Kläger an den Beklagten geliefert worden war [3]. Der Beklagte bestritt den Anspruch, abgesehen von anderen Gründen, deswegen, weil zufolge eines zwischen den Parteien vor dem Kriege geschlossenen Abkommens der Kaufpreis gestundet worden und deshalb beim Inkrafttreten des Friedensvertrages noch nicht fällig geworden war. Das Datum der Fälligkeit war erheblich, weil der Kläger seine Forderung durch die Vermittelung der Ausgleichsämter geltend machte und das Ausgleichsverfahren nicht auf Forderungen Anwendung fand, die erst nach Inkrafttreten des Friedensvertrages fällig wurden. Das Gericht prüfte nicht, ob das Abkommen über die Stundung der Forderung nach Art. 299 (a) aufgelöst worden war. Es war der Ansicht, dieses Abkommen sei nach den besonderen Umständen des Falles in Kraft geblieben. Als Gegenleistung für die Stundung hatte der Schuldner gewisse Wertpapiere zur Sicherheit hinterlegt und deswegen — so nahm das Gericht an — sei das Stundungsabkommen im Sinne des § 2 (a) des Anhangs zu Art. 303 ein Vertrag zum Zwecke der Übertragung

---

[2] Siehe nachstehend S. 116.
[3] Basse and Fischer G. m. b. H. v. J. Foster Kell, Rec. VII, S. 440.

von Eigentum, und da das Eigentum vor dem Feindwerden der Vertragsparteien übertragen worden sei, finde § 2 des Anhangs Anwendung, und das Stundungsabkommen bliebe in Kraft. Zweifellos war diese Bestimmung anwendbar, aber auch wenn der Schuldner keine Wertpapiere hinterlegt haben würde, wäre das Ergebnis das gleiche gewesen. Eine Vereinbarung über Stundung ist begrifflich einer weiteren Ausführung nicht fähig; ihre Ausführung fällt mit ihrem Abschluß zusammen und sie erzeugt keine Verpflichtung, die erst erfüllt zu werden brauchte. Die Rechtslage, die sie schafft, ist die gleiche, wie wenn schon in dem ursprünglichen Vertrag das Datum der Fälligkeit so bestimmt worden wäre, wie es später in dem Stundungsvertrag geschah. Die einzige Wirkung des Stundungsabkommens liegt in der Abänderung des ursprünglichen Vertrages, der dementsprechend ipso facto abgeändert wird. Nichts bleibt zur Erfüllung übrig, und nichts steht deshalb aus, das durch den Friedensvertrag berührt werden könnte.

8. Kapitel

Verträge, deren Erfüllung noch nicht begonnen hat

Wenn ein Vertrag, dessen Erfüllung bei Kriegsausbruch noch von keiner Partei begonnen war, zu der Kategorie von Verträgen gehört, für die ein Handelsverbot nach Landesrecht besteht und die folglich nach dem Friedensvertrag aufgelöst werden, erfaßt die Auflösung den Vertrag in vollem Umfang. Auch hier liefert wieder ein Kaufvertrag die beste Erläuterung. Wenn der Verkäufer die Ware nicht übergeben und das Eigentum an ihr nicht übertragen, der Käufer den Kaufpreis nicht bezahlt hat, so ist der Vertrag völlig aufgelöst, und keine Partei hat einen Anspruch gegen die andere. Es ist kaum notwendig, hinzuzufügen, daß kein Anspruch auf Schadensersatz verbleibt. Keine Partei ist für die Auflösung des Vertrages verantwortlich, und folglich hat sich nichts ereignet, woraus ein Anspruch auf Schadensersatz hergeleitet werden könnte. Die Partei, für welche die Vertragsauflösung einen Verlust bedeutet, hat keinen Rechtsbehelf gegen die andere Partei [1]. Das bezieht sich nicht nur auf entgangenen Gewinn, sondern auch auf tatsächlich eingetretenen Schaden. Wenn ein Verkäufer sich zur Lieferung einer Werkanlage verpflichtet und einen Teil dieser

[1] Germano-Belge Mixed Arbitral Tribunal, Société coloniale anversoise v. Friedrich Krupp A. G., Rec. III, S. 541 f.

Anlage bei einem Unterlieferanten bestellt hat und dann Krieg zwischen den Ländern des Verkäufers und Käufers ausbricht, während der Verkäufer und der Unterlieferant nicht Feinde werden, bleibt möglicherweise der Verkäufer seinem Unterlieferanten gegenüber verpflichtet, selbst wenn der beim Unterlieferanten bestellte Teil für den Verkäufer zufolge der Auflösung des Vertrages zwischen ihm und dem Käufer nicht mehr von Nutzen ist. Diesen Schaden muß er tragen, es sei denn, daß der Nebenvertrag nach dem anwendbaren Landesrecht zufolge der Auflösung des Hauptvertrages hinfällig geworden ist. In einer vor dem deutsch-englischen Gemischten Schiedsgericht entschiedenen Sache [2] hatte die britische Partei an einen deutschen Käufer vor dem Kriege Wertpapiere verkauft und, um liefern zu können, diese Wertpapiere von einer dritten Partei gekauft und ihr bezahlt. Ihre Klage auf Erstattung dieser für die Wertpapiere bezahlten Summe wurde mit der Begründung abgewiesen, der Vertrag zwischen ihr und der deutschen Partei sei aufgelöst, und die von ihr an die dritte Partei bewirkte Zahlung stelle einen Schaden dar, für den die deutsche Partei nicht verantwortlich sei. Die Entscheidung ist unzweifelhaft richtig. Die etwas überraschende Behauptung des Klägers, die Verpflichtung, die er gegenüber der dritten Partei eingegangen sei, und die Zahlung, die er an diese Partei geleistet habe, stellten eine Handlung oder Leistung im Sinne des Art. 299 (a) des Versailler Vertrages dar, wurde natürlich abgelehnt.

Ein Vertrag, dessen Erfüllung noch nicht begonnen war, unterscheidet sich in dieser Beziehung von einem Vertrag, den eine der Parteien bereits teilweise erfüllt hatte. Wenn in dem oben gegebenen Beispiel der Käufer den Kaufpreis ganz oder teilweise bereits bezahlt und nach der Auflösung des Vertrages durch den Krieg die Rückwirkung der von ihm geleisteten Anzahlung verlangt hätte, dann würde, wie wir später sehen werden [3], der Verkäufer berechtigt sein, von der von ihm zurückzuzahlenden Summe den Schaden, den er erlitten hatte, abzuziehen. Ein weiterer, auch später im einzelnen zu beschreibender Unterschied mag hier bereits erwähnt werden, nämlich der zwischen einem Kaufvertrag und einem Agenturvertrag. Wenn in dem obigen Beispiel der Verkäufer bei Vergebung des Auftrags für einen Teil der Anlage mit dem Unterlieferanten nicht im eigenen Namen, sondern als Agent des Käufers gehandelt hätte, dann würde eine vollkommen andere Situation entstanden sein. Obwohl der Agenturvertrag ebenso wie

[2] Stamm v. Heckscher, Rec. III, S. 532.
[3] Siehe unten S. 106.

der Kaufvertrag durch das Feindwerden der Parteien aufgelöst worden wäre, könnte ein Agent, der in der Annahme, er sei noch ein solcher, für Rechnung seines Auftraggebers Ware bestellt hatte, während der Agenturvertrag in Wahrheit durch den Kriegsausbruch aufgelöst worden war, einen Anspruch gegen seinen Auftraggeber auf Entschädigung haben[4]. Aber abgesehen von diesen Ausnahmen hat die Partei eines noch nicht erfüllten Vertrages, der die Auflösung infolge des Kriegsausbruchs einen Schaden zufügt, diesen Schaden selbst zu tragen.

Der Versailler Vertrag sah Schadensersatz nur in dem umgekehrten Falle vor, nämlich wenn eine der Alliierten oder Assoziierten Mächte im Allgemeininteresse die Erfüllung eines Vertrages verlangte, der sonst zufolge des Friedensvertrages aufgelöst worden wäre. In einem solchen Falle konnten die Gemischten Schiedsgerichte der Partei, der die Erfüllung des aufrecht erhaltenen Vertrages einen Schaden zufügte, eine angemessene Entschädigung zubilligen[5]. Nach dem Lausanner Vertrag (Art. 75, Satz 2) hatte jede der Vertragsparteien das Recht, seine Erfüllung zu fordern. Die Partei, die von diesem Rechte Gebrauch machte, hatte, falls es nach den Umständen angemessen erschien, der anderen Partei eine Entschädigung zu zahlen. Diese Entschädigung, die, falls sich die Parteien über ihren Betrag nicht einigten, durch das Gemischte Schiedsgericht festzusetzen war, mußte berechnet werden unter Bezugnahme auf den Unterschied zwischen den bei Abschluß des Vertrages und den zu dem Zeitpunkt seiner Erfüllung bestehenden Bedingungen. Weder die Lösung des Versailler Vertrages noch die des Vertrages von Lausanne wurde von der International Law Association übernommen, und dies geschah auch nicht in den Friedensverträgen von Paris, die weder einer beteiligten Regierung noch einer Partei das Recht einräumen, die Erfüllung eines an sich durch den Kriegsausbruch aufgelösten Vertrages zu fordern. Man kann deshalb von keiner feststehenden Praxis sprechen. Jedenfalls aber kann, wenn ein Vertrag aufgelöst ist, bevor seine Erfüllung von einer der Vertragsparteien begonnen worden war, von einem Anspruch der durch die Vertragsauflösung geschädigten Partei auf Entschädigung nicht die Rede sein.

Bei einigen Verträgen kann es zweifelhaft sein, ob ihre Erfüllung bereits begonnen war oder nicht. Im allgemeinen macht es keinen Unterschied, ob ein Vertrag eine Partei verpflichtet, etwas zu tun oder etwas zu unterlassen. Die Auflösung von Verträgen durch

---

[4] Siehe unten S. 111.

[5] Art. 299 (b) Satz 2 Versailler Vertrag.

Kriegsausbruch erstreckt sich auf Unterlassungsverträge[6], beispielsweise eine Vereinbarung, die eine der Vertragsparteien verpflichtet, eine bestimmte Ware während einer gewissen Zeit nur an die andere Partei zu verkaufen, oder ein Abkommen darüber, daß eine der Vertragsparteien ein Verfahren geheim halten muß. Nach englischem Recht werden derartige Verträge aufgelöst, wenn die Parteien Feinde werden[7], und infolgedessen werden sie auch nach dem Friedensvertrag aufgelöst[8]. Macht es einen Unterschied, ob die Auflösung eintritt, wenn die zur Unterlassung verpflichtete Partei noch keine Gelegenheit hatte, das zu tun, was zu unterlassen sie sich verpflichtet hatte, oder erst dann, wenn die zur Unterlassung verpflichtete Partei schon erhebliche Mengen hätte verkaufen können, dies aber kraft der von ihr eingegangenen Verpflichtung unterlassen hatte? Augenscheinlich nicht. Die oben dargelegte Regel, daß Verträge, deren Erfüllung noch nicht begonnen worden war, aufgelöst werden, ohne daß sich daran Folgen knüpfen, muß deshalb auf den Fall ausgedehnt werden, daß die Partei der von ihr eingegangenen Unterlassungsverpflichtung nachgekommen war, den Vertrag also teilweise bereits erfüllt hatte. Wenn eine Zuwiderhandlung gegen die Unterlassungsverpflichtung bereits zum Zeitpunkt der Vertragsauflösung begangen war, finden die Vorschriften über entstandene Rechte Anwendung[9].

Verwiesen sei auf die Ausführungen oben S. 49, daß Verträge auf Unterlassung nach den Friedensverträgen von 1947 nicht aufgelöst werden, weil ein Vertrag auf Unterlassung begrifflich keinen Verkehr mit dem Feinde bedingt.

9. Kapitel

Wirkung der Auflösung auf teilweise erfüllte Verträge

Hinsichtlich der Wirkung der Auflösung von Verträgen, falls eine solche Auflösung durch den Kriegsausbruch zwischen den Staaten der Vertragsparteien herbeigeführt wird, ist es zweckmäßig zu unterscheiden zwischen

---

[6] McNair, S. 96 und 293.

[7] Zinc Corporation v. Hirsch [1916] 1 K. B. 541 f. In dem S. 14, Note 9 zitierten Falle waren beide Parteien britische Staatsangehörige und das von den Beklagten für die Auflösung des Vertrages vorgebrachte Argument war, die Auflösung des Vertrages zwischen den Klägern und der deutschen Firma habe den Vertrag zwischen den Klägern und den Beklagten hinfällig gemacht.

[8] Entscheidungen der Gemischten Schiedsgerichte zu diesem Punkte liegen nicht vor. Wie bereits oben S. 49, Note 24 erwähnt, ist Isay, a. a. O., der Auffassung, daß sich die im Versailler Vertrag vorgeschriebene Vertragsauflösung auf Unterlassungspflichten nicht erstreckt. Ich kann das nicht für richtig halten.

[9] Vgl. unten S. 82.

1. einseitigen, noch nicht erfüllten Verträgen und
2. mehrseitigen Verträgen,
   a) erfüllt,
   b) Erfüllung (ganz oder teilweise) noch ausstehend.

1. Einseitige, noch nicht erfüllte Verträge

Weder die Friedensverträge nach dem ersten und zweiten Weltkriege, noch die von der International Law Association vorgeschlagene Regelung unterscheiden zwischen einseitigen und mehrseitigen Verträgen, und bei erster Betrachtung könnte es deshalb scheinen, daß hinsichtlich der Einwirkung des Krieges zwischen den beiden Arten von Verträgen kein Unterschied besteht; nähere Betrachtung ergibt jedoch, daß ein erheblicher Unterschied vorhanden ist.

Der Versailler Vertrag (Art. 299 (a)) nimmt von der auf Vorkriegsverträge anwendbaren Auflösung „Schulden und andere Geldverpflichtungen" aus, „die aus der Vornahme einer in einem solchen Vertrage vorgesehenen Handlung oder der Leistung einer dort vorgesehenen Zahlung entspringen". Der Vertrag von Lausanne (Art. 84) beschränkt sich auf die Bestimmung, daß Schulden aus Vorkriegsverträgen, die vor dem Kriege oder während des Krieges fällig und während des Krieges nicht bezahlt wurden, in Übereinstimmung mit den Bestimmungen dieser Verträge in der vereinbarten Währung zu dem im Ursprungslande geltenden Umrechnungssatze getilgt werden müssen. Die Vorschläge der International Law Association enthalten über der Überschrift „Vorkriegsschulden" die folgende Regel 5 a:

> Wenn kraft eines Vertrages im Sinne von Regel 1 oder 2 eine Schuld oder andere Geldverpflichtung, die aus der Vornahme einer in dem Vertrage vorgesehenen Handlung oder der Leistung einer dort vorgesehenen Zahlung vor dem durch diese Regeln festgesetzten Zeitpunkt fällig wird, so soll der Vertrag in Kraft bleiben, soweit notwendig, um der Partei, der solche Schuld oder Geldverpflichtung geschuldet wird, zu ermöglichen, sie in angemessener Frist geltend zu machen.

Es besteht somit in den wesentlichen Punkten eine Übereinstimmung zwischen dem Versailler Vertrag und den Regeln der International Law Association, während der Lausanner Vertrag sehr viel kürzer ist und sich auf Schulden beschränkt, ohne irgendwelche zusätzliche Regeln, und sich anscheinend nur zur Aufgabe macht, Regeln für die Währung aufzustellen, in der eine etwaige Schuld zu begleichen ist.

Die Friedensverträge von 1947 nähern sich den Bestimmungen des Lausanner Vertrages an. Es soll nämlich, so heißt es in dem Artikel, der von Schulden handelt, der Kriegszustand als solcher nicht die Verpflichtung berühren, Geldschulden zu bezahlen, die aus Obligationen oder Verträgen entstanden, die vor dem Bestehen des Kriegszustandes bestanden, oder Rechten, die vor diesem Zeitpunkt erworben waren, wenn diese Schulden vor dem Inkrafttreten des Friedensvertrages fällig geworden waren [1].

Wir wollen im folgenden darzulegen versuchen, daß diese Bestimmungen in den folgenden Beziehungen nicht glücklich sind:

a) Die — nur im Versailler Vertrag und den Vorschlägen der International Law Association vorkommende — Beschränkung auf Verpflichtungen, die aus der Vornahme einer vertragsmäßig vorgesehenen Handlung oder Leistung einer vertraglich vorgesehenen Zahlung entspringen, ist mit dem Charakter einseitiger Verträge nicht vereinbar.

b) Der Begriff „Schulden und Geldverpflichtungen" oder „Geldschulden" (Fassung der Friedensverträge von 1947) erstreckt sich nicht auf Naturalerfüllung.

c) Eine Bestimmung ist notwendig für die Aufrechterhaltung von Ansprüchen auf Ersatz ziffernmäßig noch nicht feststehenden Schadens.

d) Es muß klargestellt werden, daß der Zeitpunkt der Fälligkeit auf die Aufrechterhaltung der Ansprüche keinen Einfluß hat.

Zu a) Wenn A für eine Schuld des B an C Bürgschaft leistet und A und C Feinde werden, bleibt dann die Bürgschaft in Kraft? Die Gemischten Schiedsgerichte wurden vielfach mit solchen Fällen befaßt, und es wurde immer entschieden, daß die Bürgschaft, wenn Bürge und Gläubiger Feinde wurden, aufgelöst wurde, aber nur hinsichtlich der Zukunft, während für zum Zeitpunkt der Auflösung bereits entstandene Schulden die Bürgschaft in Kraft bleibe [2].

[1] Der Wortlaut des Artikels (abgedruckt unten S. 170) ist außerordentlich ungelenk. Bei dem zweiten Relativsatz, welcher beginnt „which became payable, etc." ist es nach dem englischen Text nicht klar, worauf er sich bezieht. Der französische Text macht das dadurch klar, daß er vor den Relativsatz „qui étaient devenues exigibles" noch das Wort „dettes" setzt. Der Sinn wird klarer, wenn die Anordnung des Satzes folgendermaßen geändert wird: Die Verpflichtung, Schulden zu begleichen, die vor dem Inkrafttreten des gegenwärtigen Vertrages fällig geworden sind, ... soll durch Bestehen des Kriegszustands als solchen nicht berührt werden, sofern diese Schulden aus Verpflichtungen und Verträgen herrühren, die vor Ausbruch des Krieges in Kraft waren, oder aus Rechten, die vor diesem Zeitpunkt erworben waren.

[2] Dresdner Bank v. Ries, Rec. VI, S. 621; Cobbett v. Graf Dohna, Rec. VII, S. 456 f.; Discontogesellschaft v. Kittel & Co., Rec. VII, S. 506 f.; Deutsche Bank

Das setzt natürlich voraus, daß die Beziehungen zwischen dem Gläubiger und dem Hauptschuldner (C und B) durch den Krieg nicht berührt werden; denn wenn die Schuld selbst erlischt, wird der Bürge frei [3]. Vorausgesetzt aber, daß trotz des Kriegsausbruchs die Schuld bestehen bleibt, bleibt dann die Bürgschaft gleichfalls bestehen? Man möchte natürlich geneigt sein, die Frage zu bejahen, und es liegen sehr zahlreiche Entscheidungen dafür vor. Die Schwierigkeit ist aber, diese Antwort mit Art. 299 (a) des Versailler Vertrages und Regel 5 der Vorschläge der International Law Association zu vereinigen, wonach Schulden und andere Geldverpflichtungen nur dann von der Auflösung ausgenommen sind, wenn sie aus einer im Vertrage vorgesehenen Handlung oder der Leistung einer dort vorgesehenen Zahlung entspringen. Der Versailler Vertrag und die Vorschläge der International Law Association beziehen sich anscheinend auf mehrseitige Verträge. Bei solchen Verträgen ist es in der Tat nötig, damit eine Schuld oder Geldverpflichtung entsteht, daß eine Partei auf Grund des Vertrages eine Handlung vornimmt oder Geld zahlt. Der Verkäufer einer Ware kann den Kaufpreis nur fordern, wenn er die Ware liefert. Das ist eine von ihm zu bewirkende Handlung. Bei einem einseitigen Vertrage aber würde es ein Widerspruch in sich sein, wenn der Gläubiger etwas zu tun hätte, um seinen Anspruch zu begründen. Es gehört zum Wesen eines einseitigen Vertrages, daß nur eine Partei eine Leistung zu bewirken hat. Die Schuld oder Geldverpflichtung entspringt unmittelbar aus dem Vertrag, ohne daß der Gläubiger seinerseits eine Leistung zu bewirken hätte. Das trifft selbst auf Vereinbarungen zu, die nach dem Rechte Schottlands und verschiedener kontinentaler Länder Realverträge genannt werden, ein Begriff, der auf das Römische Recht zurückgeht. Sie werden Realverträge genannt, weil eine Handlung auf Seiten einer Partei nötig ist, um den Vertrag zur Entstehung zu bringen, z. B. die Zahlung beim Darlehen, die Überlassung des Gebrauchs bei der Leihe, die Übergabe der zu verwahrenden Sache beim Verwahrungsvertrag. Beim Darlehen entsteht nach dem Recht solcher Länder, die Realverträge kennen, der Anspruch des Dar-

---

v. Drughorn, Rec. VIII, 58 f.; Hongkong and Shanghai Banking Corporation v. Vogelsang & Co., Rec. IX, S. 11.

Siehe auch die nicht veröffentlichte Entscheidung des deutsch-englischen Gemischten Schiedsgerichts vom 16. 7. 1925, Fall 1943, der gleichfalls eine Bürgschaft betraf. Das deutsche Ausgleichsamt hatte die Forderung des Gläubigers bestritten, weil keine Handlung oder Zahlung bewirkt worden war. Das Gemischte Schiedsgericht entschied zugunsten des Gläubigers, ohne zu dem von dem deutschen Ausgleichsamt vorgebrachten Argument im einzelnen Stellung zu nehmen.

[3] Vgl. McNair, S. 234.

lehnsgebers durch Zahlung der Darlehensvaluta. Von solchen Realverträgen kann man nicht sagen, daß die Zahlung des Geldes durch den Gläubiger eine auf Grund des Vertrages bewirkte Zahlung sei, denn die Zahlung wird nicht kraft des Vertrages geleistet, sondern sie schafft ihn. Wenn daher, was Vernunft und Gerechtigkeit verlangen und von den Gemischten Schiedsgerichten angenommen worden ist, Geldverpflichtungen aus einseitigen Verträgen trotz des Feindwerdens der Parteien in Kraft bleiben, so muß die in dem Versailler Vertrag und in den Vorschlägen der International Law Association enthaltene Vorschrift ausdehnend dahin ausgelegt werden, daß nicht nur Verpflichtungen, die aus einer auf Grund des Vertrages bewirkten Handlung oder Zahlung entspringen, aufrecht erhalten werden, sondern auch Verpflichtungen aus einseitigen Verträgen, selbst wenn keine Handlung oder Zahlung bewirkt ist.

Die Bürgschaft ist nicht das einzige Beispiel einer aus einem einseitigen Vertrage entstehenden Verpflichtung. Verpflichtungen aus Wechseln oder anderen kaufmännischen Verpflichtungsscheinen bilden fernere Beispiele. Die Vorschläge der International Law Association sehen ausdrücklich vor, daß Verpflichtungen aus solchen Urkunden in Kraft bleiben sollen (Regel 12 a). Der Versailler Vertrag enthielt keine ausdrückliche derartige Vorschrift. Er beschränkte sich auf die Bestimmung, daß im Verhältnis zwischen Feinden kein vor dem Kriege ausgestelltes Handelspapier wegen nicht rechtzeitiger Präsentierung ungültig werden solle (Art. 301 Versailler Vertrag, ebenso Art. 80 Lausanner Vertrag). Aus der Bestimmung, daß ein Wertpapier durch nicht-rechtzeitige Vorlegung nicht unwirksam wird, ist zu folgern, daß es in Kraft bleibt, denn sonst würde die Bestimmung überflüssig sein, daß die Nichtvorlegung innerhalb bestimmter Zeit es nicht unwirksam macht.

Eine weitere Bestimmung des Versailler Vertrags, welche die obige Auslegung bestätigt, ist die, daß Zinsen von Wertpapieren, die von einer der kriegführenden Mächte ausgestellt waren, in gewissen Fällen durch die Vermittelung der Ausgleichsämter einzuziehen sind (Art. 296 (3) Versailler Vertrag). Folglich bleibt der Anspruch auf Zinsen in Kraft, obwohl man nicht sagen kann, daß dieser Anspruch durch eine von dem Aussteller bewirkte Zahlung oder Leistung begründet werde [4].

Zu b) Der Ausdruck „Schulden und sonstige Geldverpflichtungen", obwohl seine Bedeutung in anderen Beziehungen Zweifeln

[4] Hinsichtlich des Anspruchs auf Dividenden auf Aktien vgl. unten S. 124.

unterliegt, ist in einer Beziehung unzweifelhaft, nämlich daß er Ansprüche auf Naturalerfüllung ausschließt. Diese Bestimmung kann zu unbefriedigenden Ergebnissen führen, wie wiederum durch Hinweis auf eine Bürgschaft dargelegt werden kann, durch welche eine nicht auf Geldzahlung gerichtete Schuld gesichert wird. Bürgschaften für andere als Geldverpflichtungen sind durchaus nicht selten. Eine Bürgschaft kann die Verpflichtung auf Lieferung von Ware oder auf Rückgewähr geliehener Sachen oder auf die Ausführung eines Werkvertrages sichern [5]. Häufig wird der Bürge, wenn der Hauptschuldner eine solche Sachleistung nicht erfüllt, den Gläubiger in Geld zu entschädigen haben. Es steht aber nichts im Wege, daß sich der Bürge verpflichtet, die Sachleistung an des Schuldners Stelle zu bewirken. Nach dem Versailler Vertrag und ebenso nach den Friedensverträgen von 1947 werden solche Ansprüche des Schuldners gegen den Bürgen auf Naturalerfüllung nicht aufrecht erhalten. Der Wortlaut der Friedensverträge ist zu bestimmt, um eine andere Auslegung zu gestatten [6]. Es dürfte zu erwägen sein, damit solche Ansprüche auf Naturalerfüllung aufrecht erhalten werden, die Wendungen „Schulden“ oder „Geldverpflichtungen“ oder, wie in den Friedensverträgen von 1947 „pecuniary debts“ (ein augenscheinlicher Pleonasmus) durch Wendungen zu ersetzen wie etwa die, daß Verpflichtungen, die vor Auflösung des Vertrages entstanden waren, aufrecht erhalten werden. Solche Fassung würde klarstellen, daß Ansprüche auf Naturalerfüllung, soweit solche Ansprüche nach dem anwendbaren Landesrecht bestehen, nicht untergehen.

Ein ferneres Beispiel für einen einseitigen Vertrag, aus dem eine andere als Geldverpflichtung entstehen kann, bildet eine Schenkung. Zweifellos können Schenkungen bewegliche Sachen oder Grundstücke oder Forderungen zum Gegenstand haben. Wenn in einem Schenkungsvertrag die Zahlung einer Geldsumme gültig versprochen worden ist, so ist das zweifellos eine Geldverpflichtung, die durch die Vertragsauflösung nicht berührt wird. Wenn aber nicht Geld, sondern ein Haus oder Wertpapiere versprochen werden, so entsteht dasselbe Problem wie das, welches oben in bezug auf Bürgschaften, die sich nicht auf Geldverpflichtungen, sondern auf Verpflichtungen betreffend Sachleistungen erstrecken,

---

[5] S. die British Encyclopaedia of Forms and Precedents, Band 7, S. 7 f. und S. 55 f. Das deutsche Formularbuch für die Freiwillige Gerichtsbarkeit enthält nur Formulare für Bürgschaften betreffend Geldverpflichtungen; in der Praxis, besonders im Bankenverkehr, sind aber Bürgschaften für Sachleistungen (etwa Bau von Maschinen) nicht selten.

[6] Deutsch-englisches Gemischtes Schiedsgericht E. Luttges & Co. v. Ormiston and Glass, Ltd., Rec. VI, S. 571.

erörtert worden ist. Die Frage ist in bezug auf Schenkungen von geringerer praktischer Bedeutung als für Bürgschaften. Der Versailler Vertrag enthielt keine besonderen Bestimmungen über Schenkungen. Mehrere der Alliierten oder Assoziierten Mächte machten jedoch von dem Rechte (Art. 299 (b)), die Erfüllung von Verträgen im Allgemeininteresse zu verlangen, dahin Gebrauch, daß sie in die Liste solcher Verträge Schenkungen einschlossen. Der Vertrag von Lausanne bestimmte ausdrücklich, daß Schenkungen aufrecht erhalten bleiben sollen (Art. 73 h). Ebenso enthalten die von der International Law Association vorgeschlagenen Regeln eine Vorschrift (6 h), daß Verträge über freiwillige Zuwendungen inter vivos or mortis causa in Kraft bleiben. Es scheint sich deshalb eine Übung herausgebildet zu haben, der sich allerdings die Friedensverträge von 1947 nicht angeschlossen haben, daß Verträge über Schenkungen oder sonstige Freigebigkeiten durch den Kriegsausbruch nicht betroffen werden. Sollte in den künftigen Friedensvertrag mit Deutschland diese Bestimmung übernommen werden, dann würde das Problem, ob nur Geldverpflichtungen oder auch Verpflichtungen auf Sachleistungen aufrecht erhalten werden, in bezug auf Schenkungen nicht entstehen; denn wenn ein Vertrag aufrecht erhalten ist, so ist er in vollem Umfange aufrecht erhalten, gleichgültig ob die Verpflichtung auf Geld oder Sachleistungen geht.

Ein Friedensvertrag muß sich natürlich auf die Bestimmung beschränken, daß ein erworbenes Recht aufrecht erhalten wird, und hat nichts mit der Frage zu tun, ob ein Recht erworben ist. Dies sowohl wie der Umfang des so entstandenen Rechts muß in jedem Einzelfalle auf Grund des anwendbaren Landesrechts bestimmt werden[7]. Im Falle einer Schenkung hängt es von dem Landesrecht ab, ob ein Anspruch entstanden ist oder nicht, beispielsweise weil die Schenkung nicht in der gesetzlich vorgeschriebenen Form beurkundet worden ist. Ebenso muß, ob ein Wechsel gültig und folglich ein Recht aus diesem Wechsel entstanden ist, oder ob auf Grund eines Versicherungsvertrages eine Rente fällig geworden ist, nach Landesrecht entschieden werden. Soweit Rechte entstanden sind, werden sie aufrecht erhalten. Abgesehen davon wird der Vertrag aufgelöst, wenn die Parteien Feinde werden[8].

Zu c) Ob der Begriff „Schulden und andere Geldverpflichtungen" nicht-liquide Schulden umfaßt, kann zweifelhaft sein. Es ist

[7] Deutsch-englisches Gemischtes Schiedsgericht, Meyer Sohn, Ltd. v. Conrad Meyer, Rec. VII, S. 379 f.

[8] Siehe jedoch nachstehend S. 117 über einen Vertrag, der nach Landesrecht unwirksam, anscheinend auf Grund des Lausanner Vertrages verbindlich geworden ist.

nie ein Fall vor die Gemischten Schiedsgerichte gekommen, in welchem die Bedeutung dieses Begriffes für Art. 299 (a) hätte definiert werden müssen. Die Schiedsgerichte hatten aber mit dem verwandten Problem zu tun, was der Ausdruck „Schulden" bedeutet, die nach dem Versailler Vertrag im Ausgleichsverfahren zu regeln waren. Der Begriff „Schulden" (Art. 296, 1 und 2 Versailler Vertrag) wurde von den Gemischten Schiedsgerichten meist dahin ausgelegt, daß er sich auf liquide Forderungen beschränke [9]. Obwohl der Begriff „Schulden" im Anwendungsbereich des Ausgleichsverfahrens nicht notwendig identisch ist mit dem Begriff „Schulden und andere Geldverpflichtungen", die aus einem Vorkriegsvertrag entstanden sind, so besteht zum mindesten die Möglichkeit, daß die Gemischten Schiedsgerichte den einen Begriff ebenso auslegen werden wie den anderen. Eine solche Auslegung würde für Ansprüche aus Vorkriegsverträgen zu höchst unbefriedigenden Ergebnissen führen. Es sei erneut auf das Beispiel einer Bürgschaft hingewiesen, durch welche nicht auf Geld, sondern auf Sachleistungen gerichtete Ansprüche gesichert werden. Oben ist angeregt worden, daß Ansprüche aus solchen Bürgschaften in den Friedensverträgen aufrecht erhalten werden sollten, auch wenn sie auf Sachleistungen gehen. Häufiger wird der Bürge nicht zur Naturalerfüllung, sondern zu einer Geldleistung verpflichtet sein, und ob eine solche Verpflichtung eine Schuld oder andere Geldverpflichtung ist, kann zum mindesten zweifelhaft sein. Um einen solchen Zweifel zu verhüten, sollte der Ausdruck „Schulden und andere Geldverpflichtungen" durch einen anderen Ausdruck ersetzt werden, der nicht-liquide Schulden umschließt.

Die Friedensverträge von 1947 gebrauchen den Ausdruck „pecuniary debts" (dettes pécunières), der ein Pleonasmus ist, dabei aber den Zweifel nicht klärt, ob nicht-liquide Schulden dazu gehören. Die Frage dürfte zu bejahen sein, denn einerseits sprechen keine inneren Gründe dafür, von dem Grundsatz des englischen Rechts abzuweichen, daß Rechte, die vor Kriegsausbruch bereits erwachsen waren (accrued rights), aufrecht erhalten werden, andererseits bestimmt der zweite Absatz des von Schulden aus Vorkriegsverträgen handelnden Artikels der Friedensverträge von 1947, daß, soweit nicht ausdrücklich etwas anderes bestimmt ist, keine Klausel des Friedensvertrages die Auslegung erfahren dürfe, als wenn sie die Beziehung von Schuldnern zu Gläubigern aus Vorkriegsverträgen berühre. Auch wenn man mit Recht der Meinung

[9] Empire Transport v. Blumenfeld, Rec. IV, S. 205 f.; Burns Philp v. Norddeutscher Lloyd, ibid., S. 627 f.; Vandyk Printers Ltd. v. Moderner Kunst-Verlag, Rec. VI, S. 33; Violet frères v. Heinrich, Rec. IX, S. 639.

sein kann, daß der Ausdruck „Geldschulden" nicht deutlich macht, ob er nicht-liquide Schulden einschließt, so kann man gewiß nicht sagen, daß in diesem unklaren Ausdruck eine „ausdrückliche Bestimmung" über den Untergang von nicht-liquiden Schulden enthalten sei.

Zu d) Art. 299 (a) des Versailler Vertrages nimmt von der Auflösung aus, mit anderen Worten, hält in Kraft: Schulden und andere Geldverpflichtungen, ohne zu bestimmen, ob solche Schulden und Geldverpflichtungen nur aufrecht erhalten werden, wenn sie vor Ende des Krieges fällig geworden sind. Der Zeitpunkt, zu dem Schulden fällig wurden, war nach dem Versailler Vertrag nur für das Ausgleichsverfahren von Bedeutung. In das Ausgleichsverfahren fielen Schulden nur dann, wenn sie vor oder während des Krieges fällig geworden waren[10]; Schulden, die erst nach Ende des Krieges fällig wurden, waren vom Ausgleichsverfahren ausgeschlossen, was natürlich nicht bedeutet, daß sie erloschen. Das wird am besten an dem Beispiel von Wertpapieren erläutert, die zugunsten von Staatsangehörigen einer der vertragschließenden Mächte von Staatsangehörigen einer feindlichen Macht ausgestellt worden waren, z. B. eine von einer deutschen Gesellschaft ausgestellte und einem britischen Staatsangehörigen zustehende Schuldverschreibung. Zinsen und Kapital auf solche Schuldverschreibungen, soweit sie vor oder während des Krieges fällig geworden waren, mußten durch Vermittelung der Ausgleichsämter geregelt werden (Art. 296, 3 und 4 Versailler Vertrag). Zinsen oder Kapitalforderungen, die erst nach Kriegsende fällig wurden, blieben in Kraft, die Zahlung erfolgte aber außerhalb des Ausgleichsverfahrens. Der Wortlaut des Versailler Vertrags brauchte in dieser Hinsicht kaum geändert zu werden, wenn nicht der Wortlaut des Lausanner Vertrages und der Friedensverträge von 1947 Anlaß zu Zweifeln gäbe. Keiner dieser Verträge sieht ein Ausgleichsverfahren vor, vielmehr müssen Schulden direkt zwischen den Parteien geregelt werden. Wie bereits erwähnt, beschränkte sich der Lausanner Vertrag auf eine Bestimmung über die Währung und den Umrechnungssatz für Berechnung und Bezahlung von Schulden. Die maßgebende Bestimmung enthält Art. 84, der sich auf „Schulden" beschränkt,

> „welche aus Vorkriegsverträgen entsprangen und vor dem Kriege oder während des Krieges fällig wurden".

Ebenso handeln die Friedensverträge von 1947 von Schulden,

> „die vor dem Inkrafttreten des gegenwärtigen Vertrages fällig wurden".

[10] Siehe wegen der Einzelheiten Art. 296 Versailler Vertrag.

Das könnte dahin verstanden werden, daß Schulden, die erst nach dem betreffenden Zeitpunkt fällig werden, nicht in Kraft bleiben. Aber das kann nicht die Absicht der Friedensverträge sein. Warum sollten Schulden, die erst nach Inkrafttreten der Friedensverträge fällig werden, erlöschen, während doch der Grundsatz der ist, daß erworbene Rechte aufrecht erhalten werden? Sollte eine Anleihe in Kraft bleiben, die im Jahre 1946 fällig wird, dagegen eine Anleihe erlöschen, die erst nach Inkrafttreten der Friedensverträge von 1947 fällig wird? Das ist undenkbar. Auch hier wieder kann, wenn wirklich noch ein Zweifel übrig bleiben sollte, auf die Bestimmung des zweiten Absatzes des von Schulden handelnden Artikels der Friedensverträge von 1947 verwiesen werden; denn wenn es auch befremdlich sein mag, daß der erste Absatz dieses Artikels nur von Schulden spricht, die vor Inkrafttreten des Friedensvertrages fällig geworden sind, so kann man gewiß nicht behaupten, daß darin eine ausdrückliche Bestimmung über das Erlöschen später fällig werdender Forderungen enthalten sei [11].

Eine allgemeine Bemerkung über jede Art von wohl erworbenen Rechten sei hinzugefügt. Unter gewissen Voraussetzungen kann feindliches Privateigentum zurückbehalten und liquidiert werden. Der Versailler Vertrag behielt den Alliierten und Assoziierten Mächten das Recht vor, alles im Gebiet einer Siegermacht befindliche, deutschen Reichsangehörigen gehörige Vermögen zu liquidieren [12], von welcher Befugnis die meisten der Siegermächte Gebrauch machten. Die Friedensverträge von 1947 enthalten eine gleiche Bestimmung zugunsten der Siegermächte [13]. Es ist wohl so gut wie sicher, daß auch der künftige Friedensvertrag mit Deutschland eine derartige Bestimmung enthalten wird. Dieses Liquidationsrecht kann auch in bezug auf Forderungen geltend gemacht werden, die aus einem Vorkriegsvertrage zugunsten eines Angehörigen der besiegten Macht entstanden sind. Die Liquidation bedeutet aber nicht, daß die Forderung untergehe, sie wird vielmehr nur übertragen, und diese Übertragung beruht nicht auf dem Kriegsausbruch und den daran nach internationalem Brauch geknüpften Folgen, sondern auf einer besonderen Bestimmung des Friedensvertrages.

[11] Hingewiesen sei auch darauf, daß nach englischem Recht eine Verpflichtung auf Zahlung einer erst nach dem Kriege fällig werdenden Schuld aufrecht erhalten wird (s. McNair, S. 119 f und S. 238 Fußnote).

[12] Art. 297 (b). Vgl. Richard Fuchs. Die Grundsätze des Versailler Vertrags über die Liquidation und Beschlagnahme deutschen Privatvermögens im Ausland (Berlin 1927).

[13] Art. 79 Vertrag mit Italien, Art. 27 Vertrag mit Rumänien, Art. 25 Vertrag mit Bulgarien, Art. 29 Vertrag mit Ungarn; der Vertrag mit Finnland enthält keine solche Bestimmung.

2. Mehrseitige Verträge

Für die Rechtslage mehrseitiger Vorkriegsverträge ist es zweckmäßig, zwischen solchen zu unterscheiden, die von der einen Vertragspartei vollkommen erfüllt worden sind, und solchen, bei denen von beiden Seiten noch Teilleistungen ausstehen[14].

a) Erfüllte Verträge

Bei erfüllten Verträgen ist die Rechtslage wie bei einseitigen Verträgen. Wie bezüglich dieser schon ausgeführt wurde, ist die Bedingung, von der nach den Friedensverträgen von 1919 und den Vorschlägen der International Law Association die Aufrechterhaltung von Schulden und Geldverpflichtungen abhängt, nämlich daß auf Grund des Vertrages eine Handlung vorgenommen oder eine Zahlung geleistet worden ist, anscheinend in bezug auf mehrseitige, von einer Partei bereits erfüllte Verträge aufgenommen worden, worauf sie zutrifft, während sie auf einseitige Verträge nicht paßt. Bei mehrseitigen Verträgen ist es in der Tat so, daß nur der Partei eine Forderung zusteht, die ihrerseits eine Leistung oder Zahlung bewirkt hat.

Hinsichtlich des Umfangs, in welchem eine Forderung aus einem von einer Partei erfüllten Vertrage aufrecht erhalten wird, kann auf die obigen Bemerkungen über einseitige Verträge verwiesen werden. Das gilt vor allem von der Frage, ob nicht nur Geldverpflichtungen, sondern auch Verpflichtungen auf Sachleistungen und nicht-liquide Forderungen aufrecht erhalten werden. Aus den oben für einseitige Verträge entwickelten Gründen sollte die Aufrechterhaltung von Forderungen aus Verträgen, die von einer Partei erfüllt worden sind, nicht auf Geldverpflichtungen beschränkt, sondern auf Sachleistungsverpflichtungen erstreckt werden. Wenn der Verkäufer die Ware geliefert hat, so ist es klar, daß die Verpflichtung des Käufers, den Kaufpreis zu bezahlen, aufrecht erhalten bleibt. Sollte der Käufer, der den Kaufpreis bezahlt hat, des Anspruchs auf Lieferung der Ware beraubt werden? Ein Grund dafür ist nicht ersichtlich, um so weniger, als nach englischem Recht, mit welchem die Bestimmungen der Friedensverträge über Verträge eng übereinstimmen[15], nicht zwischen

---

[14] Zur Unterscheidung solcher Verträge werden im englischen Recht häufig die Ausdrücke „executed and executory contracts" verwandt, vgl. Anson, Law of Contracts, 19. Auflage, 1945, S. 25, Fußnote; siehe andererseits Mc Nair, S. 92/93, wo ausgeführt wird, daß die Unterscheidung nicht viel weiter hilft, der Sprachgebrauch auch nicht völlig feststeht.

[15] Siehe oben S. 50.

Geldschulden und Verpflichtungen auf Sachleistungen unterschieden wird. Englisches Recht hält sowohl Ansprüche auf Schadensersatz wegen Vertragsbruch wie auf Sachleistung aufrecht[16]. Deshalb sollte der Anspruch des Käufers auf Lieferung der Ware, die er bereits bezahlt hat, nicht infolge des Kriegsausbruchs erlöschen, wie das zweifellos nach den Friedensverträgen von 1919, wie nach denen von 1947 der Fall ist, da Verpflichtungen des Käufers, die Ware zu liefern und das Eigentum daran zu übertragen, keine Geldverpflichtungen darstellen, während nur solche nach den Friedensverträgen aufrecht erhalten werden. Daß diese Bestimmung über die ausschließliche Aufrechterhaltung von Schulden und Geldverpflichtungen zu unbilligen Ergebnissen führt, sei an der Hand einer Entscheidung des deutsch-englischen Gemischten Schiedsgerichts in Sachen Alexander Siemens gegen Siemens & Halske AG. dargelegt[17]. Der Kläger, ein britischer Staatsangehöriger mit Aufenthalt in England, besaß Aktien einer englischen Gesellschaft, die er in einem Vertrage vom Jahre 1908 auf die Beklagte, eine deutsche Aktiengesellschaft, zu übertragen sich verpflichtete, im Austausch gegen neue Aktien, welche die deutsche Gesellschaft auszugeben beabsichtigte. In dem Vertrage wurde vereinbart, daß die Ausgabe der neuen Aktien durch die Beklagte zunächst unterbliebe, sie aber verpflichtet sei, auf Verlangen des Klägers die neuen Aktien auszugeben und ihm zuzuteilen, auch an der Berliner Börse einzuführen, bis dahin Zahlungen an den Kläger in Höhe der Dividenden zu leisten, die auf die Aktien entfallen wären, falls sie schon ausgegeben wären. Es wurde ferner vereinbart, daß der Kläger eine Urkunde über die Übertragung seiner Anteile an der englischen Gesellschaft unterzeichne und der Beklagten aushändige, die Übertragung aber noch nicht im Aktienbuch der englischen Gesellschaft eingetragen werde. Der Kläger hielt dementsprechend seine englischen Aktien zur Verfügung der deutschen Gesellschaft, und es wurden infolgedessen diese englischen Aktien während des Krieges und nach Kriegsende als deutsches Vermögen behandelt. Dem Kläger wurde bis zum Kriegsausbruch regelmäßig so viel bezahlt, wie auf Grund der von der deutschen Gesellschaft beschlossenen Dividende auf ihn entfallen wäre, falls die Aktien bereits ausgegeben worden wären. Der Kläger klagte auf Zahlung des Werts seiner Aktien, wurde aber abgewiesen. Das Gericht war der Meinung, vor Ausbruch des Krieges sei kein Vertragsbruch begangen, welche Entscheidung unzweifelhaft zutreffend ist. Wie würde aber das Gericht entschieden haben, wenn der Kläger nicht

[16] McNair, S. 101.
[17] Rec. I., S. 544 f.

den Wert seiner Aktien eingeklagt hätte, sondern die Lieferung der Aktienurkunden und die Einführung seiner Aktien an der Berliner Börse? Eine Entscheidung zu seinen Gunsten wäre auf Grund des Versailler Vertrages nicht möglich gewesen, denn der Vertrag war aufgelöst und die Verpflichtung, die Aktienurkunden zu liefern und die Aktien an der Börse einzuführen, war keine Schuld oder Geldverpflichtung im Sinne von Art. 299 (a)[18]. Es wäre aber höchst unbillig gewesen, wenn dem Kläger dieser Anspruch nicht zugebilligt worden wäre, zumal er auch nicht Schadensersatz hätte fordern können, da das Gericht, und zwar zutreffend, annahm, daß die Beklagte keinen Vertragsbruch begangen habe. Der Fall ist ein Beweis für die Notwendigkeit, bei mehrseitigen, von einer Partei bereits erfüllten Verträgen nicht nur Schulden und Geldverpflichtungen aufrecht zu erhalten, sondern auch Verpflichtungen auf Sachleistungen, die vor der Auflösung des Vertrages bereits entstanden waren, beispielsweise die Verpflichtung des Verkäufers auf Lieferung der Ware, die der Käufer bereits bezahlt hat, oder auf irgendeine andere Sachleistung, wie z. B. im Siemens-Falle die Verpflichtung, die Aktien zu liefern und sie an der Börse einzuführen. Die Notwendigkeit für eine weitere Änderung, nämlich, daß Verpflichtungen aufrecht erhalten werden sollen, unabhängig vom Zeitpunkt ihrer Fälligkeit, wird gleichfalls durch den Siemens-Fall erwiesen. Die Aktien waren dem Kläger nur auf Verlangen zuzuteilen, und da ein solches Verlangen nicht gestellt war, war der Anspruch bei Kriegsausbruch noch nicht fällig geworden. Es wäre höchst ungerecht gewesen, wenn er aus diesem Grunde erloschen wäre.

Die von der International Law Association vorgeschlagenen Regeln gehen einen Schritt weiter als der Versailler Vertrag: Regel 5 a hält Schulden oder andere Geldverpflichtungen aufrecht, wenn sie aus einer gemäß dem Vertrag bewirkten Handlung oder Zahlung entspringen. Insoweit stimmt die Regel mit Art. 299 des Versailler Vertrages überein und unterliegt denselben Bedenken, nämlich daß die Schuld oder Geldverpflichtung nur aufrecht erhalten wird, wenn sie aus einer Handlung oder Zahlung entspringt. Hinsichtlich der Frage, ob Verpflichtungen von Sachleistungen, sofern sie vor der Auflösung des Vertrages entstanden sind, in Kraft bleiben, ent-

[18] Deutsch-englisches Gemischtes Schiedsgericht, Crews & Co. v. Hermann Vortisch-Oertle, Rec. IV, S. 59 ff., wo es heißt: „A duty to transfer shares cannot be held to be the same thing as the duty to perform a pecuniary obligation" (auf S. 64). (Eine Verpflichtung, Aktien zu übertragen, kann nicht einer Verpflichtung, eine Geldleistung zu erbringen, gleichgesetzt werden.)

halten die Regeln der International Law Association unter 5 b die folgende Bestimmung, die sich nicht im Versailler Vertrag findet:

Wenn eine Partei eines unter Regel 1 oder Regel 2 fallenden Vertrages Vertragsverpflichtungen nicht ausgeführt hat und infolgedessen der anderen Partei vor dem in den obigen Regeln bezeichneten Zeitpunkte ein Anspruch erwachsen ist. sollte ein solcher Vertrag soweit in Kraft bleiben als nötig ist, um eine Klage wegen Vertragsbruchs in angemessener Frist zu ermöglichen.

Diese Regel beseitigt eines der obigen Bedenken, insofern nämlich, als sie nicht-liquide Ansprüche aufrecht erhält; sie geht aber andererseits nicht weit genug, da die Aufrechterhaltung solcher Ansprüche davon abhängt, daß eine Partei der Verpflichtung auf Erfüllung von Vertragsbestimmungen nicht nachgekommen ist. Die Überschrift der Regel „Vertragsbrüche vor Kriegsausbruch" macht klar, was sonst vielleicht zweifelhaft sein könnte, nämlich, daß die Aufrechterhaltung von Ansprüchen auf Verträge beschränkt ist, die von einer der Vertragsparteien gebrochen worden sind. Das würde auf den Fall Siemens & Halske nicht zutreffen, wo kein Vertragsbruch begangen worden war. Aber selbst wenn Art. 299 (a) im Sinne der Regel 5 b ergänzt würde, wäre das Ergebnis das gleiche: nämlich eine Partei, die keinen Vertragsbruch begangen, aber immerhin nicht alle Verpflichtungen erfüllt hat, wäre zur Erfüllung der noch ausstehenden Verpflichtung nicht länger gehalten, die andere Partei aber zu Schadensersatzansprüchen nicht berechtigt, weil kein Vertragsbruch begangen war.

Die Friedensverträge von 1919 und 1923 und die von der International Law Association vorgeschlagenen Regeln enthalten, obwohl sie grundsätzlich die Aufrechterhaltung von Verpflichtungen auf Schulden und Geldverpflichtungen beschränken, einen Schritt in der Richtung der Aufrechterhaltung aller entstandenen Verpflichtungen; kurz gesagt, werden Verträge aufrecht erhalten, deren Gegenstand die Übertragung von Eigentum ist, sofern die Erfüllung des Vertrages einen gewissen Abschnitt erreicht hat. Diese Bestimmung soll in einem späteren Kapitel behandelt werden. Es soll dort dargelegt werden, daß sie nicht ganz ausreicht, das anscheinend beabsichtigte Ergebnis zu erreichen. Sie wird schon hier erwähnt, weil ihr der Gedanke zugrunde zu liegen scheint, daß nicht nur Geldverpflichtungen, sondern Verpflichtungen jeder Art aufrecht erhalten werden sollen. Der Gedanke, wenn es wirklich der zugrunde liegende Gedanke ist, hat indessen keinen angemessenen Ausdruck gefunden. Die folgende Fassung dürfte die oben auseinander gesetzten Mängel vermeiden:

Wenn auf Grund eines Vertrages, den eine Partei erfüllt hat, dieser Partei ein Klagerecht gegen die andere Partei erwachsen ist, so bleibt ein solches Klagerecht trotz der Auflösung des Vertrages aufrecht erhalten.

Die Friedensverträge von 1947 enthalten weder eine Vorschrift, die der Regel 5 b der International Law Association entspricht, noch eine Regel über Aufrechterhaltung von Verträgen auf Übertragung von Eigentum, deren Erfüllung einen gewissen Abschnitt erreicht hat. Ansprüche auf Sachleistungen sind also nach diesen Verträgen niemals aufrecht erhalten.

Es mag Verträge geben, die infolge von Ereignissen nach dem Feindwerden der Parteien hinfällig werden. Zum Beispiel: Ein Käufer hat bereits den Kaufpreis bezahlt, der Verkäufer ist aber nicht mehr in der Lage, die Ware zu liefern, oder der Käufer ist nicht mehr daran interessiert, sie zu bekommen. Dann finden die allgemeinen Grundsätze Anwendung, wie etwa im deutschen Recht der Grundsatz, daß bei Wegfall der Geschäftsgrundlage die Vertragsparteien zurücktreten können, im englischen Recht die Regeln von frustration, in manchen anderen Rechten die der clausula rebus sic stantibus. Solche Lage kann entstehen, auch ohne daß die Parteien Feinde werden, obwohl sie natürlich im Kriegsfalle häufiger ist, besonders wenn der Krieg so lange dauert wie die beiden Weltkriege. Aber von diesen Ausnahmen abgesehen, sollten Verpflichtungen aus Verträgen, die eine Partei erfüllt hat, in Kraft bleiben, ohne Unterschied, ob Geld- oder Sachleistung geschuldet wird. Nach kontinentalem Recht kann, mit ganz wenigen Ausnahmen, auf die Erfüllung jeder in einem Vertrage zugesagten Leistung geklagt werden. Nach englischem Gemeinen Recht ist eine Klage auf sogenannte specific performance (Sachleistung) nur in gewissen Umständen gegeben. Sollte die oben angeregte Erweiterung des Ausdrucks „Schulden oder andere Geldverpflichtungen“ angenommen werden, so könnte ein Verkäufer, der vor Kriegsausbruch den Kaufpreis erhalten hat, auf Lieferung der Ware mit Erfolg verklagt werden, dann nämlich, wenn das nach den Grundsätzen des Internationalen Privatrechts zu ermittelnde Landesrecht solchen Anspruch gewährt. Sollte ein kontinentales Recht anwendbar sein, so würde ein Urteil auf Sachleistung beantragt werden können, sofern nicht der Vertrag infolge des Krieges wegen Wegfalls der Geschäftsgrundlage oder aus ähnlichen Gründen hinfällig geworden ist. Sollte der Fall nach englischem Recht zu beurteilen sein, so könnte zu specific performance nur verurteilt werden, wenn der Fall so liegt, daß nach englischem Recht specific performance verlangt werden kann [19].

Wenn die Gemischten Schiedsgerichte mit Schulden oder an-

---

[19] Vgl. McNair, S. 102, darüber, daß kein Grund besteht, warum die feindliche Vertragspartei nach Kriegsende nicht in geeigneten Fällen ein Urteil auf Sachleistung erhalten könnte.

deren Geldverpflichtungen aus Vorkriegsverträgen befaßt waren, fanden sie es manchmal schwierig, die Vorschrift über die Auflösung von Vorkriegsverträgen mit der anderen Vorschrift in Einklang zu bringen, daß Verpflichtungen aus solchen Verträgen unter gewissen Voraussetzungen in Kraft bleiben. Das Problem entsteht für einseitige Verträge ebenso wie für mehrseitige Verträge.

Die Frage ist: Wie können Umfang und Bedingungen einer in Kraft bleibenden Verbindlichkeit festgestellt werden, wenn der zugrundeliegende Vertrag aufgelöst ist, oder anders ausgedrückt, wie kann ein Vertrag für die aus ihm entstehenden Verbindlichkeiten noch maßgebend sein, wenn er aufgelöst ist?

Wenn Auflösung bedeutet, daß der Vertrag in vollem Umfang aufgelöst ist, so kann er keine Wirkung mehr haben; es würde ein Widerspruch sein, zu behaupten, daß eine Verpflichtung aus einem aufgelösten Vertrage in Kraft bleibt. Aber die Vorschrift, daß Schulden und andere Verpflichtungen aus Vorkriegsverträgen von der Auflösung ausgenommen sind, zeigt, daß der Vertrag teilweise in Kraft bleibt, insofern nämlich, als Verpflichtungen aus ihm bereits erwachsen sind. Um ihren Charakter und Umfang zu bestimmen, muß der Vertrag als die Grundlage der Verpflichtung in Rücksicht gezogen werden. Denn der Vertrag bestimmt die Höhe der geschuldeten Summe, die Verpflichtung zur Verzinsung, den Zeitpunkt, zu dem die Verpflichtung fällig wird, usw. Der Grundsatz scheint einfach, ist aber nicht immer leicht anzuwenden. Das deutsch-englische Gemischte Schiedsgericht hatte zwei Fälle zu entscheiden, in denen es sich um ein Darlehen eines britischen Staatsangehörigen an einen deutschen Staatsangehörigen, beide mit Aufenthalt in ihren Ländern, handelte. Deutsches Recht fand auf das Darlehen Anwendung, und es wurde von einer Partei geltend gemacht, daß nach deutschem Recht, falls nichts anderes vereinbart ist, ein Darlehen über mehr als RM 500.— erst nach dreimonatiger Kündigung fällig wird; die Kündigung war nicht erfolgt und folglich — so wurde geltend gemacht — die Schuld an dem für das Ausgleichsverfahren maßgebenden Stichtag noch nicht fällig geworden. Das Gericht schloß sich dieser Auffassung nicht an. Es prüfte, wie die Rechtslage wäre, wenn Rückzahlung erst zu einem bestimmten Datum oder erst nach dreimonatiger Kündigung verlangt werden könnte. Es heißt in dem Urteil [20]:

> There may arise prima facie a doubt whether the provision of the Treaty means that the debt arising out of the fact that the money was paid to the

[20] Kitzinger v. Dann, Rec. I, S. 847 f. Gleicher Auffassung Public Trustee v. Enderssche Erben, Rec. II, S. 692 f.

debtor comprises the obligation to repay on a certain day or after notice given as provided in the contract [21].

Das Gericht nahm jedoch an, daß eine solche Auffassung nicht mit dem wirklichen Sinne des Friedensvertrages in Übereinstimmung sei.

The provisions referring to the time of repayment are part of the contract like any other provisions. If the contract must be regarded as having been dissolved those provisions have also ceased to be effective. But out of the fact that the money was paid under the contract there arises in such circumstances the obligation to repay the money at once. This is the debt that stands [22].

Es verdient hervorgehoben zu werden, daß der Darlehensvertrag eine Verzinsung zu 5 % vorsah und der Schuldner die Verpflichtung anerkannte, Zinsen zu diesem Zinsfuß zu zahlen. Wenn die Gründe des Gemischten Schiedsgerichts zutreffend wären, hätte ebensogut ausgeführt werden können, daß die Verpflichtung, Zinsen zu zahlen, Teil des Vertrages gewesen sei und mit der Auflösung des Vertrages ihre Wirksamkeit verloren habe. Das Urteil ist im deutschen Schrifttum lebhaft bekämpft worden [23], und in einem späteren Urteil [24] hat das Schiedsgericht seine Auffassung teilweise berichtigt. Eine der Parteien hatte die Frage aufgeworfen, wie eine Verpflichtung des Schuldners noch bestehen könne, wenn der Vertrag aufgelöst sei; darauf antwortete das Gericht: Die Verpflichtung sei aufrecht erhalten kraft Art. 299 (a) und werde nicht von einem allgemeinen Grundsatz, wie etwa die condictio indebiti des Römischen Rechts, sondern von den Bedingungen des Vertrages selbst beherrscht. Zweifellos ist das zutreffend, aber andererseits in Widerspruch zu der früheren Entscheidung. Denn wenn in der früheren Entscheidung das Gericht annahm, daß

[21] „Es mag prima facie ein Zweifel entstehen, ob die Bestimmung des Versailler Vertrages bedeutet, daß die aus der Zahlung der Darlehensvaluta entstehende Verpflichtung des Schuldners die Verpflichtung in sich schließt, an einem bestimmten Tage oder nach Kündigung, wie im Vertrage ausbedungen, zurückzuzahlen."

[22] „Die Bestimmungen über die Zeit der Rückzahlung bilden einen Teil des Vertrages ebenso wie alle anderen Bestimmungen. Wenn ein Vertrag als aufgelöst angesehen werden muß, so haben auch diese Bestimmungen ihre Wirkung verloren. Aber aus der Tatsache, daß auf Grund des Vertrages Geld gezahlt worden ist, entsteht unter solchen Umständen die Verpflichtung, das Geld sofort zurückzuzahlen. Dies ist die Schuld, die aufrecht erhalten bleibt."

[23] Vgl. Partsch, Auflösung der Vorkriegsverträge und die Geldverbindlichkeiten, Berlin 1922; mein Aufsatz: Die Haftung aus Vorkriegsverträgen nach dem Versailler Vertrag, Zeitschrift für Internationales Recht, 30, S. 36 f.; Isay, S. 240/1.

[24] Gunn v. Gunz, Rec. II, S. 202 f.; gleicher Auffassung Baerlein v. Betty Königshofer, Rec. VI, S. 678 f., und Hind v. Scharfenberg, Rec. VIII, S. 46 f.

„out of the fact that the money was paid under the contract, there arises under such circumstances the obligation to repay the money at once [25]",

so wandte es damit den Grundsatz der condictio indebiti an. Diese Erwägung aber, mit der die frühere Entscheidung begründet wurde, wurde aufgegeben, wenn in dem späteren Falle angenommen wurde, und zwar zutreffend, daß die Verpflichtung aus dem Vertrag selbst entstehe, der insoweit in Kraft bleibe, und nicht aus irgendeinem allgemeinen Grundsatz. Freilich hätte daraus der Schluß gezogen werden sollen, daß sich auch die Notwendigkeit einer Kündigung nach dem Vertrage richtet. Der Vertrag war nach Auffassung des Gerichts ohne Kündigung auf Grund des Art. 299 a aufgelöst, denn die dort vorgesehene Auflösung ersetze die Kündigung. Aber Art. 299 a löst den Vertrag nicht in vollem Umfang auf, sondern hält daraus entstandene Verpflichtungen aufrecht, und deshalb kann nur nach dem Vertrage entschieden werden, ob, in welchem Umfang und mit welcher Fälligkeit Schulden entstanden sind [26].

Dieselbe Frage entstand in zwei späteren Entscheidungen desselben Gerichts [27]. In beiden Fällen war der Sachverhalt der gleiche. Ein Bürge hatte vor Kriegsausbruch eine Schuld verbürgt und mit dem Gläubiger u. a. vereinbart, daß sich der Gläubiger mit dem Hauptschuldner vergleichen könne, ohne seinen Anspruch gegen den Bürgen zu verlieren. Während des Krieges hatten sich Gläubiger und Hauptschuldner dahin verglichen, daß der letztere durch Zahlung einer geringeren als der geschuldeten Summe von seiner Verpflichtung frei werde. Der Gläubiger klagte gegen den Bürgen den Restbetrag der Schuld ein. In einem Falle war deutsches, im anderen englisches Recht anwendbar. Nach beiden Rechtssystemen ist der Bürge befreit, wenn der Gläubiger befriedigt ist, aber Bürge und Gläubiger können vereinbaren [28], daß im Falle eines Vergleichs zwischen Gläubiger und Hauptschuldner

[25] „Aus der Tatsache, daß auf Grund des Vertrages Geld bezahlt worden ist, entsteht unter solchen Umständen die Verpflichtung, das Geld sofort zurückzuzahlen."

[26] Isay, S. 241, hält die Entscheidung für richtig, allerdings auf Grund einer Erwägung, die das Gericht nicht angestellt hat. Er meint nämlich, man könne die Kündigung als abgegeben ansehen, wenn der Gläubiger ohne sein Verschulden verhindert war, sie abzugeben. Vgl. auch zu dem Urteil Rabel, JW. 1923. S. 204 Fußnote.

[27] Campbells and Steward and McDonald, Ltd. v. Salli Bank, Rec. VIII, S. 17; L. Behrens and Söhne v. W. Smith Wilson, Rec. VIII, S. 277.

[28] Vgl. z. B. Formular Nr. 130 des Formularbuchs für Freiwillige Gerichtsbarkeit (4. Aufl.) S. 201: Alle Maßnahmen und Vereinbarungen, welche Sie (nämlich der Gläubiger) bei Geltendmachung Ihrer Forderungen für nützlich erachten, erkenne ich (nämlich der Bürge) als für mich verbindlich an und entbinde Sie von jeglicher Haftung für die Höhe des Ausfalls.

der Bürge für den Teil der Schuld verpflichtet bleibt, der vom Hauptschuldner nicht bezahlt wird. Abteilung A des Gemischten Schiedsgerichts entschied zugunsten des Bürgen, Abteilung B zugunsten des Gläubigers. Die letztere Entscheidung dürfte zutreffend sein. Der Vertrag zwischen Gläubiger und Bürgen, wonach der letztere berechtigt war, von dem Bürgen den Schuldrest zu verlangen, selbst wenn der Gläubiger im Vergleichswege gegenüber dem Hauptschuldner auf einen Teil seiner Forderung verzichtete, ist zweifellos von dem Zeitpunkt ab aufgelöst, zu dem die Vertragsparteien Feinde wurden. Die Auflösung dieses Vertrages aber berührt die Geldverpflichtungen nicht, die aus ihm entstanden sind, und der Umfang und die Modalitäten der Verpflichtungen können nur aus dem Vertrage ermittelt werden, der insoweit wirksam bleibt.

Der Vertrag von Lausanne, anscheinend auf Grund der Erfahrungen, die unter dem Versailler Vertrag gewonnen waren, ist in dieser Beziehung klarer. Er schreibt vor (Art. 84), daß Schulden „must be settled and paid in accordance with the provisions of the contracts[29]". Es hätte die Rechtslage noch klarer gemacht, wenn der Lausanner Vertrag hinzugefügt hätte, daß Schulden in Übereinstimmung mit den Verträgen und dem darauf bezüglichen Landesrecht bezahlt werden müssen, denn es kann Fragen geben, etwa die der Fälligkeit, für die keine Bestimmungen des Vertrages, sondern Bestimmungen des in Betracht kommenden Landesrechts maßgebend sind.

Die Friedensverträge von 1947 kehren zu der Fassung des Versailler Vertrages zurück, ohne den Zusatz des Lausanner Vertrages zu übernehmen, daß Schulden gemäß den Bestimmungen des Vertrages bezahlt werden müssen.

Für den Friedensvertrag mit Deutschland dürfte sich, um die oben erörterten Zweifel auszuschließen, die Fassung empfehlen, daß die Schulden gemäß dem Vertrage und dem darauf anwendbaren Landesrecht bezahlt werden müssen.

b) Verträge, bei denen von beiden Parteien noch Leistungen zu bewirken sind

Die Rechtslage in bezug auf Verträge, bei denen beide Vertragsparteien noch Leistungen zu bewirken haben, ist verwickelter. Weder die Verträge von 1919 noch der Vertrag von Lausanne, noch die Verträge von 1947 enthalten Vorschriften für solche Ver-

[29] „Schulden müssen geregelt und bezahlt werden in Übereinstimmung mit den Bestimmungen der Verträge."

träge. Die Friedensverträge beschränken sich auf die Bestimmung, daß die Verträge zum Zeitpunkt des Feindwerdens der Parteien aufgelöst werden. Die weitere Bestimmung, daß Schulden und andere Geldverpflichtungen, die aus einer kraft des Vertrages bewirkten Zahlung oder Leistung entspringen, von der Auflösung ausgenommen sind, ist, wie ausgeführt, nur auf Verträge anwendbar, die von der einen Vertragspartei vollkommen erfüllt worden sind.

Um die Rechtslage zu ermitteln, die für Verträge gilt, die von beiden Parteien noch teilweise zu erfüllen sind, geht man am besten von der Bestimmung aus, daß die Beendigung des Vertrages (um einen neutralen Ausdruck zu gebrauchen) erst wirksam wird von der Zeit, zu der die Vertragsparteien Feinde werden. Sämtliche Friedensverträge und die Vorschläge der International Law Association stimmen darin überein. Hiernach ist es klar, daß der Vertrag nicht von Anfang an nichtig ist, sondern für eine Zeitlang gültig bleibt und erst von dem Zeitpunkt ab beendet wird, zu dem die Parteien Feinde werden. In dieser Beziehung, wie in vielen anderen, ähneln die Friedensverträge englischem Landesrecht. Nach englischem Gemeinen Recht ist die Auflösung von Vorkriegsverträgen durch den Kriegsausbruch nicht das gleiche wie eine Vernichtung mit rückwirkender Kraft [30]. Die Vertragsparteien sind vom Feindwerden ab von allen Leistungen befreit, deren Fälligkeit zu diesem Zeitpunkt noch nicht eingetreten war, aber bereits erworbene Ansprüche bleiben in Kraft. Deshalb ist nach englischem Recht die Wirkung des Kriegsausbruchs die gleiche, die eintritt, wenn ein Vertrag durch nachträgliche Unmöglichkeit oder „frustration" hinfällig wird [31]. Daß diese Lage von den Gemischten Schiedsgerichten nicht immer klar erkannt wurde, mag zum Teil auf dem Umstand beruhen, daß der französische Text der Friedensverträge von 1919 mit dem englischen nicht ganz übereinstimmt. Der englische Text lautet, der Vertrag solle „dissolved" (aufgelöst) sein, während der französische Text vorschreibt, daß die Verträge „annullé" (vernichtet) sein sollen. Der Ausdruck „dissolved" (aufgelöst) stellt klar, daß der Vertrag nicht als von Anfang an nichtig anzusehen ist, während der Ausdruck „annullé" andeuten könnte, daß der Vertrag nichtig wird. Trotz dieses vielleicht nicht ganz deutlichen Ausdrucks [32] ist die wirk-

[30] McNair, S. 97.

[31] McNair, S. 166.

[32] Auf diesen Widerspruch zwischen französischem und englischem Text war von mir „Haftung aus Vorkriegsverträgen", S. 10 f., und Mitteilungen der Deutschen Gesellschaft für Völkerrecht, Bd. 3, S. 131, sowie von Partsch, Auflösung der Vorkriegsverträge, S. 4 f., hingewiesen worden. Isay, S. 227/8, bestreitet,

liche Bedeutung auch des französischen Textes klar; denn wenn ein Vertrag erst von einem bestimmten Zeitpunkt ab hinfällig wird — und in dieser Beziehung weicht der französische von dem englischen Text nicht ab —, so kann er nicht als von Anfang an aufgelöst angesehen werden, sondern nur als aufgelöst mit Wirkung von dem betreffenden Zeitpunkt ab. Bis zu diesem Zeitpunkt bleibt er in Kraft, hinsichtlich der Verpflichtungen, die nach dem Zeitpunkte entstehen, wird er unwirksam. Seltsamerweise wird im Vertrage von Lausanne, der gleichfalls in englischer und in französischer Sprache abgefaßt ist, aus den Friedensverträgen von 1919 der französische Ausdruck „annullé" übernommen, während im englischen Text der Ausdruck „dissolved" durch den Ausdruck „annulled" ersetzt worden ist. Es kann aber kein Zweifel daran bestehen, daß der Sinn des Lausanner Vertrags in der Beziehung kein anderer ist als der der Friedensverträge von 1919, denn auch der Lausanner Vertrag schreibt vor, daß Vorkriegsverträge erst vom Zeitpunkt des Feindwerdens der Parteien aufgelöst werden. Die Friedensverträge von 1947 verwenden im englischen Text den Ausdruck „dissolved", im französischen Text den Ausdruck „résilié", so daß bei ihnen keine Diskrepanz zwischen französischem und englischem Text besteht.

Allen Friedensverträgen liegt demnach dasselbe Prinzip zugrunde: Der Vertrag wird hinfällig vom Zeitpunkt des Feindwerdens der Parteien; von diesem Zeitpunkt ab sind die Parteien nicht mehr verpflichtet, den Vertrag zu erfüllen, aber bis zu diesem Zeitpunkt blieb der Vertrag in Kraft.

Dieses Grundprinzip hat ein Ergebnis zur Folge, das als ein vertragliches Ergebnis im Gegensatz zu quasi-kontraktlichen, im nächsten Kapitel zu behandelnden Folgen bezeichnet werden kann. Die Beendigung gewisser Verträge erzeugt Verpflichtungen, die gerade wegen und nach der Beendigung erfüllt werden müssen und vorher nicht bestehen. Beispielsweise muß ein Beauftragter nach der Ausführung des Auftrags dem Auftraggeber Rechenschaft ablegen. § 666 BGB schreibt vor, daß der Beauftragte verpflichtet ist, dem Auftraggeber die erforderlichen Nachrichten zu geben und ihm nach der Ausführung des Auftrags Rechenschaft abzulegen. Ähnlich schreibt § 384 HGB vor, daß der Kommissionär dem Kommittenten die erforderlichen Nachrichten geben muß, vor allem die Ausführung der Kommission anzeigen, dem Kommittenten über das Geschäft Rechenschaft ablegen und ihm dasjenige heraus-

daß ein Widerspruch zwischen französischem und englischem Text bestehe. Immerhin dürften die Friedensverträge von 1947 einen Beweis dafür liefern, daß der französische Ausdruck „résilié" die Rechtsfolge besser wiedergibt.

geben muß, was er aus der Geschäftsbesorgung erlangt hat. Nach englischem Gemeinen Recht hat der Agent ähnliche Verpflichtungen. Es kommt nicht darauf an, ob der Agenturvertrag sein normales Ende erreicht oder vorzeitig beendet wird, nämlich dadurch, daß Auftraggeber und Agent Feinde werden. Der Agent, dessen Vertrag durch Kriegsausbruch beendet wird, hat seinem Auftraggeber über das Geschäft Rechenschaft abzulegen und ihm herauszugeben, was er aus der Geschäftsbesorgung erlangt hat [33], genau so wie wenn der Vertrag aus anderem Grunde beendet worden wäre, etwa durch Kündigung einer der Parteien oder infolge einer Bestimmung im Agenturvertrag. Nach Vorschrift 8 b der International Law Association soll die Auflösung eines Agenturvertrages in Gemäßheit von Vorschrift 1 und 2 nicht die Verpflichtung des Agenten zum Erlöschen bringen, seinem Auftraggeber Rechnung zu legen.

Ein anderer Vertrag, dessen Beendigung eine besondere Verpflichtung erzeugt, ist ein Gesellschaftsvertrag. Es besteht kein Zweifel daran, daß, wenn zwei oder mehr der Gesellschafter einer Gesellschaft Feinde werden, die Gesellschaft aufgelöst wird. Das hat aber nicht zur Folge, daß der Anteil des feindlichen Gesellschafters enteignet wird, vielmehr treten die Folgen ein, die das auf die Gesellschaft anwendbare Recht an ihre Auflösung knüpft. Nach deutschem Recht besteht bekanntlich ein Unterschied zwischen einer gewöhnlichen und einer offenen Handelsgesellschaft, wobei jedoch die Vorschriften über die Auflösung von Gesellschaften, die einen im BGB, die anderen im HGB enthalten, im wesentlichen die gleichen sind. § 730 BGB und § 154 HGB schreiben vor, daß nach der Auflösung einer Gesellschaft die Auseinandersetzung unter den Gesellschaftern stattzufinden hat. Englisches Recht enthält ähnliche Bestimmungen. Section 39 des Partnership Acts, 1890 schreibt vor:

> ... every partner is entitled on the dissolution of the partnership to have the property of the partnership applied in payment of the debts and liabilities of the firm and to have the surplus assets after such payment applied in payment of what may be due to the partners respectively, after deducting what may be due from them as partners to the firm [34].

Natürlich kann der Gesellschaftsvertrag etwas anderes bestimmen. Er kann einem der Gesellschafter eine Option einräumen, im Falle

---

[33] Hugh Stevenson & Sons, Ltd. v. Aktiengesellschaft für Cartonagen Industrie [1917] 1 K. B. 842, und [1918] A. C. 239.

[34] „Jeder Gesellschafter kann bei Auflösung der Gesellschaft verlangen, daß das Gesellschaftsvermögen zur Bezahlung der Schulden und Verbindlichkeiten der Gesellschaft verwandt wird, und daß aus dem verbleibenden Überschuß an die Gesellschafter das gezahlt wird, was ihnen geschuldet wird, nach Abzug dessen, was etwa die Gesellschafter der Gesellschaft schulden."

der Auflösung den Anteil des ausscheidenden Gsellschafters zu erwerben, oder er kann vorschreiben, daß die Gesellschaft, falls ein Gesellschafter aus bestimmten Gründen ausscheidet, von den verbleibenden Gesellschaftern fortgeführt wird [35]. Falls der Vertrag aber keine solche Bestimmungen enthält, muß die Auseinandersetzung stattfinden. Bis zur Beendigung der Auseinandersetzung hat die Auflösung nicht zur Folge, daß ein Gesellschafter gegen den anderen einen Geldanspruch habe; sein Anspruch beschränkt sich auf die Durchführung der Auseinandersetzung hinsichtlich des Gesellschaftsvermögens. Das deutsch-englische Gemischte Schiedsgericht [36] hat wiederholt entschieden, daß Gesellschafter einer durch den Krieg aufgelösten Gesellschaft gleiche Rechte haben und daß der eine ebenso wenig wie der andere als ausscheidender Gesellschafter betrachtet werden kann. Nur wenn die Gesellschafter im Gesellschaftsvertrag eine andere Art der Auseinandersetzung vereinbart haben, z. B. Fortsetzung der Gesellschaft und Zahlung des Kapitalguthabens an den ausscheidenden Gesellschafter, ist eine Forderung des ausscheidenden Gesellschafters auf Auszahlung seines Kapitalguthabens anerkannt worden [37]. Diese Ansicht stimmt überein mit der Entscheidung des englischen House of Lords in Sachen Hugh Stevenson & Sons v. Aktiengesellschaft für Cartonagen-Industrie [38]: Eine englische Gesellschaft mit englischem Geschäftsbetrieb und eine deutsche Gesellschaft mit deutschem Geschäftsbetrieb hatten im Jahre 1906 eine Gelegenheitsgesellschaft für die Fabrikation gewisser Waren in England begründet. Die Vereinbarung war beim Kriegsausbruch im Jahre 1914 noch in Kraft. Die englische Gesellschaft klagte auf Feststellung, daß die Gesellschaft am 4. 8. 1914 aufgelöst worden sei und der deutsche Gesellschafter nur Anspruch auf Auszahlung seines auf diesen Tag festgestellten Kapitalguthabens habe, nicht dagegen auf Beteiligung an dem inzwischen erzielten Gewinne, wurde aber in

[35] Die üblichen Formulare sehen das Recht für einen Gesellschafter, den anderen auszuzahlen und das Geschäft fortzuführen, meist nur für bestimmte Fälle vor, besonders für den Fall des Todes oder der Kündigung (vgl. die Formulare Nr. 36—38 des Formularbuchs für Freiwillige Gerichtsbarkeit). Aber es steht nichts im Wege, für a l l e Fälle der Auflösung einer Gesellschaft einem der Gesellschafter das Recht einzuräumen, den oder die anderen auszuzahlen und das Geschäft fortzuführen.

[36] Wilson v. Schwab, Rec. VII, S. 369 f.; Samson v. Heilbrunn, Rec. IX, S. 36 f.

[37] Jaffé v. Gutkind, Rec. VI, S. 20 f. Isay, S. 232, ist der Meinung, daß der Sitz der Gesellschaft darüber entscheidet, welcher Gesellschafter ausscheidet und welcher das Geschäft fortführt; habe die Gesellschaft ihren Sitz in Deutschland, so scheide der alliierte Gesellschafter aus, habe sie ihn in England, der deutsche. Dieser m. E. willkürlichen Auffassung hat sich das deutsch-englische Schiedsgericht in den obigen Entscheidungen nicht angeschlossen.

[38] [1918] A. C. 239.

zweiter Instanz abgewiesen, während die erste Instanz zu ihren Gunsten erkannt hatte [39]. Das Berufungsgericht war der Meinung, daß obwohl die Gesellschaft aufgelöst worden sei, die englische Gesellschaft keinen Anspruch darauf habe, den Anteil der deutschen Gesellschaft zum Buchwerte zu übernehmen; die deutsche Gesellschaft könne die Versilberung des Gesellschaftsvermögens und die Verteilung des Erlöses verlangen; auch stehe ihr ein Anteil an dem Gewinn zu, den der englische Partner durch Fortsetzung des Betriebes und Benutzung des gemeinschaftlichen Vermögens erzielt habe. Das House of Lords bestätigte diese Entscheidung. In Sutherland v. Mayer [40] kam dieselbe Frage zur Entscheidung durch ein Bundesberufungsgericht der Vereinigten Staaten, das sich der Entscheidung des englischen House of Lords anschloß.

10. Kapitel

Quasi-vertragliche Beziehungen auf Grund von Vorkriegsverträgen

Wir haben gesehen, daß die vertraglichen Folgen aus der Auflösung von Verträgen, die beide Parteien noch teilweise zu erfüllen haben, nicht in den Friedensverträgen geregelt sind, die darüber keine Bestimmung enthalten, sondern in dem Landesrecht, das nach den Grundsätzen des Internationalen Privatrechts auf den konkreten Fall anwendbar ist. Wenn das in bezug auf vertragliche Folgen zutrifft, so trifft es ebenso auf außervertragliche Folgen zu. Die Lösung hängt von dem Landesrecht ab, das für den betreffenden Fall in Betracht kommt. Immerhin sei auf einige der Hauptprobleme verwiesen, die immer von neuem von den Gemischten Schiedsgerichten zu entscheiden waren. Obwohl es nicht möglich ist, bestimmte Regeln zu formulieren, weil sie von Fall zu Fall von dem anwendbaren Landesrecht abhängen, ist es doch interessant, kurz die Lösungen zu betrachten, die für solche Probleme von den wichtigsten Rechtssystemen vorgesehen sind.

1. Zahlungen auf Grund des Vertrages

Wie sind Zahlungen, die von den Parteien oder einer von ihnen vor ihrem Feindwerden bewirkt worden sind, zu behandeln? Beispielsweise: ein Fabrikant bestellt eine Maschine und leistet eine Anzahlung; darauf werden die Parteien Feinde, so daß der Vertrag

[39] [1916] 1 K. B. 763, [1917] 1 K. B. 842.
[40] 271 U. S. 272.

aufgelöst ist und die Maschine nicht geliefert wird. Aus den obigen Ausführungen folgt, daß der Verkäufer die Maschine nicht zu liefern, der Käufer den Rest des Kaufpreises nicht zu zahlen braucht. Wie steht es aber mit der geleisteten Anzahlung? Zwei Ansichten sind von den Gemischten Schiedsgerichten vertreten worden:

a) Die Friedensverträge betrachten es als selbstverständlich, daß eine Partei, die auf Kosten der anderen infolge der Vertragsauflösung eine Bereicherung erlangt habe, diese Bereicherung erstatten müsse.

b) Die Entscheidung, ob das Geld zurückgezahlt werden müsse, hänge von dem anwendbaren Landesrecht ab.

Die erste Meinung wurde von der dritten Abteilung des deutsch-englischen Gemischten Schiedsgerichts vertreten [1]. Der Grundsatz der ungerechtfertigten Bereicherung, so wurde ausgeführt, sei stillschweigend im Versailler Vertrag enthalten, und es folge aus allgemeinen Erwägungen, daß die Bereicherung erstattet werden müsse. In einem anderen Falle, in welchem der Gläubiger im Ausgleichsverfahren die Rückzahlung einer Summe forderte, die er auf eine ihm zu liefernde Maschine als Anzahlung geleistet hatte, ging das Gericht von der Erwägung aus, daß der Vertrag über die Lieferung der Maschine aufgelöst sei. „Die Folgen einer solchen Auflösung" — so heißt es in dem Urteil — „sind im Friedensvertrag nicht ausdrücklich geregelt. Sie können auf der anderen Seite nicht auf der Grundlage des Vertrages bestimmt werden, da der Vertrag aufgelöst ist und deshalb keine Wirkung mehr hat. Die streitige Frage muß deshalb entsprechend den Grundsätzen der Billigkeit entschieden werden [2].

---

[1] Burroughs, Wellcome & Co. v. Chemische Fabrik auf Aktien, Rec. VI, S. 13 und Caro v. Norddeutscher Lloyd, Rec. VII, S. 398.

[2] Isaac Spencer & Co. Ltd. v. G. Schlotterhose & Co., nicht veröffentlicht. Dieselbe Auffassung wurde von dem britisch-türkischen Schiedsgericht vertreten in Gouvernement Turc v. Armstrong, Whitworth and Others, Rec. VIII, S. 996 f.

In dem Zusammenhang sei erwähnt, daß einige der Gemischten Schiedsgerichte, allerdings nicht das deutsch-englische Schiedsgericht, das Recht in Anspruch nahmen, nach den Grundsätzen von Billigkeit zu entscheiden. Art. 45 der Prozeßordnung des deutsch-japanischen Gemischten Schiedsgerichts bestimmt: „In allen weder im Friedensvertrag noch in der Prozeßordnung vorgesehenen Fällen wird der Gerichtshof in Übereinstimmung mit Recht und Billigkeit handeln." Eine gleiche Bestimmung enthält Art. 99 der deutsch-französischen Prozeßordnung. Eine der Regeln für die Auslegung von Verträgen durch internationale Gerichte ist die, daß von zwei möglichen Auslegungen die vernünftigere der weniger vernünftigen vorzuziehen ist, die angemessene Auslegung derjenigen, die mit dem allgemeinen Zweck des Vertrages nicht vereinbar ist, ferner die Auslegung, die mit allgemein anerkannten Grundsätzen des Völkerrechts vereinbar ist, derjenigen, die damit nicht vereinbar ist (Oppenheim-Lauterpacht, Vol. I, § 554). Insoweit die oben angeführten Verfahrens-

Die zweite Meinung wurde von der 1. Abteilung des deutsch-englischen Gemischten Schiedsgerichts vertreten. Das Gericht konnte im Versailler Vertrag keine stillschweigende Bestimmung über die Erstattung ungerechtfertigter Bereicherung finden. In einer Reihe von Entscheidungen [3] wurde ausgeführt, die Frage der Erstattung einer solchen ungerechtfertigten Bereicherung sei im Friedensvertrag nicht allgemein beantwortet und müsse deshalb in jedem einzelnen Falle auf Grund des anwendbaren Landesrechts entschieden werden. Keine Bestimmung des Friedensvertrages gestatte den Schluß, daß seine Verfasser in dieser Beziehung die Bestimmungen des Landesrechts durch die des Friedensvertrages zu ersetzen beabsichtigt hätten.

Die Vorschläge der International Law Association enthalten ausdrückliche Bestimmungen über Geldzahlungen bei teilweise erfüllten Verträgen; sie lauten, wie folgt:

10 a) Geldzahlungen vor dem Kriege. Wenn auf Grund eines Vertrages, der zufolge Regel 1 oder 2 als aufgelöst zu behandeln ist, eine Partei vor dem in diesen Regeln festgesetzten Zeitpunkt der anderen Partei ganz oder teilweise das nach dem Vertrage geschuldete Geld bezahlt hat, so ist jene Partei berechtigt, von dieser Partei nach Kriegsende die Rückzahlung der geleisteten Summe zu verlangen, jedoch unter Vorbehalt der Ansprüche, welche die andere Partei auf Grund von Unterabschnitt b) haben sollte, und mit der ferneren Maßgabe, daß die andere Partei berechtigt ist, mit einem Verlust, den sie auf Grund von Handlungen erlitten hat, die sie in Ausführung des Vertrages in angemessener Weise vorgenommen hat, gegen den Klageanspruch aufzurechnen.

Regeln sich nur auf diese Auslegungs-Grundsätze beziehen, sind sie nicht zu beanstanden; ihre Bedeutung geht aber anscheinend weiter. Sie wollen anscheinend besagen, daß die Gerichte, falls der Friedensvertrag keine einschlägige Bestimmung enthält, das Recht haben, ex aequo et bono zu entscheiden, denn der Ausdruck „Equity" ist sicherlich nicht im Sinne von englischer Equity (im Gegensatz zu Common Law) gemeint. Wenn dies der Sinn der Verfahrensvorschriften ist, dann werden sie durch keine Bestimmung im Friedensvertrag gerechtfertigt und sind deshalb ultra vires. Abschnitt VI des Vertrages, der die Vorschriften über Gemischte Schiedsgerichte enthält, ermächtigt diese Gerichte nicht, die Grundsätze festzulegen, die sie bei ihren Entscheidungen leiten sollen. Mangels einer solchen Ermächtigung haben sie lediglich den Friedensvertrag und das in Betracht kommende Landesrecht anzuwenden. Nach Art. 304 (d) ordnet jeder Gemischte Schiedsgerichtshof sein Verfahren selbst, und zwar (§ 2 des Anhangs) nach Grundsätzen der Gerechtigkeit und Billigkeit. Aber dieser Hinweis auf Gerechtigkeit und Billigkeit bezieht sich nur auf das Verfahren im Gegensatz zu materiellem Recht. Wie die oben erwähnten Entscheidungen zeigen, führt der Grundsatz der Entscheidung Ex aequo et bono nicht zu befriedigenden Ergebnissen.

[3] Krupp v. Dunderland Iron Ore, Ltd., Rec. VI, S. 639; Strauß v. Disconto-Gesellschaft, Rec. VII, S. 372; Strauß v. Deutsche Bank, ibidem, S. 375; Meyers Son, Ltd v. Conrad Meyer, ibidem, S. 379; Oppenheimer v. Lewy dec'd, ibidem, S. 418; Ernst Sehmer v. Ehrhardt and Others, ibidem, S. 493; Sehmer v. Sensfelder, ibidem, S. 499; Birnbaum v. Birnbaum, Rec. VIII, S. 7; Oppenheimer v. Lewy dec'd., ibidem, S. 283.

b) Erfüllung von anderen als Geldleistungen. Wenn nach Maßgabe eines Vertrages, der zufolge der Regel 1 oder 2 als aufgelöst behandelt wird, eine Partei vor dem in diesen Regeln festgesetzten Zeitpunkt andere als Geldleistungen bewirkt hat, die der anderen Partei einen Vorteil verschafft haben, für den aber nach Regel 5 keine Geldsumme geschuldet wird, soll der ersteren Partei nach dem Kriege von der letzteren Partei der Wert dieses Vorteils erstattet werden, wobei jedoch der anderen Partei eine Gegenleistung, die sie etwa bewirkt hat, anzurechnen ist.

In einer Anmerkung zu diesen Regeln wird der Grundsatz, wie folgt, erläutert:

Das obigen Regeln zugrundeliegende Prinzip ist, der Partei einen prima facie-Anspruch einzuräumen, welche durch eine Geldzahlung oder auf andere Weise vor dem Kriege der anderen Partei einen Vorteil verschafft hat, wobei die letztere Partei für den so erhaltenen Vorteil oder ihren Wert rückerstattungspflichtig ist. Bei Berechnung dieses Vorteils darf die Partei, gegen welche der Anspruch erhoben wird, die Verluste abziehen, die sie in Verfolg des Vertrages erlitten hat. Werden teilweise erfüllte Verträge durch den Krieg aufgelöst, so wird in vielen Fällen ein Verlust entstehen. Beispielsweise sind Ausgaben gemacht oder Dienste geleistet worden, die infolge der Auflösung des Vertrages keinen oder keinen entsprechenden Vorteil verschaffen. Die Wirkung der Regeln ist, diesen Verlust der Partei aufzuerlegen. die den Anspruch erhebt, d. h. der Partei, welche beansprucht, den status quo zu ändern. Dies scheint uns am meisten mit allgemeinen rechtlichen Grundsätzen übereinzustimmen. Theoretisch würde es möglich sein, die Parteien eines solchen Vertrages als Gesellschafter anzusehen und jeden derartigen Verlust zwischen ihnen gleichmäßig aufzuteilen. Für diesen Grundsatz mag sich manches in der Theorie anführen lassen. Es ist aber, soweit wir wissen, niemals als Grundsatz angenommen worden, mit Bezug auf Verträge, die durch force majeure oder ähnliche Ursachen aufgelöst worden sind, und wir weisen hier nur deshalb darauf hin, um die Notwendigkeit darzulegen, einen solchen Verlust der einen oder anderen Partei aufzuerlegen.

In den Friedensverträgen von 1947, mit Ausnahme des Vertrages mit Finnland, enthält der von Verträgen, Verjährung und Handelspapieren handelnde Anhang eine Bestimmung, daß die Auflösung des Vertrages eine Vertrags-Partei nicht von der Verpflichtung entbinden soll, „to repay amounts received as advances or as payments on account and in respect of which such party has not rendered performance in return“, im französischen Text „elle (sc. la résiliation) ne relèvera pas ... l'une quelconque des parties au contract de l'obligation de reverser les sommes percues à titre d'avances ou d'acomptes et pour lesquelles la partie intéressée n'a pas fourni de contrepartie [4]“. Es ist nicht recht klar, ob diese

[4] „Diese Auflösung entbindet jedoch keine der Vertragsparteien von der Verpflichtung. Summen zurückzuzahlen, die als Anzahlung oder Abschlagszahlung geleistet worden sind und hinsichtlich deren die Partei keine Gegenleistung bewirkt hat.“

Bestimmung Ansprüche auf Erstattung ungerechtfertigter Bereicherung, falls sie nach dem anwendbaren Landesrecht bestehen, aufrecht erhält oder solche Ansprüche schafft, selbst wenn sie nach Landesrecht nicht begründet sind. Es dürfte nur eine Aufrechterhaltung, nicht eine Begründung solcher Ansprüche vorliegen. Diese Auslegung beruht auf der Wendung, die Parteien sollten von „the obligation to repay" (obligation de reverser les sommes) nicht entbunden sein, welche Wendung anscheinend eine solche Verpflichtung voraussetzt, nicht aber begründet. Auch würden vermutlich, wenn die Absicht gewesen wäre, eine solche Verpflichtung erst zu schaffen, Einzelheiten hinzugefügt worden sein. Soweit Landesrechte den Begriff der ungerechtfertigten Bereicherung enthalten, pflegen sie Vorschriften für Einzelfragen zu enthalten, wie etwa die, in welchem Umfang die Bereicherung zurückzuzahlen ist (mit oder ohne gezogene Nutzungen), ist eventuell der Wert zu ersetzen, ist die Verpflichtung ausgeschlossen, soweit der Empfänger nicht mehr bereichert ist, usf.[5]? Vermutlich würden deshalb die Verfasser der Friedensverträge von 1947, wäre es wirklich ihre Absicht gewesen, eine Verpflichtung zu schaffen, nicht nur vorzubehalten, Vorschriften über den Umfang der zu erstattenden Bereicherung vorgesehen haben[6].

Im ganzen wird festgestellt werden können, daß eine gewisse Tendenz besteht, in das Recht über Vorkriegsverträge eine Bestimmung über die Erstattung von ungerechtfertigter Bereicherung aufzunehmen, und es dürfte zu prüfen sein, ob die Bestimmung in den Friedensverträgen von 1947, die nach der obigen Auslegung Ansprüche auf ungerechtfertigte Bereicherung nur vorbehält, aber nicht schafft, dahin zu erweitern wäre, daß ein Anspruch auf Bereicherung gewährt und ihr Umfang festgesetzt wird. Falls dies nicht geschieht, würde die Lage auf Grund des Friedensvertrages mit Deutschland die gleiche sein wie nach den Verträgen von 1919, 1923 und 1947, aus denen nach der obigen Auslegung keine allgemeine Regel abgeleitet werden kann, so daß sich die Rechtslage von Parteien teilweise erfüllter Verträge nach dem anwendbaren Landesrecht bestimmt. Die Rechtsfolgen würden deshalb von den zur Entscheidung von Streitigkeiten aus Vorkriegsverträgen berufenen Instanzen (Gemischten Schiedsgerichten oder Versöhnungs-Kommissionen) auf Grund des anwendbaren Landesrechts abgegrenzt werden müssen. Da die Grundsätze darüber, welches Recht auf quasi-vertragliche Verpflichtungen und insbesondere auf Be-

[5] Vgl. etwa §§ 818—820 BGB.
[6] Vgl. meinen Aufsatz in International Law Quarterly, 1947, No. 3. A. A. Martin in dem S. 50, Note 27 zitierten Aufsatz (S. 297, Note 6).

reicherungsansprüche Anwendung findet, sehr umstritten sind, würden sich die mit Bereicherungsansprüchen aus Vorkriegsverträgen befaßten Instanzen einer besonders schwierigen Aufgabe gegenübersehen. Es gibt nur wenige Entscheidungen über dieses Problem, und die Lehrbücher über internationales Privatrecht vertreten sehr verschiedene Auffassungen[7]: Die überwiegende Meinung scheint dahin zu gehen, daß das Recht des Ortes, wo der Vorteil gewährt ist oder die Bereicherung Platz greift, angewandt werden muß. Aber die umgekehrte Meinung, nämlich daß die außervertragliche Beziehung von dem auf den Vertrag selbst anwendbaren Recht beherrscht wird, wird auch vertreten und findet, soweit es sich um englisches internationales Privatrecht handelt, eine gewisse Unterstützung in dem britischen Law Reform (Frustrated Contracts) Act, 1943, dessen Section 1 (1), wie folgt, lautet:

> Where a contract governed by English law has become impossible of performance or been otherwise frustrated and the parties thereto have for that reason been discharged from the further performance of the contract, the following provision ... shall ... have effect in relation thereto [8].

Hiernach hängt die Anwendbarkeit des Gesetzes davon ab, ob der Vertrag englischem Recht untersteht, nicht wo die Zahlung geleistet oder die Auslagen erfolgt sind[9], und das kann als Unterstützung für die Ansicht verwandt werden, daß das auf den Vertrag selbst anwendbare Recht auch die quasi-vertraglichen Beziehungen der Vertragsparteien regelt. Sollten sich die Gemischten Schiedsgerichte oder Versöhnungs-Kommissionen, wenn sie über Ansprüche aus quasi-kontraktlichen Beziehungen zu entscheiden haben, dieser Auffassung anschließen, so würde es ihre Aufgabe sein, das auf den Vertrag anwendbare Recht auf Grund allgemeiner Grundsätze zu ermitteln, mit deren Einzelheiten wir hier nicht befaßt sind. Nur ein Punkt, der zu den anderen in diesem Buche erörterten Fragen in Beziehung steht, sei erwähnt: Mit gewissen Ausnahmen haben Parteien eines Vertrages das Recht, zu vereinbaren, daß das Recht eines bestimmten Landes auf den Vertrag Anwendung findet. Wenn ein durch den Kriegsausbruch aufgelöster Vertrag eine ausdrückliche oder stillschweigende Vorschrift über das anwendbare Recht enthält, muß auf diese Vorschrift mit

[7] Vgl. Gutteridge and Lipstein (1941), 7 Cambridge L. J. 80; American Restatement of the Conflict of Laws, §§ 452—453.

[8] „Wenn die Erfüllung eines Vertrages, auf den englisches Recht Anwendung findet, unmöglich oder der Vertrag sonst hinfällig geworden ist und die Vertragsparteien infolgedessen von der Leistungsverpflichtung frei geworden sind, so sollen die folgenden Vorschriften ... mit Bezug darauf Anwendung finden."

[9] Glanville L. Williams, Law Reform (Frustrated Contracts) Act, 1943, S. 19.

Bezug auf quasi-vertragliche Beziehungen, die aus der Vertrags-Auflösung entstehen, zurückgegriffen werden. Das deutsch-englische Gemischte Schiedsgericht war mit einem Falle befaßt [10], wo der Gläubiger die Rückzahlung einer Summe verlangte, die er dem Schuldner als Anzahlung auf eine von diesem zu liefernde Maschine geleistet hatte. Das Gericht war hinsichtlich der Folgen der Auflösung des Vertrages der Meinung, diese Folgen [11]:

„cannot . . . be determined on the basis of the contract, as this contract has been dissolved and cannot have any further effect between the parties".

Es dürfte hier derselbe Irrtum vorliegen, der uns in anderen, oben erwähnten Entscheidungen der Gemischten Schiedsgerichte begegnet ist [12]. Die Vorschrift, daß der Vertrag mit Wirkung vom Zeitpunkt des Feindwerdens der Parteien aufgelöst ist, bedeutet nicht, daß er bei der Bestimmung der aus seiner Auflösung sich ergebenden Folgen nicht in Berücksichtigung zu ziehen sei. Insbesondere bleibt eine etwaige Vereinbarung über das auf den Vertrag anwendbare Recht trotz seiner Auflösung in Kraft, wenn es sich um die Folgen dieser Auflösung handelt.

Um von dieser Abschweifung in das Gebiet des Internationalen Privatrechts zu der Frage zurückzukehren, ob eine Partei eine Zahlung zurückfordern kann, die sie auf Grund eines demnächst aufgelösten Vertrages geleistet hat, so war diese Frage nach englischem Recht streitig. Es konnte ein Anspruch „for money had and received" [13] in Frage kommen, und es wurde allgemein angenommen, daß dieser Anspruch bestand, wenn Geld gezahlt, die Gegenleistung dafür aber völlig ausgeblieben war [14]. Auf der anderen Seite bestand die bekannte Regel in Sachen Chandler v. Webster; für die Krönung Eduards VII. war ein Fenster, von dem man den Krönungszug übersehen konnte, bestellt und bezahlt worden, die Krönung mußte aber wegen der Erkrankung des Königs verschoben werden. Es wurde entschieden, daß wenn ein Vertrag nicht mit rückwirkender Kraft aufgelöst, seine Erfüllung aber ohne Verschulden einer Partei unmöglich wird, die Parteien von der Verpflichtung zu weiteren Leistungen frei würden, bereits gezahltes Geld aber nicht zurückgefordert werden dürfe. Beide Regeln waren

---

[10] Isaac Spencer & Co. Ltd. v. Schlotterhose & Co., nicht veröffentlicht.

[11] „Diese Folgen können nicht auf der Grundlage des Vertrages bestimmt werden, da er aufgelöst worden ist und deshalb keine weitere Wirkung zwischen den Parteien hat."

[12] S. oben S. 90.

[13] „Anspruch auf Erstattung von Geld, für das keine Gegenleistung gewährt worden ist."

[14] Halsbury, Laws of England, Band VII, S. 283, Note 394.

schwer mit einander in Einklang zu bringen; es wurde aber angenommen, daß die Regel Chandler v. Webster auf einen durch Kriegsausbruch aufgelösten Vertrag anwendbar sei. Das House of Lords[15] hat kürzlich die Regel Chandler v. Webster verworfen, und seit dieser Entscheidung ist ein neues Gesetz, die Law Reform (Frustrated Contracts) Act, 1943, in Kraft getreten. Dies Gesetz bezieht sich auf unter englisches Recht fallende Verträge, bei denen die Vertragsleistungen ganz oder teilweise unmöglich oder aus einem anderen Grunde hinfällig geworden sind, und zwar gilt es für Verträge, die vor oder nach dem Inkrafttreten des Gesetzes geschlossen sind, jedoch nur, falls die Unmöglichkeit oder das Hinfälligwerden nach dem 1. 7. 1943 eingetreten ist. Die Mehrheit von Vorkriegsverträgen wird deshalb nicht unter das Gesetz fallen, da sie in der Regel bereits beim Inkrafttreten des englischen Trading with the Enemy Act, 1939, aufgelöst worden sind. Nur in den verhältnismäßig seltenen Fällen, in denen die Parteien eines Vorkriegsvertrages erst nach dem 1. 7. 1943 Feinde geworden sind, etwa wenn nach diesem Zeitpunkt die britische Partei eines Vertrages mit einem Deutschen nach England zurückkehrt, findet das neue Gesetz Anwendung. Die Lage mit Bezug auf Vorkriegsverträge, auf die englisches Recht Anwendung findet, ist also verschieden, je nach dem Zeitpunkt, zu dem sie aufgelöst werden. Wenn sie vor dem 1. 7. 1943 aufgelöst werden, findet englisches Gemeines Recht, so wie es in der Entscheidung des House of Lords in Sachen Fibrosa v. Fairbairn dargelegt ist, Anwendung, d. h. die Erstattung einer Zahlung, die eine Partei auf Grund des Vertrages geleistet hat, kann von der anderen Partei wegen Ausbleibens der Gegenleistung gefordert, aber ein billiger Ausgleich mit Bezug auf Auslagen, die der rückerstattungspflichtigen Partei erwachsen sind, kann nicht verlangt werden[16]. Wenn die Auflösung nach dem 1. 7. 1943 stattfindet, ist das neue Gesetz anwendbar. Section 1 (2) bestimmt, daß alle Zahlungen, die eine Vertragspartei vor seinem Hinfälligwerden gemacht hat, zu erstatten sind und soweit sie noch nicht bewirkt sind, nicht mehr geschuldet werden. Insoweit stimmt das neue Gesetz mit der Entscheidung des House of Lords überein, neu ist aber die Bestimmung über angemessenen Ausgleich. Section 1 (2) enthält die fernere Bestimmung, daß wenn die Partei, an welche die Zahlung geleistet war, Auslagen vor dem Hinfälligwerden gehabt hat, das Gericht, falls es dies unter Berücksichtigung aller Umstände des Falles für angemessen hält, ihr

---

[15] Fibrosa v. Fairbairn, etc. [1943] A. C. 32.
[16] Lord Simon, Lord Chancellor, l. c., S. 129/130.

den Betrag dieser Auslagen ganz oder teilweise zusprechen kann. Es ist nicht ohne Interesse, daß in dieser Beziehung die Bestimmungen des Gesetzes mit Regel 10 (a) der Vorschläge der International Law Association [17] übereinstimmen, und ebenso mit den in der Entscheidung des deutsch-englischen Schiedsgerichts in Sachen Spencer v. Schlotterhose [18] entwickelten Grundsätzen, die sich, obwohl nach meiner Auffassung auf Grund des Versailler Vertrages nicht berechtigt, mit den Vorschriften des neuen Gesetzes decken. In diesem Zusammenhang sei erwähnt, daß nach Section 3 (2) des Gesetzes die Bezeichnung „Gericht", dem die Aufgabe zufällt, die Rechte und Verbindlichkeiten der Parteien eines hinfällig gewordenen Vertrages auszugleichen, das Gericht bedeutet, vor dem die Sache zur Entscheidung kommt. Es würde deshalb den Versöhnungs-Kommissionen, die in den Friedensverträgen von 1947 vorgesehen sind und vermutlich auch in dem künftigen Friedensinstrument mit Deutschland vorgesehen werden, die Aufgabe zufallen, gegebenenfalls dieses neue englische Gesetz anzuwenden [19].

Untersteht ein Vertrag, der durch das Feindwerden der Parteien aufgelöst wird, kontinentalem Recht, so finden die Vorschriften über ungerechtfertigte Bereicherung Anwendung. Der Begriff der ungerechtfertigten Bereicherung geht bekanntlich auf Römisches Recht zurück und ist im wesentlichen in den meisten kontinentalen Rechtssystemen und dem von Schottland identisch. Für aufgelöste Verträge kommt vorzugsweise die condictio causa finita in Betracht. Als eine Zahlung auf Grund eines Vorkriegsvertrages geleistet wurde, bestand ein Rechtsgrund für sie, eben der Vertrag. Dieser Rechtsgrund fiel später weg, weil der zugrundeliegende Vertrag aufgelöst wurde. Die Vorschriften sind kontinentalen Juristen so geläufig, daß auf sie im einzelnen nicht eingegangen zu werden braucht. Nur eins sei hervorgehoben, daß die Bestimmungen der kontinentalen Rechte über den Umfang der zu erstattenden Bereicherung starrer sind als die des englischen Law Reform (Frustrated Contracts) Act, 1943, insofern nämlich, als das englische Gesetz den Ausgleich zwischen der Erstattungspflicht des Bereicherten und den Ausgaben, die er im Zusammenhang mit dem

---

[17] Siehe oben S. 100.

[18] Siehe oben S. 104, Note 10.

[19] Ob die Conciliation Commissions eine gerichtsähnliche Stellung haben und deswegen Recht, vor allem das Recht ds Friedensvertrages anwenden müssen, oder ob sie lediglich, falls der Versuch einer gütlichen Einigung nicht glückt, ex aequo et bono entscheiden müssen, ist allerdings zweifelhaft, ebenso wie die damit im Zusammenhang stehende Frage, ob sie nur von den Regierungen oder auch von den Privatparteien angerufen werden können, und ob, soweit ihre Zuständigkeit reicht, die der Landesgerichte ausgeschlossen ist. Vgl. hierzu meinen S. 102, Note 6 zitierten Aufsatz.

Geschäft gehabt hat, in das Ermessen des Gerichts stellt, während kontinentale Rechte genaue Vorschriften darüber enthalten, in welchem Umfang die Bereicherung erstattet werden muß.

2. Rechtsgeschäfte zwischen der Vertragsauflösung und dem Friedensschluß

Ein anderes Problem quasi-vertraglicher Beziehungen entsteht bei Dienstverträgen, Geschäftsbesorgungsverträgen und kaufmännischen Agenturverträgen, sowie bei Gesellschaften. Nach den Friedensverträgen werden solche Verträge mit Wirkung von dem Zeitpunkt, zu dem die Parteien Feinde wurden, in den meisten Fällen also vom Kriegsausbruch an, aufgelöst, nach den Friedensverträgen von 1919 und 1923 schlechthin, nach denen von 1947, insoweit die Erfüllung des Vertrages Verkehr mit dem Feinde bedingt. Die Parteien konnten aber, zum mindesten während des ersten Weltkrieges, die Bestimmungen der Friedens-Verträge nicht voraussehen und nahmen deshalb häufig Rechtshandlungen vor, zu denen sie sich kraft des Dienst- oder Gesellschaftsvertrages berechtigt oder verpflichtet glaubten, um dann später zu erfahren, daß das Dienst- oder Gesellschaftsverhältnis schon aufgelöst war, bevor die Rechtshandlungen vorgenommen wurden. Derartige Rechtshandlungen können den Dienstverpflichteten, bzw. den geschäftsführenden Gesellschafter berühren, aber auch die andere Partei, mit der sie eingegangen waren. Ist die letztere geschützt, und falls ja, haftet der Agent oder Geschäftsführende Gesellschafter seinem Prinzipal auf Schadensersatz? Ferner: muß der Prinzipal den Agenten für Auslagen, die er gehabt hat, schadlos halten? Da die Friedensverträge keine Regeln für diese Fragen enthalten, kommt es für ihre Beantwortung wieder auf das Landesrecht an. Ein kurzer Überblick wird zeigen, daß nach den meisten Landesrechten sowohl die dritte Partei wie auch der Agent oder geschäftsführende Gesellschafter geschützt sind, falls sie in gutem Glauben gehandelt haben.

Die meisten kontinentalen Rechtssysteme gewähren einer in gutem Glauben handelnden Person Schutz, und zu diesen Schutzvorschriften gehören zwei Regeln über die Stellung eines Beauftragten oder eines geschäftsführenden Gesellschafters, der, an den Fortbestand seiner Vertretungsmacht glaubend, Rechtshandlungen vornahm, während sie in Wahrheit schon erloschen war. Die erste Bestimmung betrifft den Beauftragten. Nach § 674 des deutschen BGB gilt ein Auftrag, der in anderer Weise als durch Widerruf erlischt, also beispielsweise durch Ausbruch des Krieges zwischen den Ländern, denen der Auftraggeber und Beauftragte angehören, zugunsten des Beauftragten als fortbestehend, bis der Beauftragte von dem Erlöschen Kenntnis erlangt oder das Erlöschen kennen muß. Diese Bestimmung hätte genügt, um den Bevollmächtigten des Mieters des Bank-Safes in Sachen Bonnet Dupeyron v. Ephraim Meyer [20] zu schützen. Er wußte nicht und konnte nicht wissen, daß der Auftrag erloschen war, und deshalb galt der Auftrag zu seinen Gunsten als fortbestehend.

Eine ähnliche Bestimmung findet sich in § 136 des deutschen HGB für Offene Handelsgesellschaften. Dort ist bestimmt, daß, wenn eine Gesellschaft in anderer Weise als durch Kündigung aufgelöst wird, die Befugnis eines Gesellschafters zur Geschäftsführung zu seinen Gunsten als fortbestehend gilt, bis er von der Auflösung Kenntnis erlangt oder sie kennen muß. Wenn also eine Offene Handelsgesellschaft dadurch, daß zwei Gesellschafter Feinde werden, aufgelöst wird, so bleibt die nach Gesetz oder Gesellschaftsvertrag bestehende Vertretungsbefugnis der Gesellschafter so lange bestehen, bis Kenntnis von der Auflösung erlangt ist oder hätte erlangt werden müssen.

Eine dritte Partei, mit der ein Rechtsgeschäft nach Erlöschen der Vertretungsbefugnis eingegangen ist, wird in ähnlicher Weise geschützt. Nur sofern der Dritte bei der Vornahme des Rechtsgeschäftes das Erlöschen kennt oder kennen muß, gilt die Vertretungsmacht nicht zu seinen Gunsten als fortbestehend (§ 169 des deutschen BGB.) [21]. Der französische Code civil enthält ähnliche Bestimmungen, Art. 2008 in Bezug auf den Mandatar, Art. 2005 mit Bezug auf einen Dritten. Alle diese Bestimmungen gewähren Schutz einerseits der Partei, die, ohne Fahrlässigkeit an den Fortbestand ihrer Vertretungsmacht glaubend, Rechtsgeschäfte einging, obwohl die Vertretungsmacht bereits erloschen war, und andererseits dem Dritten, der sich gutgläubig auf ein Rechtsgeschäft mit dem vermeintlich Vertretungsberechtigten einließ.

Die Lage nach englischem Recht ist nicht unzweifelhaft. Nach s. 124 des Law of Property Act, 1925 ist jemand, der kraft einer nach dem 31. 12. 1881 ausgestellten Vollmacht gutgläubig eine Zahlung oder eine sonstige Rechtshandlung vornimmt, nicht schadens-

---

[20] Siehe oben S. 65, Note 21.

[21] Vgl. die Entscheidung des deutsch-englischen Gemischten Schiedsgerichts, zitiert unten S. 112, Note 29, wo entschieden wurde, daß gemäß den oben zitierten deutschen Vorschriften der deutsche Schuldner eines britischen Gläubigers durch eine gutgläubig an den deutschen Beauftragten seines Gläubigers gemachte Zahlung befreit wurde.

ersatzpflichtig, falls aus einem ihm nicht bekannten Grunde vor der Zahlung oder der Rechtshandlung der Aussteller der Vollmacht gestorben oder geschäftsunfähig geworden oder in Konkurs gefallen war, oder die Vollmacht widerrufen hatte. Ob dieser Schutz gegen ein Erlöschen der Vollmacht, von dem die eine Zahlung oder Rechtshandlung vornehmende Partei nichts wußte, den Fall deckt, daß die Vollmacht durch Kriegsausbruch erlosch, ist zweifelhaft. Nach einer buchstäblichen Auslegung müßte die Antwort verneinend sein, denn der Aussteller der Vollmacht ist weder gestorben, noch geschäftsunfähig geworden, noch in Konkurs verfallen, noch hat er die Vollmacht widerrufen. Es spricht aber manches dafür, daß die dritte Partei auch in einem solchen Falle geschützt wird, und zwar um so mehr, als vor Inkrafttreten des Law of Property Act ein solcher Schutz Personen gewährt wurde, die Rechtsgeschäfte eingegangen waren mit einem Beauftragten nach Erlöschen seiner Vertretungsmacht oder mit früheren Mitgliedern einer Handelsgesellschaft nach einem Wechsel in ihrer Zusammensetzung. In Drew v. Nunn [22] wurde entschieden, daß ein Prinzipal die Vertretungsmacht des Agenten gegenüber dritten Personen geltend lassen muß, falls er ihnen den Widerruf nicht mitgeteilt hat. Die gleiche Ansicht wurde in Bezug auf Gesellschaften vertreten: Sofern nicht von der Auflösung einer Gesellschaft eine positive Kenntnis einer Person verschafft worden ist, die früher der Gesellschaft Kredit gewährt hatte, ist sie berechtigt, die früheren Gesellschafter noch als Gesellschafter zu behandeln [23].

---

[22] (1879) 4 Q. B. 661.

[23] Vgl. Re Hodgson, Beckett v. Ramsdale (1885), 31 Ch. D. 177, 184. Seit dieser Entscheidung trat der Partnership Act, 1890, in Kraft, dessen Section 36 bestimmt, daß alte Geschäftsfreunde, die mit einer Gesellschaft nach einem Gesellschafter-Wechsel Rechtshandlungen vornehmen, berechtigt sind, die früheren Gesellschafter noch als Gesellschafter zu behandeln, bis sie positive Kenntnis von dem Wechsel erhalten. Verschiedene Entscheidungen des deutsch-englischen Gemischten Schiedsgerichtes (Libert v. Foss and Others, Rec. VI, S. 679 ff. (auf S. 685), und Meyer's Sohn v. Conrad Meyer, Rec. VII, S. 379 ff. (auf S. 383), gelangten zu dem gleichen Ergebnis). Dasselbe Gericht (in anderer Zusammensetzung) vertrat aber die entgegengesetzte Auffassung in Sachen Howse, Mead & Sons, Ltd. v. Mosesmann, Rec. VIII, S. 5 ff. Es führte aus (auf S. 7), die Auflösung des Agenturverhältnisses infolge des Friedensvertrages schließe aus, daß der Vertrag nach seiner Auflösung noch irgendwelche Wirkungen hervorrufe; auch sei das Landesrecht einer der vertragsschließenden Mächte, das eine mit der Auflösung der Agentur nicht vereinbare Bestimmung enthielte, durch den Friedensvertrag überholt. Nach meiner Meinung unterscheidet das Schiedsgericht in dieser Entscheidung nicht genügend scharf zwischen der Auflösung des Agenturverhältnisses, die im Friedensvertrag vorgesehen ist, und der Folgen dieser Auflösung für einen gutgläubig handelnden Agenten, welche Folgen mangels einer Bestimmung im Friedensvertrag nur

Die Frage, ob der eine oder der andere das Erlöschen der Vertretungsmacht kannte oder kennen mußte, ist eine Tatsachenfrage und hängt jeweils von den Umständen des Falles ab. Eine allgemeine Bemerkung ist aber angezeigt. Während des ersten Weltkrieges bestand böser Glaube auf Seiten kontinentaler Parteien eines Vorkriegsvertrages so gut wie nie, da die Auflösung von Vorkriegsverträgen durch Kriegsausbruch in den meisten der kontinentalen Rechtssysteme eine unbekannte Erscheinung war. Während des zweiten Weltkrieges waren aber die Bestimmungen der nach dem ersten Weltkriege geschlossenen Friedensverträge so bekannt geworden, besonders in kaufmännischen Kreisen, daß jemand, der im zweiten Weltkriege an den Fortbestand der Vertretungsmacht trotz Kriegsausbruch geglaubt hat, kaum dem Vorwurf entgehen wird, er hätte das Erlöschen der Vertretungsmacht kennen müssen.

In Sachen Jebara v. Ottoman Bank [24] wurde in bezug auf englisches Recht geltend gemacht, daß ein Agent, der ohne Fahrlässigkeit das Erlöschen seiner Vertretungsmacht durch den Kriegsausbruch nicht kannte und fortfuhr, für seinen Prinzipal zu handeln, dadurch ein sogen. agent of necessity [25] geworden sei. In diesem Falle hatte der Kläger, ein britischer Staatsangehöriger mit englischem Wohnsitz, von Zeit zu Zeit an die Beklagte, eine türkische Bank, Ware geschickt, die von der Bank an Kunden in der Türkei gegen Bezahlung in türkischer Währung geliefert werden sollte, wogegen die Bank dem Kläger den entsprechenden Betrag in englischer Währung zu bezahlen hatte. Nach dem Kriegsausbruch zwischen Großbritannien und der Türkei im Jahre 1914 setzte die Bank die Lieferung von Ware, die sie vor dem Kriege erhalten hatte, an die Kunden fort. Die zur Entscheidung stehende Frage war, ob der Kläger einen Anspruch auf englische Währung auf Grund des Umrechnungssatzes habe, der galt, als die Bank die Kaufpreise erhielt, oder auf Grund des bei Friedensschluß geltenden Umrechnungssatzes. Das Berufungsgericht entschied, der Kriegsausbruch habe den Auftrag, die Ware an die Kunden des Klägers in der Türkei zu liefern, beendet, und da die Bank seitdem kein Recht mehr gehabt habe, für die Waren ihres früheren

---

nach dem Landesrecht bestimmt werden können. Zwischen dem Friedensvertrag und dem Landesrecht besteht in dieser Beziehung keine Unvereinbarkeit; das erstere wird vielmehr durch das letztere ergänzt.

[24] 43 T. L. R. 369 fg. und [1928] A. C. 269.

[25] Unter „agency of necessity“ wird eine Ermächtigung verstanden, die aus einer Notlage zu folgern ist, also eine Abart der implied authority, nämlich einer Ermächtigung, die sich aus den Umständen ergibt.

Prinzipals Geld zu fordern oder zu empfangen, hätte sie dem Kläger Schadensersatz auf Grund von conversion[26] zu bezahlen. Die Bank hatte ausgeführt, sie sei unter diesen Umständen „agent of necessity" geworden, und das, was sie in bezug auf die Ware getan habe, sei bei dieser Sachlage vernünftig und gerechtfertigt. Das Berufungsgericht entschied, daß die Bank nicht ein „agent of necessity" geworden sei.

Wenn ein Agenturverhältnis infolge des Kriegsausbruchs ungesetzlich und nichtig geworden ist ... so muß aus dem gleichen Grunde eine stillschweigende agency of necessity nichtig werden. Wie kann man eine stillschweigende Verpflichtung konstruieren, das Vermögen seines Feindes zu schützen? Wird, wer Schritte tut, um seines Feindes Eigentum zu schützen, nicht damit die Pflicht gegenüber seinem eigenen Lande verletzen? ... Wenn alle früheren Verpflichtungen durch den Kriegsausbruch erloschen, wie kann dann zwischen Feinden eine stillschweigende Verpflichtung entstehen? Wie kann die Bank einem Feinde gegenüber verpflichtet sein, irgendetwas zu tun? Wie kann ein Feind verpflichtet sein, Schritte zu tun, um das Vermögen seines Feindes zu schützen? [27]

Hiernach scheint gemäß englischem Recht nach Beendigung eines Agenturverhältnisses durch das Feindwerden von Prinzipal und Agent der letztere nicht dadurch in die Stellung eines „agent of necessity" zu gelangen, daß er in Unkenntnis der Auflösung der Agentur den Vertrag weiter fortsetzt, und er haftet deshalb dem Prinzipal für Schaden, der aus Rechtshandlungen entsteht, die unter solchen Umständen vorgenommen worden sind. Nach kontinentalem und schottischem Recht entsteht eine andere Rechtslage. Es finden die Regeln der negotiorum gestio, die auf römisches Recht zurückgehen, Anwendung. Negotiorum gestio liegt bekanntlich vor, wenn jemand ein Geschäft für einen anderen besorgt, ohne von ihm beauftragt oder ihm gegenüber sonst dazu berechtigt zu sein. Dies würde auf die oben geschilderten Verhältnisse zutreffen. Der Agent glaubte, daß er zu seinen Maßnahmen berechtigt und verpflichtet war, war es aber tatsächlich nicht. Da die vertragliche Beziehung zwischen Prinzipal und Agenten aufgelöst war, rückte der Agent in die Stellung eines Geschäftsführers ohne Auftrag[28]. Der Umstand, daß er glaubte, noch Vertretungsmacht

[26] „Conversion" bedeutet das rechtswidrige Verwenden von anderer Leute Güter zu eigenem Nutzen.

[27] Scrutton L. J. auf S. 373/374.

[28] Das deutsch-französische Gemischte Schiedsgericht in Sachen Maridort v. Behrens and Soehne, Rec. I, S. 581 f., und das deutsch-englische Gemischte Schiedsgericht in Sachen Wenner v. Engelhardt, Rec. III, S. 760 ff. (auf S. 762), nahmen das Vorliegen einer Geschäftsführung ohne Auftrag an. In keinem dieser Fälle wurde geprüft, das Recht welchen Landes anwendbar war. Die Schiedsgerichte scheinen von der Auffassung ausgegangen zu sein, daß das Vorliegen einer negotiorum gestio aus dem Friedensvertrage selbst folge, eine

zu besitzen, während sie in Wahrheit erloschen war, macht keinen Unterschied. Geschäftsführung ohne Auftrag ist keine rechtsgeschäftliche, sondern eine quasi-kontraktliche Beziehung und kann deshalb auch zwischen Parteien zur Entstehung gelangen, die Feinde sind. Die Rechte und Verpflichtungen, die aus einer Geschäftsführung ohne Auftrag entstehen, sind, kurz zusammengefaßt, die, daß der Geschäftsführer das Geschäft so führen muß, wie es das Interesse des Geschäftsherrn mit Rücksicht auf dessen wirklichen oder mutmaßlichen Willen erfordert. Er hat dem Geschäftsherrn herauszugeben, was er aus der Geschäftsbesorgung erlangt [29], und ihm über die Ausführung des Geschäfts Rechenschaft abzulegen. Er hat Verschulden zu vertreten, unter gewissen Voraussetzungen nur Vorsatz und grobe Fahrlässigkeit. Der Geschäftsherr hat dem Geschäftsführer seine Aufwendungen zu ersetzen.

Es ist interessant zu beobachten, daß Geschäftsführung ohne Auftrag für den Geschäftsführer günstigere Ergebnisse herbeiführen kann, als wenn er Partei eines Vertrages gewesen wäre, dessen Auflösung eine Geschäftsführung ohne Auftrag nicht zur Folge gehabt hätte. Es geht dies aus einer Entscheidung des deutsch-englischen Gemischten Schiedsgerichts [30] hervor, die einen im Ausgleichsverfahren geltend gemachten Anspruch betraf: Die Gläubiger Kohn und Goldschmidt, Stockbrokers an der Londoner Effektenbörse, hatten der Schuldnerin, Frau Anna Duisburg, einer deutschen Staatsangehörigen mit deutschem Wohnsitz, vor Kriegsausbruch durch Vermittlung ihres Berliner Agenten, Siegmund Karplus, gewisse Wertpapiere angeboten und verlangten den Kaufpreis für diese Wertpapiere mit der Behauptung, sie habe das Angebot angenommen. Die letztere bestritt diese Behauptung. Die folgende Stelle aus der Entscheidung sei wiedergegeben:

Auffassung, für die ich keinen Anhaltspunkt im Friedensvertrag finden kann. In einer späteren Entscheidung, Iraq Petroleum Co. Ltd. v. Deutsche Bank and Diskontogesellschaft, Rec. IX, S. 478 f., betonte das deutsch-englische Gemischte Schiedsgericht, das Vorliegen einer negotiorum gestio könne nur aus dem anwendbaren Landesrecht und nicht aus dem Friedensvertrag abgeleitet werden. Anscheinend haben sich die Schiedsgerichte in ihren früheren Entscheidungen von dem Grundsatze von Recht und Billigkeit leiten lassen, die anzuwenden einige der Schiedsgerichte in ihren Prozeßordnungen sich verpflichtet haben, ohne zu einer solchen Vorschrift durch den Friedensvertrag selbst ermächtigt zu sein (vgl. oben S. 99, Note 2).

[29] Vgl. deutsch-englische Gem. Schiedsgericht Atwood Beaver & Co. v. Offermann, Rec. IX, S. 466 f.: der deutsche Schuldner hatte während des Krieges den Betrag seiner Schuld an den deutschen Agenten seines britischen Gläubigers bezahlt. Das Gericht entschied, daß trotz der Auflösung des Agenturvertrages der Schuldner durch die gutgläubig gemachte Zahlung befreit sei und der Gläubiger von seinem früheren Agenten das an diesen gezahlte Geld einziehen könne.

[30] Kohn & Goldschmidt v. Duisberg, case 300, nicht veröffentlicht.

Es ist in der Meinung des Gerichts nicht unerheblich, ob der nach der Behauptung der Gläubiger zwischen ihrem Agenten Karplus und der Schuldnerin zu Berlin geschlossene Vertrag ein Vertrag war, kraft dessen die Wertpapiere von den Gläubigern der Frau Duisburg verkauft wurden, oder ein Vertrag, durch den die Schuldnerin die Firma Kohn & Goldschmidt beauftragte, die Wertpapiere für ihre Rechnung zu kaufen. Nach den Bestimmungen des Friedensvertrages würde der eine oder der andere dieser beiden möglichen Verträge zu ganz verschiedenen Ergebnissen führen. Wenn es ein Kaufvertrag war, so würde, da vor Kriegsausbruch das Eigentum nicht übertragen, der Kaufpreis auch nicht bezahlt worden war, der Vertrag nach Art. 299 aufgelöst sein und kein Anspruch auf der einen oder anderen Seite zurückbleiben. Wenn andererseits die Schuldnerin die Gläubiger beauftragt hätte, die Aktien für ihre Rechnung zu kaufen, so könnte sie trotz der Auflösung des Vertrages verpflichtet sein, ihre Agenten zu entschädigen.

Die Klage wurde aus tatsächlichen Gründen abgewiesen, die insoweit nicht interessieren. Was interessiert, ist, daß nach der Ansicht des Gerichts ein Kaufvertrag ganz andere Folgen gehabt hätte als ein Agenturvertrag. Jener würde aufgelöst worden sein, ohne daß auf der einen oder anderen Seite ein Anspruch oder eine Verpflichtung zurückblieb. Hinsichtlich des Agenturvertrages sind die Erwägungen des Gerichts sehr kurz. Das Gericht nahm an, und wohl zutreffend, daß ein Agenturvertrag gleichfalls aufgelöst worden sei, fügte aber hinzu, daß trotz seiner Auflösung die Schuldnerin verpflichtet gewesen wäre, ihre Agenten schadlos zu halten. Damit verweist das Gericht augenscheinlich auf Geschäftsführung ohne Auftrag, die nach deutschem Recht zur Entstehung gelangt wäre, weil der Agenturvertrag aufgelöst war und der Agent infolge seiner Unkenntnis von dieser Auflösung die Stellung eines negotiorum gestor eingenommen hätte [31].

11. Kapitel

Aufrecht erhaltene Verträge

1. Klassen der aufrecht erhaltenen Verträge

§ 2 des Anhangs zu Art. 301 Versailler Vertrag zählt die Verträge auf, die nicht aufgelöst werden. Der Lausanner Vertrag enthält eine entsprechende Liste in Art. 73. Die Vorschläge der International Law Association sehen gleichfalls vor, daß gewisse Klassen von Vorkriegsverträgen von der Auflösung ausgeschlossen sein sollten. Der Versailler Vertrag ging einen Schritt weiter: nach Art.

[31] Vgl. freilich die Zweifel gegen diese Konstruktion bei Warneyer I 677 IV Note 29.

299 (b) hatte jede Siegermacht das Recht, innerhalb einer gewissen Frist die Erfüllung von Verträgen zu fordern, die sonst nach Art. 299 (a) aufgelöst worden wären. Mehrere der Alliierten und Assoziierten Regierungen machten von diesem Rechte Gebrauch und stellten Listen nicht nur von individuellen Verträgen auf, sondern von ganzen Klassen von Verträgen, in Ergänzung derjenigen Vertragskategorien, die schon nach dem Versailler Vertrag selbst von der Auflösung ausgeschlossen waren. Einige der auf diese Weise aufrecht erhaltenen Verträge wurden später in den Lausanner Vertrag und die Vorschläge der International Law Association aufgenommen. Der Umfang, in welchem eine feste Praxis für die Ausschließung von gewissen Vertragsarten von der Auflösung besteht, wird am besten durch eine vergleichende Tabelle der Verträge anschaulich gemacht, die nach dem Versailler Vertrag, dem Lausanner Vertrag und den Vorschlägen der International Law Association aufrecht erhalten werden.

Versailler Vertrag § 2 der Anlage zu Art. 303	Vertrag von Lausanne Art. 73	Vorschläge der International Law Association, Regel 6
a) Verträge, welche die Übertragung von Vermögensrechten oder beweglichen oder unbeweglichen Gegenständen zum Gegenstand haben, falls das Eigentum übergegangen oder der Gegenstand übergeben worden ist, bevor die Parteien Feinde wurden.	a) Verträge über den Verkauf von Grundeigentum, selbst wenn nicht alle Förmlichkeiten erfüllt worden sind, vorausgesetzt, daß die Übergabe vor dem Zeitpunkt stattfand, zu dem die Parteien nach Art. 82 Feinde wurden.	a) Verträge über Übertragung von Grundstücken, wenn vor dem nach diesen Regeln maßgebenden Zeitpunkt das Eigentum entsprechend der lex loci rei sitae übergegangen ist.
b) Miet- und Pachtverträge über Grundbesitz oder Häuser[1].	b) Mieten zwischen physischen Personen über Grundstücke.	b) Verträge über Vermietung von Grundstücken.
c) Verträge über Hypotheken, Pfänder und Sicherheiten.	c) Verträge zwischen physischen Personen über die Ausbeutung von Bergwerken, Waldung oder landwirtschaftlichen Besitz	c) Verträge über Hypotheken, Pfänder und Sicherheiten mit der Maßgabe, daß ein während des Krieges vorgenommener Verkauf einer Sicherheit zugunsten einer im Gebiet einer kriegführenden Macht wohnenden Person als gültig gilt, unab-

[1] Wie S. 127 erwähnt, spricht der englische Text nur von Verträgen über Grundstücke (leases of land and houses), während der französische Text diese Einschränkung nicht enthält.

Versailler Vertrag § 2 der Anlage zu Art. 303	Vertrag von Lausanne Art. 73	Vorschläge der International Law Association, Regel 6
		hängig von einer vorherigen Androhung, falls der Gläubiger im guten Glauben und mit angemessener Sorgfalt in Übereinstimmung mit der lex fori gehandelt hat.
d) Konzessionen betr. Bergwerke, Steinbrüche und Lagerstätten	d) Verträge über Hypotheken, Pfänder und Sicherheiten.	d) Verträge über Ausbeutung oder Erschließung von Bergwerken, Mineralien, Rechten, Waldungen oder Land.
e) Verträge zwischen physischen Personen oder Gesellschaften und Staaten, Gemeinden, anderen öffentlichen Körperschaften oder ähnlichen juristischen Personen, die mit Verwaltungsbefugnissen befaßt sind.	e) Verträge über die Errichtung von Gesellschaften mit Ausnahme der Sociétés en nom collectif, welche nach dem auf sie anwendbaren Recht nicht eine eigene Rechtspersönlichkeit besitzen, die von der ihrer Gesellschaften verschieden ist.	e) Verträge über Errichtung von Gesellschaften oder anderen juristischen Personen, die von denen der Mitglieder unterschieden sind.
	f) Verträge ohne Rücksicht auf ihren Zweck, die zwischen physischen Personen oder Gesellschaften und dem Staat, Provinzen, Gemeinden oder ähnlichen Körperschaften geschlossen sind, die mit Verwaltungsbefugnissen betraut sind.	f) Konzessionen oder andere gemeinnützige Verträge zwischen physischen Personen und Gesellschaften auf der einen Seite und Staaten, Provinzen, Gemeinden oder anderen öffentlichen Körperschaften auf der anderen Seite.
	g) Verträge über Familienstand.	g) Verträge über Familienbeziehungen und Familienstand.
	h) Verträge über Schenkungen oder andere freiwillige Zuwendungen jeder Art.	h) Verträge über Schenkungen unter Lebenden oder von Todes wegen oder freiwillige Zuwendungen an physische Personen oder solche, die mehrere aufeinander folgende Berechtigungen an beweglichen Sachen oder Grundstücken schaffen.

Die Listen im Vertrag von Lausanne und den Vorschlägen der International Law Association sind länger als die im Versailler Vertrag, aber das praktische Ergebnis war im wesentlichen das gleiche, denn die meisten der im Versailler Vertrag selbst nicht aufrecht erhaltenen Verträge wurden auf Grund der Erklärung der Alliierten Mächte gemäß Art. 299 (b) aufrecht erhalten, z. B. Verträge über die Errichtung von Gesellschaften [2] oder über Familienstand oder über Schenkungen oder freiwillige Zuwendungen.

Verträge über Familienbeziehungen oder Familienstand sind bereits erörtert worden [3]; wir haben gesehen, daß sie selbst ohne ausdrückliche Bestimmung im Friedensvertrag von der Auflösung ausgenommen wären. Die Aufrechterhaltung von Verträgen über Schenkungen und freiwillige Zuwendungen beruht vermutlich darauf, daß auf Grund solcher Verträge Verpflichtungen entstanden sind, deren Aufrechterhaltung, selbst wenn Geldverpflichtungen in Frage stehen, zweifelhaft sein könnte, denn die Bedingung, von welcher der Versailler Vertrag das Fortbestehen einer Geldverpflichtung abhängig macht, nämlich daß auf Grund des Vertrages eine Handlung bewirkt oder Geld gezahlt worden ist, trifft auf eine Schenkung wohl nicht zu. Verpflichtungen nichtgeldlicher Natur, wie etwa die Verpflichtung auf Grund einer Schenkung, ein Haus zu übertragen oder Wertpapiere zu liefern, wären nach dem Versailler Vertrag erst recht nicht aufrecht erhalten, da er sich auf die Aufrechterhaltung von Schulden oder anderer Geldverpflichtungen beschränkt. Es war deshalb notwendig, eine besondere Bestimmung über die Aufrechterhaltung von Verpflichtungen aus Schenkungsverträgen aufzunehmen.

2. Verträge über Übertragung von Eigentum [4].

Die wichtigste Klasse der anderen aufrecht erhaltenen Verträge bilden Verträge, deren Zweck die Übertragung von Eigentum ist, falls ihre Erfüllung einen gewissen Abschnitt erreicht hat. Diese Klasse aufrecht erhaltener Verträge unterscheidet sich von anderen in zwei Voraussetzungen, von denen ihre Aufrechterhaltung ab-

---

[2] In einer Erklärung vom 9. 7. 1920 teilte die Britische Regierung mit, die Erfüllung von Verträgen, die Aktionären von Gesellschaften eigentumsähnliche Rechte verliehen, oder von Verträgen für die Errichtung von Gesellschaften werde im Allgemeininteresse verlangt. Das deutsch-englische Schiedsgericht in Sachen Jaffé v. Gutkind, Rec. IV, S. 20, entschied, daß diese Erklärung nicht auf Kommanditgesellschaften anwendbar sei.

[3] Siehe vorstehend S. 66.

[4] § 2 (a) des Anhang zu Art. 302 VV. Art. 73 (a) Vertrag von Lausanne.

hängig ist: der Vertrag muß einen bestimmten Zweck haben, und ein gewisser Abschnitt seiner Ausführung muß erreicht sein. Bei den anderen Klassen ist es unerheblich, ob die Erfüllung bereits begonnen hatte oder nicht. Es bleibt z. B. ein Schenkungsvertrag aufrecht erhalten, mögen die unter die Schenkung fallenden Gegenstände noch im Besitz des Schenkers oder dem Beschenkten bereits übergeben sein.

Was zunächst den Gegenstand anlangt, der nach dem Vertrag zu übertragen ist, so unterscheidet der Versailler Vertrag nicht zwischen beweglichem und unbeweglichem Eigentum. Verträge sind aufrecht erhalten — vorausgesetzt, daß ein gewisser Abschnitt in ihrer Erfüllung erreicht ist —, die zum Gegenstande die Übertragung von Vermögensrechten oder beweglichen oder unbeweglichen Gegenständen haben. Im Gegensatz hierzu beschränkt sich die entsprechende Bestimmung im Lausanner Vertrag auf den Verkauf von unbeweglichen Gegenständen. In einer Beziehung geht der Lausanner Vertrag jedoch weiter: Verträge über den Verkauf von Grundstücken, sofern ein gewisser Abschnitt in ihrer Erfüllung erreicht ist, werden aufrecht erhalten, selbst wenn nicht alle Förmlichkeiten beobachtet worden sind. Der Sinn dieser Bestimmung ist keineswegs klar und wird auch im französischen Text nicht deutlicher, welcher besagt,

„encore que la vente elle-même n'ait pas encore été régulièrement réalisée".

Wenn der französische Text von „la vente elle-même" spricht, scheint er damit zwischen dem Verkauf als solchem und etwas anderem, möglicherweise der Übergabe, zu unterscheiden. Der zugrunde liegende Gedanke ist deshalb möglicherweise der, daß die Übergabe den Vertrag wirksam macht, selbst wenn bei seinem Abschluß nicht alle Förmlichkeiten beobachtet worden sind, mit anderen Worten, daß Erfüllung die ursprüngliche Ungültigkeit wegen Formmangels heilt. Sollte diese Auslegung richtig sein, so wäre die Wirkung des Lausanner Vertrages, daß ein solcher Vertrag nicht nur wie andere Verträge aufrecht erhalten ist, sondern daß ein ursprünglich ungültiger Vertrag nachträglich gültig wird. Diese Ausdehnung wäre aber unvereinbar mit einer späteren Bestimmung in demselben Artikel, nämlich der[5], daß der Artikel nicht angerufen werden kann, um Verträgen eine Gültigkeit zu verleihen, die sich von der unterscheidet, die sie bei Vertragsabschluß hatten. Wie es möglich ist, daß ein Vertrag in Kraft bleibt, selbst wenn nicht alle Förmlichkeiten beobachtet worden

[5] Vorletzter Absatz von Art. 73.

sind, und andererseits keine Gültigkeit erhalten soll, die sich von der bei seinem Abschluß unterscheidet, ist nicht zu verstehen.

Die wahrscheinlichste Auslegung ist wohl deshalb die, daß es sich um formgerecht geschlossene Verträge über den Verkauf von Grundstücken handelt, deren Erfüllung zwar noch nicht beendet, aber immerhin soweit vorgeschritten ist, daß entweder Eigentum übertragen oder Übergang des Besitzers erfolgt ist. Im französischen Text spricht für diese Auslegung das Wort „réalisée". Der vielleicht beabsichtigte Sinn, daß der Vertrag in Kraft bleibt, würde allerdings besser zum Ausdruck kommen, wenn es statt „régulièrement", „entièrement" oder „complètement" hieße. Der englische Text steht dieser Auslegung noch stärker entgegen: „even if all formalities may not have been concluded" kann sich kaum auf die Ausführung, sondern nur auf den Abschluß beziehen, wobei der Ausdruck freilich auch seltsam bleibt, denn der Gedanke, daß nicht allen Formvorschriften genügt sei, würde üblicherweise die Fassung erhalten: „if not all formalities have been complied with". Immerhin halte ich diese Auslegung, obwohl sie der französische Text nicht ganz und der englische Text garnicht stützt, noch für die haltbarste. Sie vermeidet die sonst unlösbare Antinomie mit dem vorletzten Absatz und sie wird ferner durch die Erwägung gestützt, daß damit, allerdings auf Grundstücke beschränkt, die gleiche Regelung eintritt, die in § 2 des Anhangs zu Art. 302 des Versailler Vertrages für bewegliche und unbewegliche Sachen vorgesehen ist.

Die von der International Law Association vorgeschlagene Regel stimmt mit dem Lausanner Vertrag darin überein, daß sie sich nur auf die Übertragung von Grundstücken bezieht; sie bezieht sich aber nicht auf einen Mangel der Form und seine Heilung durch Erfüllung. Was die Lösung dieses Problems in einem künftigen Friedensvertrag anlangt, so sollte er sich auf die Bestimmung beschränken, daß Verträge über den Verkauf von Grundstücken aufrecht erhalten werden. Verschiedene Entscheidungen der Gemischten Schiedsgerichte zeigen, daß es außerordentlich schwer ist zu bestimmen, zu welchem Zeitpunkt das Eigentum an beweglichen Gegenständen übergegangen ist. Zwei Entscheidungen des Deutsch-englischen Schiedsgerichts[6] über den Verkauf von Ware eines deutschen Verkäufers an einen britischen Käufer zeigen dies: Die Ware war von dem Verkäufer auf den Weg gebracht, aber von dem Käufer vor Kriegsausbruch noch nicht empfangen worden

[6] E. Luettges & Co. v. Ormiston and Glass, Ltd., Rec. VI, S. 564, und K. Buesse v. British Manufacturing Stationery Co., Rec. VII, S. 345 f.

und eine der vom Gericht zu entscheidenden Fragen war, ob das Eigentum an der Ware bereits übergegangen oder die Ware bereits geliefert worden war, so daß die Ausnahme in § 2 des Anhangs Anwendung fand. Um dies zu entscheiden, hatte das Gericht zunächst eine Frage des Internationalen Privatrechts zu prüfen; es hatte zu entscheiden, welches Recht auf die Frage anwendbar war, ob Eigentum übergegangen oder die Lieferung bewirkt worden war, und kraft der wiederholt betonten Tatsache, daß internationale Gerichte keine lex fori haben, bot schon dieser Punkt erhebliche Schwierigkeit. Englisches Recht, deutsches Recht und möglicherweise das Recht der Niederlande, deren Gebiet die Ware auf dem Wege von England nach Deutschland passiert hatte, konnten in Frage kommen, und diese drei Rechtssysteme weichen erheblich von einander hinsichtlich des Zeitpunkts des Eigentumsübergangs ab. Infolge dieser Schwierigkeit hatte das Schiedsgericht sowohl deutsches wie englisches Recht zu berücksichtigen und entschied, daß nach keinem dieser Rechtssysteme das Eigentum übergegangen war. Ein weiteres Problem war, zu welchem Zeitpunkt die Gefahr auf den Käufer übergegangen war, und auch hier mußten sowohl englisches wie deutsches Recht berücksichtigt werden. Die Urteile enthalten eine außerordentlich sorgfältige wissenschaftliche Begründung; aber einige Zweifel blieben zurück, und man kann nicht sagen, daß sich eine endgültige Praxis über diese Bestimmung der Friedensverträge gebildet habe. Wenn analoge Probleme nach dem Ende des zweiten Weltkrieges auftauchen sollten, können künftige Gemischte Schiedsgerichte vielleicht eine andere Auffassung vertreten, und die Auflösung oder Aufrechterhaltung von Verträgen über den Verkauf beweglicher Gegenstände, wenn die Vertragsparteien später Feinde werden, wird stets Zweifeln unterliegen. Dagegen wäre die Rechtslage sehr viel einfacher, wenn auf Verträge über Verkauf von beweglichen Gegenständen die allgemeine Regel der Auflösung Anwendung fände. Natürlich können auch dann Streitigkeiten entstehen, besonders über die Rückzahlung von Geld, das eine Partei als Anzahlung geleistet hat. Es würde aber immerhin leichter sein, solche Streitigkeiten zu entscheiden als zu entscheiden, ob Eigentum an beweglichen Gegenständen übergegangen oder die Ware geliefert worden ist. Wenn die Ausnahme von der Auflösung auf Verträge über Grundstücke beschränkt wäre, so würden insoweit voraussichtlich keine schwierigen Probleme auftauchen. Zunächst sicher nicht im Gebiet des Internationalen Privatrechts, denn eine der wenigen Konfliktsregeln, über die allgemeine Übereinstimmung besteht, ist die, daß für die Übertragung von Eigentum an Grundstücken die lex loci rei sitae maßgebend ist, und ob nach dieser lex loci rei sitae Eigentum übergegangen ist, wird in der Regel leicht zu entscheiden sein. In Ländern, in denen für die Übertragung von Eigentum an Grundstücken eine Eintragung ins Grundbuch notwendig ist, kann über die Frage, ob Eigentum übergegangen ist, kaum ein Zweifel entstehen, und selbst in Ländern, wo eine Grundbucheintragung für den Übergang des Eigentums an Grundstücken nicht notwendig ist, ist es im allgemeinen nicht schwer festzustellen, ob Eigentum übergegangen ist.

Es bleibt die zweite Frage, welcher Abschnitt der Erfüllung erreicht sein muß, damit der Vertrag aufrecht erhalten wird. In dieser Beziehung besteht ein Unterschied zwischen den Verträgen von Versailles und Lausanne und den Vorschlägen der International Law Association. Nach dem Versailler Vertrag muß entweder das Eigentum übergegangen [7] oder der Gegenstand geliefert worden sein. Nach dem Lausanner Vertrag muß die Lieferung erfolgt sein, nach den Vorschlägen der International Law Association muß das Eigentum in Gemäßheit der lex loci rei sitae übergegangen sein.

Um zu entscheiden, ob das Merkmal der Lieferung oder das des Eigentumsübergangs oder beide angenommen werden sollen, müssen wir uns den Gedanken in Erinnerung rufen, welcher der Bestimmung über die Ausnahme von der Auflösung zugrundeliegt. Wie wir gesehen haben, ist nach englischem Recht, das den Friedensverträgen und den Vorschlägen der International Law Association als Modell gedient hat, ein Vertrag von Auflösung insoweit ausgenommen, als Verpflichtungen bereits vor dem Feindwerden der Parteien entstanden waren. Die Aufrechterhaltung eines Vertrages über Übertragung von Eigentum, wenn ein bestimmter Abschnitt seiner Erfüllung erreicht ist, geht über diesen Grundsatz hinaus. Wenn eine Verpflichtung bereits entstanden wäre, so wäre keine Sondervorschrift notwendig, da die Aufrechterhaltung einer entstandenen Verpflichtung aus der allgemeinen Regel folgt, daß erworbene Rechte von der Vertragsauflösung nicht berührt werden. Die Ausdehnung der Aufrechterhaltung entstandener Verbindlichkeiten auf Fälle, in denen nicht alle für die Entstehung der Verbindlichkeiten notwendigen Bedingungen erfüllt worden sind, sollte, wenn sie überhaupt aufrecht erhalten wird, in engen Grenzen ge-

[7] Hinsichtlich eines Vertrages, auf Grund dessen Eigentum von beiden Parteien übertragen werden mußte, wurde entschieden, daß der Vertrag nur dann in Kraft bleibt, wenn das Eigentum auf beiden Seiten übergegangen war. Deutsch-englisches Gemischtes Schiedsgericht in Sachen Turkish Petroleum Co. v. Deutsche Bank, Rec. VIII, S. 48 f.

halten werden, um nicht zu weit von dem allgemeinen Grundsatz abzuweichen. In diesem Zusammenhang muß man sich vergegenwärtigen, daß der Anspruch des Verkäufers auf den Kaufpreis mehr von der Übertragung des Eigentums als von der Lieferung der Ware abhängt, die, selbst wenn sie nach dem anwendbaren Landesrecht eine Verpflichtung des Verkäufers darstellt, dem Käufer nur eine unsichere Rechtsstellung verschafft, während er in einer stärkeren Lage ist, wenn das Eigentum auf ihn übergegangen ist, selbst ohne Übergabe der Ware. Die Übergabe ist gewissermaßen nur von sekundärer Bedeutung und die Übertragung des Eigentums die Hauptverpflichtung. Deshalb empfiehlt es sich, einen Vertrag über Grundstücksübertragungen nur dann aufrecht zu erhalten, wenn das Eigentum übergegangen ist, in anderen Worten die Regel 6 a der International Law Association anzunehmen. Das hätte zur Folge, daß ein solcher Vertrag aufrecht erhalten wird, falls Eigentum übergegangen ist; der Verkäufer würde den Kaufpreis fordern können, falls er ihn noch nicht erhalten hat, und würde auf der anderen Seite die Leistung zu erbringen haben, die er noch nicht bewirkt hat, vor allem die Übertragung des Besitzes, falls es nach der lex loci rei sitae dem Verkäufer obliegt, nicht nur Eigentum zu übertragen, sondern auch Besitz zu verschaffen.

Wenn, wie oben angeregt, die Ausnahme von der Auflösung auf Verträge für Übertragung von Grundstücken beschränkt wird, würde eine Zweifelsfrage nicht entstehen, die auf Grund des Versailler Vertrages vor das deutsch-englische Gemischte Schiedsgericht kam, nämlich ob ein Darlehen ein Vertrag auf Übertragung von beweglichen Sachen im Sinne von § 2 a des Anhangs ist. Das Gericht [8] entschied:

> es würde die Bedeutung dieser Bestimmung des Friedensvertrages weit überschreiten, wollte man sie dahin auslegen, daß sie einen Vertrag einschließe, der die Rückzahlung von Geld zum Gegenstand hat.

Wie diese Stelle aus dem Urteil zeigt, schloß das Gericht einen Darlehensvertrag von der Anwendbarkeit des § 2 mit der Begründung aus, daß ein Darlehen nicht deshalb einen Vertrag über die Übertragung von Eigentum darstelle, weil es später zurückgezahlt werden müsse; man könnte aber der Meinung sein, daß nicht die Rückzahlung, wohl aber die ursprüngliche Zahlung der Darlehens-

---

[8] Kitzinger v. Dann, Rec. I, S. 847. Die entgegengesetzte Ansicht wurde vom deutsch-französischen Gemischten Schiedsgericht in Sachen l'Industrielle Foncière v. Scharffenberg & Beutler, Rec. III, S. 872, vom französisch-bulgarischen Gemischten Schiedsgericht in Sachen Crédit Foncier Franco-bulgare v. Dimovi, Rec. V, S. 427, und vom deutsch-belgischen Gemischten Schiedsgericht in Sachen Guilleaume v. D'Hondt und Genossen, Rec. X, S. 94 f. vertreten.

valuta ein Darlehen zu einem Vertrage der in § 2 genannten Art macht. Nach deutschem Recht jedenfalls kommt der Darlehensvertrag dadurch zustande, daß dem Darlehensnehmer Geld oder andere vertretbare Sachen zu Eigentum übertragen werden. Sei dem, wie ihm wolle, wenn § 2 auf die Übertragung von Grundstücken beschränkt wird, dann gibt es nur eine Art von Verträgen, welche die Übertragung von Eigentum zum Gegenstand hat, nämlich Kaufverträge.

3. Verträge, die aufrecht erhalten werden, ohne Rücksicht darauf, wie weit ihre Erfüllung gediehen ist

Die anderen Arten von Verträgen, die von der Auflösung ausgenommen werden, haben das gemeinsam, daß es nicht darauf ankommt, ob sie einen gewissen Grad der Erfüllung erreicht haben. Sie werden aufrecht erhalten, mag ihre Ausführung überhaupt noch nicht begonnen haben, oder mag umgekehrt nur ein ganz unbedeutender Teil der Vertragsleistung noch ausstehen.

Wir werden zunächst die verschiedenen Arten der aufrecht erhaltenen Verträge betrachten und danach untersuchen, ob den Ausnahmen ein gemeinsames Prinzip zugrundeliegt.

a) Gesellschaften

Es ist bereits auf Offene Handelsgesellschaften hingewiesen worden, die aufgelöst werden, wenn zwei oder mehrere Gesellschafter Feinde werden, worauf die gegenseitigen Rechte und Verbindlichkeiten auf Grund des Gesellschaftsvertrages und des Landesrechts geregelt werden müssen. Wir behandeln jetzt Gesellschaften oder andere Körperschaften mit selbständiger Rechtspersönlichkeit, und vor allem Kapitalgesellschaften. Die Aktionäre einer Aktiengesellschaft stehen nicht in einem Gesellschaftsverhältnis zu einander, sondern nur in einem Vertragsverhältnis mit der Gesellschaft als solcher [9]. Wird der Vertrag zwischen der Gesellschaft und ihren Gesellschaftern berührt, wenn die Gesellschaft und einer ihrer Gesellschafter Feinde im Sinne des Friedensvertrages werden,

---

[9] S. deutsch-englisches Gemischtes Schiedsgericht in Saxon Tin and Wolfram Mining Co. Ltd. v. German Government, Rec. V., S. 658 f., wo entschieden wurde, daß der Ausdruck „Vertrag" die Beziehung zwischen einem Gesellschafter und einer nach sächsischem Recht errichteten Bergwerkgesellschaft deckt.

beispielsweise die Gesellschaft ist britisch und der Aktionär ein Feind wegen deutscher Staatsangehörigkeit bzw. deutschen Aufenthalts oder umgekehrt?[10]

Man könnte der Meinung sein, daß der Vertrag zwischen einer Kapitalgesellschaft und ihren Aktionären zu der Klasse der voll erfüllten Verträge gehört und deshalb durch Kriegsausbruch nicht berührt wird. Der Vertrag — so könnte man meinen — ist vollkommen erfüllt, da der Aktionär für seine Aktien bezahlt und die Gesellschaft sie zugeteilt hat. Bei näherer Betrachtung erweist sich jedoch diese Annahme als irrig. Selbst nach der Zuteilung der Aktien durch die Gesellschaft und ihrer Bezahlung durch die Aktionäre bleiben vertragliche Beziehungen zurück. Beispielsweise besteht für die Gesellschaft die Verpflichtung, Dividenden zu bezahlen oder dem Aktionär neu ausgegebene Aktien im Verhältnis zu seiner Beteiligung anzubieten. Auch können auf Seiten des Aktionärs Verpflichtungen bestehen, z. B. auf die von ihm gezeichneten Aktien Einzahlungen zu leisten. Es bleiben also vertragliche Beziehungen zurück, die durch das Feindwerden der Gesellschaft und ihrer Aktionäre berührt werden könnten. Auf der anderen Seite wäre es höchst unzweckmäßig, wenn ein Vertrag zwischen einer Gesellschaft und ihren vielleicht mehrere Tausend zählenden Aktionären dadurch aufgelöst würde, daß ein einziger Aktionär Feind wird. Wir sahen bei der Offenen Handelsgesellschaft, daß man nicht sagen kann, daß einer der Gesellschafter ausscheide und auf einen Anspruch auf sein Kapitalguthaben beschränkt sei. Das gilt ebenso für Kapitalgesellschaften und ihre Aktionäre. Falls nicht die Satzung eine andere Bestimmung enthält, ist die Lage nicht die, daß der Aktionär, wenn er Feind wird, einfach ausscheidet, vielmehr hat die Auflösung des Vertrages zwischen der Gesellschaft und auch nur einem Aktionär zur unvermeidlichen Folge, daß die Gesellschaft liquidiert werden muß. Augenscheinlich um dieses aus praktischen Gründen höchst unerwünschte Ergebnis zu vermeiden, haben die Friedensverträge oder die von den Alliierten Regierungen auf Grund von Art. 299 (b) Versailler Vertrag abgegebenen Erklärung vorgesehen, daß Verträge über die Errichtung von Gesellschaften oder anderen Körperschaften von der Auflösung ausgenommen sein sollen. Die Vorschläge der Inter-

[10] S. McNair, S. 216, betr. die Umstände, denen zufolge eine Gesellschaft den Charakter einer feindlichen Gesellschaft erhält (Ort der Errichtung, oder Ort, wo sie ihr Geschäft betreibt, Staatsangehörigkeit ihrer Gesellschafter oder andere Umstände).

national Law Association haben den gleichen Inhalt [11]. Dabei sei erwähnt, daß auch nach englischem Common Law Verträge über die Errichtung einer Kapitalgesellschaft durch Kriegsausbruch nur aufgeschoben und nicht aufgelöst werden. Das ist jedenfalls die im Schrifttum vertretene Meinung [12], während gerichtliche Entscheidungen darüber nicht ergangen zu sein scheinen.

Die Aufrechterhaltung eines Gesellschaftsvertrages hat zur Folge, daß die Rechte und Verpflichtungen der Aktionäre, die während des Krieges nicht verwirklicht werden konnten, mit dem Friedensschluß aufleben: Dividenden, die während des Krieges aufgelaufen sind, sind dem Aktionär zu zahlen, neu ausgegebene Aktien sind ihm zuzuteilen, während im Lauf des Krieges neue Aktien einem Feinde nicht ohne besondere Erlaubnis zugeteilt werden dürfen [13]. Auf der anderen Seite bleibt der Aktionär zur Leistung von Kapitalseinlagen verpflichtet, die während des Krieges aufgerufen wurden. Seine Rechte bleiben natürlich den allgemeinen, auf Vermögen eines Feindes anwendbaren Beschränkungen unterworfen. Sie können liquidiert werden, falls feindliches Vermögen nach dem Friedensvertrag der Liquidation unterliegt; Ansprüche auf Dividenden müssen im Ausgleichsverfahren geltend gemacht werden, falls ein solches Ausgleichsverfahren eingerichtet werden sollte, usw. Ferner mögen die Aktien während des Krieges von Maßnahmen berührt worden sein, die von der Regierung auf Grund der Kriegs-Gesetzgebung getroffen worden waren. Beispielsweise können nach britischem Recht (s. 7 Trading with the Enemy Act, 1939) Aktien dem Verwalter feindlichen Vermögens übertragen worden sein, worauf der Verwalter berechtigt ist, Dividenden in Empfang zu nehmen, bei Versammlungen der Aktionäre zu stimmen oder die Aktien zu verkaufen [14]. Die Wirkung solcher Maßnahmen nach Kriegsende hängt natürlich von dem Friedensvertrage ab. Nach dem Versailler Vertrag kamen sie unter den Begriff der außerordentlichen Kriegsmaßnahmen und galten als endgültig und für jedermann bindend (Art. 297 (d) und § 3 des Anhangs zu Art. 298).

---

[11] Rule 6 e in Verbindung mit Rule 14, welche folgendermaßen lautet: Insoweit die Rechte von Aktionären von Kapitalgesellschaften als auf Verträgen beruhend angesehen werden sollten, soll keine dieser Regeln so verstanden werden, daß sie derartige Verträge auflöst.

[12] McNair, S. 222.

[13] Vgl. Eichengruen v. Mond [1940] 1 Ch. 785, sowie hinsichtlich eines Falles, wo während des ersten Weltkrieges eine Lizenz erteilt wurde, nachstehend S. 148, Note 4.

[14] Siehe re Münster [1920] 1 Ch. 268 und re Ring Springs Ltd. Patents [1944] All E. R. 421.

b) Sicherstellungen

Verträge über Hypotheken, Verpfändungen und Sicherstellungen sind Verträgen über Errichtung von Gesellschaften darin ähnlich, daß sie nicht nur vertragliche Verpflichtungen begründen, sondern dingliche Rechte, und daß sie durch die Begründung eines solchen dinglichen Rechts noch nicht voll erfüllt sind. Bei der Hypothek z. B. bestehen gesetzliche und meist auch vertragliche Bestimmungen darüber, in welcher Weise sich der Gläubiger aus dem belasteten Grundstück befriedigen kann. Grundsätzlich könnten solche vertraglichen Beziehungen dadurch aufgelöst werden, daß die Parteien Feinde werden, aber ebenso wie im Falle der Gesellschaft würde eine solche Auflösung zu höchst unbefriedigenden Ergebnissen führen. Das belastete Grundstück wäre dem Schuldner zurückzugeben und der Gläubiger verlöre die Sicherheit, ohne die er dem Schuldner voraussichtlich keinen Kredit gewährt hätte. Es war deshalb naheliegend, daß in dem Versailler Vertrag [15], dem Lausanner Vertrag [16] und den Vorschlägen der International Law Association [17] Verträge über Hypotheken, Verpfändungen und Sicherstellungen von der Ausführung ausgenommen werden. Die Aufrechterhaltung des Vertrages hat zur Folge, daß der Gläubiger berechtigt bleibt, Befriedigung aus den belasteten Gegenständen zu suchen; Maßnahmen zur Befriedigung aus der Hypothek oder dem Pfande gelten also, mögen sie während des Krieges oder nachher getroffen sein, als gültig, vorausgesetzt, daß alle im Landesrecht vorgesehenen Förmlichkeiten beobachtet worden sind. Dies war aber während des Krieges nicht immer tunlich, und vor allem war es so gut wie unmöglich, dem Schuldner die beabsichtigte Befriedigung vorher anzudrohen. Die Frage, ob beim Ausbleiben einer solchen Androhung die Befriedigung rechtswirksam ist, scheint nie vor englische Gerichte gekommen zu sein. Es gibt eine amerikanische Entscheidung [18], aber sie bezieht sich nur auf die Frage, ob sich während des Krieges der Gläubiger angesichts der Unmöglichkeit, die Gerichte des feindlichen Landes anzurufen, an die Gerichte seines eigenen Landes wenden darf, betrifft also nur Probleme des Verfahrens und bietet für die Frage, mit der wir uns hier beschäftigen, keine Lösung, nämlich ob die Unterlassung einer Androhung die Befriedigung unwirksam macht. Der Versailler Vertrag beschränkte sich darauf, Verträge über Hypotheken, Verpfändungen

[15] § 2, c des Anhangs.
[16] Art. 73, d.
[17] Regel 6 c.
[18] Zitiert bei Trotter, Law of Contract during and after War, S. 426 f.

und Sicherstellungen aufrecht zu erhalten, enthielt aber keine Bestimmung über Maßnahmen zur Befriedigung, die während des Krieges getroffen waren. Der Lausanner Vertrag enthielt eine Bestimmung darüber, nämlich in Art. 81, der folgendermaßen lautet:

> Während des Krieges vorgenommene Verkäufe zur Befriedigung aus vor dem Kriege bestellten Hypotheken oder Pfändern, falls die Forderungen fällig geworden sind, sind gültig, auch wenn es nicht möglich gewesen ist, alle Bestimmungen über die vorherige Verständigung des Schuldners zu beobachten, doch bleibt dem Schuldner das Recht ausdrücklich vorbehalten, den Gläubiger vor das Gemischte Schiedsgericht zu laden, um über den Verkauf Rechenschaft abzulegen; falls der Gläubiger dies nicht tut, macht er sich schadensersatzpflichtig.
>
> Dem Gemischten Schiedsgericht liegt es ob, die gegenseitigen Ansprüche der Parteien festzustellen, die Bedingungen zu ermitteln, unter denen der belastete Gegenstand verkauft wurde, und dem Gläubiger aufzuerlegen, den Schuldner zu entschädigen für Verluste, die ihm infolge des Verkaufs entstanden sind, falls der Gläubiger bösgläubig gehandelt oder nicht alle in seiner Macht liegenden Schritte getan hat, um zu vermeiden, zum Verkauf des Pfandes schreiten zu müssen, oder um den Verkauf nicht unter Bedingungen vorzunehmen, die zur Erzielung eines angemessenen Preises führen.
>
> Diese Bestimmung ist nur zwischen Feinden anwendbar und erstreckt sich nicht auf Rechtshandlungen der vorgedachten Art, die nach dem 1. Mai 1923 vorgenommen wurden.

Die Vorschläge der International Law Association enthalten eine ähnliche, wenn auch weniger ins einzelne gehende Bestimmung, nämlich, daß ein während des Krieges vorgenommener Verkauf eines Pfandes eines im Gebiet einer kriegführenden Macht wohnenden Schuldners als gültig gelten soll, ohne Rücksicht, ob der Verkauf dem Schuldner angedroht ist, vorausgesetzt, daß der Gläubiger in gutem Glauben, mit der im Verkehr erforderlichen Sorgfalt und in Übereinstimmung mit der lex fori (sic!) gehandelt hat, und daß dem Schuldner auf Grund eines derartigen Verkaufs kein Anspruch zustehen soll. Es dürfte zweckmäßig sein, eine solche Bestimmung in den künftigen Friedensvertrag aufzunehmen. Während des Krieges wird es dem Gläubiger meist unmöglich sein, dem Schuldner den Verkauf des Pfandes vorher anzudrohen, und wenn ein Verkauf mangels Androhung als nichtig angesehen werden sollte, so würde der Zweck der Aufrechterhaltung des Pfandes, zum Teil mindestens, vereitelt werden.

Noch eine weitere Frage kann im Hinblick auf Pfänder und andere dingliche Sicherheiten entstehen. Hypothek oder Pfandrecht haben akzessorischen Charakter, sie sollen eine Schuld sichern: neben den vertraglichen Verpflichtungen zwischen Verpfänder und Pfandgläubiger bestehen deshalb noch vertragliche Beziehungen zwischen Gläubiger und Schuldner.

Es liegt nun in der Natur einer Hypothek oder eines Pfandes, daß Hypothek oder Pfand nur akzessorisch und von dem Bestehen einer Schuld abhängig sind, zu deren Sicherung sie dienen. Bestimmungen über Aufrechterhaltung von Verträgen über Hypotheken oder Verpfändungen setzen deshalb das Bestehen einer Schuld voraus, berühren aber nicht die Bestimmungen, welche für die Schuld selbst maßgebend sind [19].

Dies war die Ansicht des Gemischten Schiedsgerichts in einem Falle, wo die Hypothek zur Sicherung eines Darlehens diente und über die Beziehung zwischen dem Darlehen und der Hypothek zu entscheiden war. Das Gericht entschied, und zwar zutreffend, daß die Hypothek die Schuld in dem Umfang sichert, in welchem sie sich kraft des Versailler Vertrages entwickelt hatte, und da das Darlehen — nach Ansicht des Gerichts, die nicht unzweifelhaft erscheint — fällig geworden war, konnte der Gläubiger aus der Hypothek Befriedigung suchen. Es folgt hieraus, daß die Bestimmungen des Friedensvertrages über die Schuld selbst ihre Rückwirkung auf Hypothek oder Pfand haben, obwohl diese letzteren als solche im Friedensvertrag aufrecht erhalten werden.

c) Mieten

Um das Verständnis der Bestimmung zu erleichtern, wird zweckmäßig auf den Unterschied zwischen englischem und kontinentalem Recht in bezug auf Mieten hingewiesen. Nach kontinentalem Recht hat der Mieter lediglich vertragliche Ansprüche. Er erwirbt kein dingliches oder quasi-dingliches Recht. Auf der anderen Seite hat nach englischem Recht der Mieter ein eigentumsähnliches Recht; die Miete verschafft ihm ein dingliches Recht, und aus diesem Grunde wurde von englischen Gerichten entschieden, daß das Recht eines britischen Vermieters, während des Krieges von einem feindlichen Mieter die Miete zu fordern, durch den Kriegsausbruch weder vernichtet noch aufgeschoben war [20]. Die Friedensverträge von 1919 und 1927 hielten gleichfalls Mieten und Abkommen über Mieten aufrecht. Es besteht aber, wie bereits erwähnt, zwischen dem englischen und französischen Text des Versailler Vertrags eine Unstimmigkeit: der letztere hält aufrecht les baux, locations et pro-

[19] So heißt es in der Entscheidung des deutsch-englischen Gemischten Schiedsgerichts, Public Trustee v. Enders'sche Erben, Rec. II, S. 692 f. Das französisch-bulgarische Schiedsgericht in Sachen Credit Foncier Franco-bulgar v. Dimovi, Rec. V, S. 427, vertrat die umgekehrte Auffassung; es führte S. 429 aus: „que si les rédacteurs du Traité ont entendu maintenir les contracts d'hypothèques, ils ont implicitement voulu maintenir également les contracts de prêt en vertu desquels les inscriptions hypothécaires ont été prises." Die Auffassung dürfte schwerlich haltbar sein.

[20] Halsey v. Loewenfeld [1916] 2 K. B. 707.

messes de location ohne jede Beschränkung, der erstere dagegen nur Mieten und Mietsversprechen über Vermietung von Grundstücken oder Häusern. Location schließt im französischen Recht bewegliche und unbewegliche Sachen ein. Art. 1711 des französischen Code Civil sagt: „On appelle bail à loyer le louage des maisons et celui des meubles", und Art. 1713 fügt hinzu: „on peut louer toutes sortes de biens, meubles ou immeubles". Es kann deshalb kein Zweifel daran bestehen, daß nach dem französischen Text des Versailler Vertrages nicht nur Mieten über Grundstücke und Häuser, sondern auch über bewegliche Gegenstände aufrecht erhalten sind, und wir haben gesehen, daß das deutsch-französische Schiedsgericht angenommen hat, die Miete eines bank-safes sei aufrecht erhalten [21]. Es dürfte aber, obwohl im allgemeinen der französische und englische Text des Versailler Vertrages gleiche Kraft besitzen, in diesem besonderen Falle der englische Text vorzuziehen sein, denn nach englischem Recht, das im allgemeinen den Bestimmungen des Versailler Vertrages über Vorkriegsverträge zum Muster gedient hat, werden lediglich Mieten von Grundstücken oder Häusern aufrecht erhalten, dagegen nicht Mieten von beweglichen Gegenständen, auf welche Mieten der Ausdruck „eigentumsähnliches Recht" nicht passen würde. Der Lausanner Vertrag (Art. 73 b) enthält dieselbe Unstimmigkeit: nach dem englischen Text werden Mieten und Mietsversprechen über Grundstücke und Häuser aufrecht erhalten, während der französische Text aufrecht erhält les baux, contrats de location et promesses de location. Die Vorschläge der International Law Association gleichen dem englischen Text: nach Regel 6 b werden lediglich Verträge über die Vermietung von unbeweglichen Sachen aufrecht erhalten.

4. Allgemeine Bestimmungen über aufrecht erhaltene Verträge

Überblickt man die verschiedenen Klassen von Verträgen, die von der Auflösung ausgenommen werden, so erkennt man, daß die Verfasser der Friedensverträge für die Entscheidung, ob ein bestimmter Vertrag aufgelöst oder in die Kategorie der aufrecht erhaltenen Verträge aufgenommen werden soll, zwei Merkmale angewandt haben. Das erste Merkmal ist, ob nach englischem Recht ein Vertrag aufgelöst oder aufrecht erhalten wird. Dies ist augenscheinlich der Grund für die Aufrechterhaltung von Mieten

[21] Bonnet-Dupeyron v. Ephraim Meyer, siehe oben S. 65 Note 21 u. S. 108.

und Verträgen über die Errichtung von Gesellschaften. Das andere Merkmal scheint zu sein, ob ein Vertrag nicht nur schuldrechtliche Verpflichtungen, sondern ein absolutes Recht schafft. Dieses Merkmal trifft nicht nur auf Mieten und Verträge über die Errichtung von Gesellschaften, sondern auch auf Hypotheken, Pfänder und Sicherheiten zu.

Die oben in Bezug genommenen Verträge bleiben in Kraft.

> „unter Vorbehalt der Anwendung der während des Krieges von den Alliierten und Assoziierten Mächten erlassenen Gesetze, Verordnungen oder Bestimmungen, schließlich unter Aufrechterhaltung der Vertragsklauseln“ [22].

Der Lausanner Vertrag hält die während des Krieges erlassenen Gesetze oder Verordnungen nicht aufrecht, sondern lediglich „the provisions of the contracts“ (die Bestimmungen der Verträge) und fügt hinzu (Art. 73 Abs. 2):

> This article cannot be invoked in order to give contracts a validity different from that which they had in themselves when they were concluded [23].

Die von der International Law Association vorgeschlagene Bestimmung (Regel 6) geht gleichfalls dahin, daß Verträge, die von der Auflösung ausgenommen werden, in Kraft bleiben, „subject to the provisions of such contracts“ (unter Aufrechterhaltung der Bestimmungen solcher Verträge).

Wir wollen zunächst die Vorschrift behandeln, die nur im Versailler Vertrag zu finden ist, nämlich daß die aufrecht erhaltenen Verträge unterworfen bleiben „to the application of domestic laws, orders or regulations made during the war by the Allied and Associated Powers“ (sollen unterworfen bleiben der Anwendung der während des Krieges von den Alliierten und Assoziierten Mächten erlassenen landesrechtlichen Gesetze, Verordnungen oder Bestimmungen). Das bezieht sich augenblicklich auf durch Gesetz oder Verordnung getroffene Vorschriften, von denen die Verträge, die später durch den Versailler Vertrag von der Auflösung ausgenommen wurden, während des Krieges berührt worden waren. Um ein Beispiel zu geben: In einigen der kriegführenden Länder war der Verwalter feindlichen Eigentums oder ein Beamter in ähnlicher Stellung durch die Kriegsgesetzgebung ermächtigt worden, Vorkriegsverträge mit späteren Feinden aufzuheben. In anderen Län-

---

[22] Die amtliche deutsche Übersetzung lautet: „Unter Vorbehalt abweichender Vertragsbestimmungen“. Die Übersetzung ist ungenau. Vorbehalten werden nicht nur etwaige abweichende Vertragsbestimmungen, sondern die Vertragsbestimmungen schlechthin. Das bestimmen der englische und französische Text ganz unzweideutig.

[23] „Diese Bestimmung kann nicht herangezogen werden, um Verträgen eine andere Gültigkeit zu verleihen als die, welche sie bei ihrem Abschluß hatten.“

dern, z. B. Frankreich und Deutschland waren Gesetze erlassen, wonach gewisse Arten von Vorkriegsverträgen, beispielsweise Verträge über Lieferung von Getreide, ipso facto aufgelöst wurden, oder wonach Gerichte (die ordentlichen Gerichte oder Sondergerichte, wie der Conseil d'Etat in Frankreich oder das Reichs-Wirtschaftsgericht in Deutschland) [24] solche Vorkriegsverträge auflösen konnten. Soweit derartige Maßnahmen von einer der Alliierten oder Assoziierten Mächte ausgingen, blieben sie nach dem Versailler Vertrag gültig, so daß ein Vertrag, wenn er kraft einer solchen landesrechtlichen Bestimmung aufgelöst war, aufgelöst blieb, auch wenn er zu einer Klasse von Verträgen gehörte, die nach dem Versailler Vertrag aufrecht erhalten war.

Wichtiger ist die andere Vorschrift, die im Lausanner Vertrag und den Vorschlägen der International Law Association gleichfalls enthalten ist, nämlich die, daß Verträge, obwohl nach den Friedensverträgen aufrecht erhalten, trotzdem den vertraglichen Bestimmungen unterworfen bleiben. Daß ein Vertrag, falls er aufrecht erhalten wird, seinen Bestimmungen unterworfen bleibt, scheint eine Selbstverständlichkeit. Was bedeutet die Aufrechterhaltung eines Vertrages anderes als die Aufrechterhaltung seiner Bestimmungen? Wenn beispielsweise ein Vertrag über den Verkauf von Ware nach § 2, a des Anhangs aufrecht erhalten wird, weil Eigentum übergegangen ist, wo anders kann die Bestimmung über den Kaufpreis enthalten sein als im Vertrage? Die Bedeutung dieser Vorschrift scheint zu sein, daß selbst solche Vertragsbestimmungen in Kraft bleiben, die mit dem Friedensvertrag in Widerspruch stehen, beispielsweise die Bestimmung, daß der Vertrag durch Kriegsausbruch aufgelöst wird. Bei dieser Auflösung des Vertrages verbleibt es, obwohl er, falls die vertragliche Bestimmung nicht bestände, nach dem Friedensvertrage aufrecht erhalten wäre. Selbst wenn der Friedensvertrag keine besondere Vorschrift enthielte, könnte man sich schwer vorstellen, daß ein Vertrag aufrecht erhalten wird, obwohl er nach seinen eigenen Bestimmungen hinfällig wird. Daß ein Vertrag durch den Friedensvertrag in Verbindung mit dem Landesrecht aufgelöst wird, oder daß ein Friedensvertrag gewisse Vertragsklassen von der Auflösung ausschließt, ist nichts Ungewöhnliches. Aber daß ein Vorkriegsvertrag, der infolge seiner eigenen Bestimmungen bei Kriegsausbruch aufgelöst wird, durch den Friedensvertrag aufrecht erhalten wird, würde nicht so

[24] Die Auflösung eines Vertrages durch das Reichsschiedsgericht für Kriegswirtschaft wird in der Entscheidung des deutsch-englischen Gemischten Schiedsgerichts in Sachen Turkish Petroleum Co. Ltd. v. Deutsche Bank, Rec. VIII, S. 48, erwähnt.

sehr auf eine Ausnahme von der allgemeinen Vorschrift der Auflösung hinauslaufen als auf eine Wiederbelebung eines aufgelösten Vertrages. Wäre dies wirklich die Absicht des Friedensvertrages gewesen, dann würden wahrscheinlich andere Ausdrücke gewählt worden sein. Es wäre dann nicht bestimmt worden, daß gewisse Verträge von der Auflösung ausgenommen werden (Fassung von Art. 299 (b)) oder in Kraft bleiben (Fassung von § 2 des Anhangs), sondern daß die fraglichen Verträge wieder aufleben. Der Versailler Vertrag verwandte nicht nur nicht diesen Ausdruck, sondern man kann aus der Fassung von § 2 des Anhangs die umgekehrte Auslegung ableiten. Wenn Bestimmungen von Verträgen in Kraft bleiben, die von der Auflösung ausgenommen werden, so bleibt auch die Bestimmung in Kraft, daß der Vertrag durch Kriegsausbruch aufgelöst wird. Es sei darauf hingewiesen, daß dieser Vorbehalt der vertraglichen Bestimmungen nur in § 2 des Anhangs enthalten ist, nicht dagegen in Art. 299 (b), wo die Alliierten und Assoziierten Mächte ermächtigt wurden, im Allgemeininteresse die Erfüllung von Verträgen zu fordern, die sonst durch den Friedensvertrag aufgelöst worden wären. Es scheint aber klar, daß der Vorbehalt „unter Aufrechterhaltung der Vertragsbestimmungen" auf die nach Art. 299 (b) aufrecht erhaltenen Verträge ebenso Anwendung findet wie auf die nach § 2 des Anhangs. Der zweite Absatz von Art. 299 (b) bestimmt, daß wenn die Aufrechterhaltung eines Vertrages „thus kept alive" (wörtlich übersetzt: so am Leben erhalten) einer der Parteien einen Nachteil zufügt, sie einen Entschädigungsanspruch hat. Der Ausdruck „kept alive" (am Leben erhalten) würde ein unzutreffender Ausdruck für einen Vertrag sein, der zufolge einer seiner Bestimmungen durch Kriegsausbruch außer Kraft getreten war. Wenn derartige Vertragsbestimmungen außer acht zu lassen wären, dann würde der Vertrag nicht „kept alive" (am Leben erhalten) sein, sondern durch den Friedensvertrag wieder belebt worden sein. Logische und grammatische Auslegungen führen also zu dem Schluß, daß wenn ein von der Auflösung ausgenommener Vertrag eine Bestimmung enthält, daß er durch Kriegsausbruch aufgelöst wird, diese Bestimmung wirksam bleibt [25]. Die Vorschläge der International Law Association führen

[25] Das deutsch-französische Gemischte Schiedsgericht entschied jedoch in Sachen Compagnie Lorraine de Charbon v. Gothaer Waggon-Fabrik, Rec. V, S. 138 f., daß ein Vertrag, dessen Erfüllung die französische Regierung auf Grund von Art. 299 (b) Versailler Vertrag verlangt hatte, erfüllt werden müsse trotz der im Vertrag enthaltenen Bestimmung, der Vertrag werde im Kriegsfalle aufgelöst. Die gleiche Meinung wurde in einer Entscheidung des deutsch-französischen Schiedsgerichts in Sachen Sächsische Webstuhlfabrik v. Lemaire et Bride, Rec. IV, S. 429 f. vertreten.

zu demselben Ergebnis. Nach Regel 6 b l e i b e n bestimmte Klassen von Verträgen in Kraft (nicht: kommen wieder in Kraft), unter Vorbehalt der Vertragsbestimmungen. Derselbe Wortlaut findet sich in Art. 73 des Lausanner Vertrages.

Art. 300 (d) des Versailler Vertrags mag eine gewisse Beziehung zu dem Problem haben. Er bestimmt:

> Ist ein Vertrag zwischen Feinden aufgelöst, und zwar entweder weil eine der Parteien eine Vertragsbestimmung nicht ausgeführt hat oder infolge Ausübung eines im Vertrage ausbedungenen Rechts, so kann die geschädigte Partei das Schiedsgericht um Abhilfe anrufen.

Es ist nicht leicht, diese Vorschrift auszulegen. Da sie nur Anwendung findet, wenn der Vertrag aufgelöst worden ist entweder

a) weil eine Partei eine seiner Bestimmungen nicht ausgeführt hat oder

b) kraft Ausübung eines im Vertrage selbst enthaltenen Rechts, kann sie sich nicht auf Verträge beziehen, die infolge der Bestimmung des Friedensvertrages selbst aufgelöst werden [26]. Sie kann folglich nur auf Verträge anwendbar sein, die nach dem Friedensvertrage von der Auflösung ausgenommen werden. Ein solcher nach dem Friedensvertrag von der Auflösung ausgenommener Vertrag muß, um unter Art. 300 (e) zu fallen, kraft Ausübung eines im Vertrage selbst vorgesehenen Rechts aufgelöst worden sein. Das scheint (aber diese Auslegung wird nur mit großem Vorbehalt unterbreitet) sich auf Verträge zu beziehen, die von der Auflösung nach dem Friedensvertrage ausgenommen sind, aber einer Partei ein Recht verleihen, von dem Vertrag zurückzutreten. Wenn die Partei von diesem Recht Gebrauch macht, dann kann sich die geschädigte Partei an das Gemischte Schiedsgericht wegen Abhilfe wenden. So wurde die Vorschrift vom deutsch-englischen Gemischten Schiedsgericht in Sachen Saxon Tin and Wolfram Mining Co. Ltd. v. German Government [27] verstanden. In diesem Fall waren die einem britischen Staatsangehörigen mit Aufenthalt in Großbritannien zustehenden Aktien einer deutschen Aktiengesellschaft von dieser Gesellschaft nach § 219 HGB für kraftlos erklärt, weil auf ein während des Krieges eingefordertes Kapital keine Einzahlung geleistet worden war. Das Gericht wandte Art. 300 (d) auf den Fall an und entschied, daß der britische Aktionär einen Anspruch auf Entschädigung habe, und zwar gegen die deutsche

[26] Ebenso deutsch-englisches Gemischtes Schiedsgericht i. S. Haxton v. Deutsches Reich vom 12. 12. 22 (Claim 243, nicht veröffentlicht) und Isay, S. 267.

[27] Rec. V, S. 658 f.

Regierung[28]. Falls dies die zutreffende Auslegung dieser Vorschrift ist, unterstützt sie die oben entwickelte Ansicht, daß eine Bestimmung in von der Auflösung ausgenommenen Verträgen, kraft deren eine der Parteien unter gewissen Bedingungen den Vertrag auflösen darf, in Kraft bleibt, vorbehaltlich des Rechts der geschädigten Partei, das Gemischte Schiedsgericht wegen Abhilfe anzurufen.

Welches Landesrecht findet auf einen nach dem Friedensvertrag aufrecht erhaltenen Vertrag Anwendung? Augenscheinlich das nach allgemeinen Grundsätzen des Internationalen Privatrechts zu ermittelnde Landesrecht. Wenn kraft solcher Grundsätze ein Vertrag englischem Recht untersteht, bleibt er ihm unterworfen, falls er nach dem Friedensvertrag aufrecht erhalten wird. Der Wortlaut von § 2 des Anhangs, wo „das Landesrecht, Verordnungen und Vorschriften, die während des Krieges erlassen sind", in bezug genommen werden, könnte zu dem Schlusse führen, daß nur die Kriegsgesetzgebung anwendbar ist, nicht dagegen das Recht aus der Vorkriegszeit. Ein solcher Schluß wäre indeß irrig[29]. Wenn ein Vertrag aufrecht erhalten wird, so muß er unter dem Recht stehen, das auf ihn anwendbar ist, sofern nicht der Friedensvertrag, der die Verträge aufrecht erhält, neues Recht einführt, was die Friedensverträge von 1919 und 1923 nicht taten. Ein Gemischtes Schiedsgericht muß deshalb, wenn es einen Streit aus einem aufrecht erhaltenen Vorkriegsvertrage zu entscheiden hat, das auf den Vertrag anwendbare Landesrecht berücksichtigen, was zu dem Ergebnis führen kann, daß der Vertrag hinfällig wird. Das Schiedsgericht würde ihn dann als hinfällig geworden zu behandeln haben, da die Aufrechterhaltung des Vertrages nach dem Friedensvertrage ihm keine größere Gültigkeit verleiht, als er sie nach dem auf ihn anwendbaren Rechte besaß. Das türkisch-englische Gemischte Schiedsgericht[30] wandte diesen Grundsatz wiederholt auf Verträge

---

[28] In der Literatur war streitig, ob die nach Art. 300 (d) geschuldete Entschädigung von der deutschen Regierung oder von der Gegenpartei zu zahlen ist. Ich hatte mich dafür ausgesprochen, daß sie von der deutschen Regierung zu zahlen sei (Privatrechtliche Beziehungen, S. 28), Isay, S. 268, für die umgekehrte Auffassung. Das Gemischte Schiedsgericht hat sich in der in der obigen Fußnote zitierten Entscheidung meiner Auffassung angeschlossen.

[29] Ebenso Isay, S. 251.

[30] Seiri-Sefain v. The Rennie Forest Shipbuilding Ltd. and Others, Rec. VIII, S. 988 f.; Gouvernement Turc v. Armstrong, Whitworth and Others, ebenda, S. 996 f.; Gouvernement Turc v. Vickers, Ltd., ebenda, S. 1002 f.; siehe ferner Entscheidung des bulgarisch-belgischen Gemischten Schiedsgerichts, re Tramways Electriques de Sofia v. Etat Bulgare et uni Municipalité de Sofia, Rec. III, S. 336 f., und des österreichisch-belgischen Gemischten Schiedsgerichts in Compagnie des Eaux de Vienne v. Etat Autrichien et Commune de Vienne, Rec. III, S. 578 f., wo entschieden wurde, der Ausdruck „les clauses des contracts" schließe ein „le droit auquel le contrat est soumis".

an, die nach Art. 73 Lausanner Vertrag aufrecht erhalten waren: In allen diesen Fällen entschied es, daß die Partei eines nach dem Lausanner Vertrage aufrecht erhaltenen Vertrage das Recht hatte, Einwendungen vorzubringen, die nach Landesrecht bestanden, wie Rücktritt, Unmöglichkeit der Erfüllung und ähnliche.

5. Bestimmungen der Friedensverträge von 1947

Die Friedensverträge von 1947 enthalten überhaupt keine Bestimmungen über aufrecht erhaltene Verträge. Weder können die Alliierten und Assoziierten Regierungen die Aufrechterhaltung von Verträgen im allgemeinen Interesse fordern, noch enthalten die Friedensverträge einen Katalog von aufrecht erhaltenen Verträgen. Die ersten Entwürfe, die von dem Rat der Auswärtigen Minister für die Friedens-Konferenz vorbereitet worden waren, enthielten solche Bestimmungen, und zwar in dem Anhang, der sich auf Verträge, Verjährung und Handelspapiere bezieht. Klausel I dieser ersten Entwürfe enthielt einen Unterabschnitt 2, worin unter den Buchstaben a) bis e) gewisse Vertragsarten aufgeführt wurden, die von der Auflösung ausgenommen sein sollen, und worin unter f) jeder siegreichen Macht die Befugnis erteilt wurde, innerhalb gewisser Frist die Ausführung bestimmter Verträge zu verlangen. Wie es gekommen ist, daß die endgültigen Friedensverträge diesen Vorschlag nicht übernommen haben, ist nicht bekannt. Tatsache ist jedenfalls, daß die Verträge von 1947 keine Ausnahme von der Auflösung von Vorkriegsverträgen zulassen.

Eins ist hiernach sicher: die Siegermächte haben nicht das Recht, das ihnen nach dem Versailler Vertrag zustand, die Durchführung bestimmter Verträge oder Vertragsgattungen zu verlangen. Wenn ein Vorkriegsvertrag nach dem Friedensvertrag aufgelöst wird, so kann keine Siegermacht daran etwas ändern. Auf der anderen Seite liegt die Sache nicht so einfach, daß alle Vorkriegsverträge, die in die Klasse der nach dem Versailler Vertrag aufrecht erhaltenen Verträge fallen, nach den Friedensverträgen von 1947 aufgelöst werden. Wir haben gesehen [31], daß es Arten von Verträgen gibt, deren Aufrechterhaltung der Versailler Vertrag nicht vorsah, und die trotzdem nach der Natur der Sache aufrecht erhalten bleiben, vor allem familienrechtliche Verträge. Ferner kann bei der Aufstellung des Katalogs der nach dem Versailler Vertrag aufrecht erhaltenen Verträge die eine oder andere Vertragsgattung zur

[31] Vgl. oben S. 66.

Sicherheit in diesen Katalog aufgenommen worden sein, obwohl sie schon aus allgemeinen Erwägungen nicht der Auflösung verfallen würde. Das läßt sich nicht mit Sicherheit beweisen, weil über die Vorarbeiten des Versailler Vertrages nur wenig bekannt geworden ist, aber der Gedanke liegt um so näher, als Großbritannien, also eine der vertragschließenden Mächte, hinsichtlich einer Gattung von Verträgen, deren Ausführung nach Art. 299 (b) verlangt wurde, einem solchen Gedanken Ausdruck gab. In einer Note vom 24. 7. 1920 [32] verlangte die Britische Regierung „the execution of contracts conferring proprietary rights on share-holders or debenture-holders of companies and of contracts for the constitution of companies" [33] und erläuterte dies dahin: „the dissolution of contracts by Art. 299 is not considered to affect the proprietary interests of share-holders or debenture-holders of companies or the constitution of companies, but in order that no doubt may exist on the point, notice is given in accordance with Art. 299 (b) that the execution of such contracts is required" [34]. Höchst wahrscheinlich hat bei manchen in die Kategorie der aufrecht erhaltenen Verträge aufgenommenen Vertragsgattungen gleichfalls der Gedanke mitgespielt, daß ihre Auflösung nach Art. 299 nicht erfolgen würde, daß aber, um keinen Zweifel bestehen zu lassen, eine Bestimmung über die Aufrechterhaltung dieser Vertragsgattungen in den Versailler Vertrag aufgenommen wurde.

Man kann also nicht ohne weiteres sagen, daß nach den Friedensverträgen von 1947 alle Vorkriegsverträge aufgelöst werden, vielmehr ist im Hinblick auf jede einzelne Vertragsgattung zu prüfen, ob nicht ihre Aufrechterhaltung auch ohne Bestimmung in den Friedensverträgen aus allgemeinen Erwägungen folgt.

Das wird ohne weiteres für familienrechtliche Verträge zu bejahen sein. Es wäre schlechthin widersinnig, wollte man annehmen, daß der Aufenthalt von Mann und Frau in zwei feindlichen Ländern die Auflösung der Ehe zur Folge hätte. Sehr viel zweifelhafter ist die Lage bei einigen der in § 2 des Anhangs zu Art. 303 aufrecht erhaltenen Verträgen. Die in Ziffer a) behandelten Verträge (Verträge zum Zweck der Übertragung von Eigentum, wenn ent-

---

[32] I. W. S. Armstrong, War and Treaty Legislation, 1914/21, S. 429.

[33] „Die Erfüllung von Verträgen, die Eigentumsrechte für Aktionäre oder Obligationäre von Gesellschaften schaffen, und von Verträgen für die Errichtung von Gesellschaften."

[34] „Es wird nicht angenommen, daß die Auflösung von Verträgen nach Art. 299 Eigentumsrechte von Aktionären oder Obligationären von Gesellschaften oder die Errichtung von Gesellschaften berühre. Aber damit über diesen Punkt kein Zweifel entsteht, wird auf Grund von Art. 299 (b) hiermit die Erklärung abgegeben, daß die Erfüllung solcher Verträge verlangt wird."

weder das Eigentum übergegangen oder der Gegenstand ausgeliefert worden ist) dürften nach den Friedensverträgen von 1947 aufgelöst sein. Die Aufrechterhaltung derartiger Verträge folgt nicht aus allgemeinen Erwägungen, sondern bedurfte einer positiven Bestimmung. Mietverträge und Mietversprechen (Ziffer b) dürften nach den Friedensverträgen von 1947 sicher der Auflösung verfallen, falls sie bewegliche Gegenstände betreffen. Bei Mieten von Liegenschaften und Häusern ist m. E. zu unterscheiden, ob nach der lex loci rei sitae der Mietvertrag nur ein obligatorisches oder ein dingliches oder quasidingliches Recht verschafft. Im 1. Falle ist der Vertrag aufgelöst, im 2. Falle bleibt er bestehen, weil es sich dabei, um nochmals den Ausdruck von Lord Dunedin zu gebrauchen, um ein „concomitant of right of property", oder, um den Ausdruck in der oben angeführten Note der Britischen Regierung zu benutzen, um ein „proprietary right" handelt. Aus dem gleichen Grunde dürften Verträge über Hypotheken, Pfänder und Sicherstellungen aufrecht erhalten sein, denn auch bei ihnen handelt es sich um mehr als um eine vertragliche Bindung, nämlich um ein dingliches Recht. Dabei darf natürlich nicht übersehen werden, daß solche Verträge nur akzessorischer Natur und von dem Bestehen der Forderung abhängig sind, zu deren Sicherung sie dienen. Erlischt die Forderung, so erlischt damit auch die Hypothek oder das Pfand, aber die Erlöschung erfolgt nicht auf Grund des Friedensvertrages, sondern wegen Untergangs der gesicherten Forderung.

Konzessionen über Bergwerke usw. (d) gehen gleichfalls über den Rahmen obligatorischer Bindung hinaus und bleiben deshalb aufrecht erhalten, und zwar gilt dies sowohl von Konzessionen über Bergwerke, Steinbrüche oder Lagerstätten (d) wie von Konzessionen, die von Staaten oder kommunalen Körperschaften verliehen worden sind (2. Teil von Ziffer e). Dagegen sind Verträge zwischen Privaten einerseits und Staaten, Provinzen und anderen kommunalen Körperschaften im allgemeinen von der Auflösung nicht ausgenommen. Diese Bestimmung unter Ziffer e) über die Aufrechterhaltung von Verträgen mit öffentlichen Körperschaften war von den Gemischten Schiedsgerichten sehr weit ausgelegt worden. Es wurden z. B. Verträge über die Beförderung von Gepäck durch staatliche Eisenbahnen unter diese Kategorie gebracht und deshalb dem Eigentümer verloren gegangenen Gepäcks Schadensersatzansprüche zugebilligt [35]. Es spricht kein innerer Grund dafür,

[35] Vgl. deutsch-belgisches Schiedsgericht De Joncker Rec. II, S. 221; deutsch-französisches Schiedsgericht, Franz und Hourcade v. Deutschen Staat, Rec. I, S. 781; Isay, S. 246.

derartige Verträge nach den Friedensverträgen von 1947 als aufrecht erhalten anzusehen. Verträge über Schenkungen und mildtätige Zuwendungen, die zwar nicht im Versailler Vertrag, wohl aber im Lausanner Vertrag und den Vorschlägen der International Law Association aufrecht erhalten waren, dürften nach den Friedensverträgen von 1947 der Auflösung verfallen; auch hier ist kein Grund ersichtlich, warum solche Verträge rein obligatorischen Inhalts von der Auflösung ausgenommen sein sollten. Dagegen dürften Verträge über die Errichtung von Kapitalgesellschaften aufrecht erhalten sein, weil sie, wie in der oben angeführten Note der britischen Regierung dargelegt, den Aktionären proprietary interests verleihen und deshalb über den Rahmen rein obligatorischer Verträge hinausgehen.

Es kann nicht verkannt werden, daß die oben entwickelte Auffassung, familienrechtliche Verträge, Mietverträge (sofern sie nach der lex loci rei sitae dingliche Rechte begründen), Verträge über Hypotheken und Pfänder, Konzessionen, endlich Verträge über Errichtung von Kapitalgesellschaften würden trotz des Fehlens einer Bestimmung in den Friedensverträgen von 1947 nicht aufgelöst, auf etwas unsicherem Boden steht. Sie scheint mir aber immer noch eher annehmbar als die Auffassung, diese Verträge seien aufgelöst, obwohl sie doch über den Rahmen rein obligatorischer Bindungen hinausgehen. Eine gewisse Bestätigung für diese Auffassung findet sich in dem 2. Absatz des Artikels in den Friedensverträgen, der von „debts“ (Schulden) handelt. Nach dieser Bestimmung soll keine Vorschrift der Friedensverträge dahin ausgelegt werden, sofern es nicht „otherwise expressly provided“ (falls es nicht anderswo ausdrücklich vorgeschrieben) ist, daß sie Gläubiger-Schuldner Beziehungen aus Vorkriegsverträgen mit der Regierung oder den Angehörigen des besiegten Staates berühre. Hiernach geht die Tendenz dahin, solche Gläubiger-Schuldner-Beziehungen aufrecht zu erhalten, und eine Ausnahme bedarf einer ausdrücklichen Bestimmung im Friedensvertrag. Das rechtfertigt es, die Bestimmung in dem Anhang, die von den Verträgen handelt, einschränkend auszulegen. Wenn es in diesem Anhang heißt, daß Vorkriegsverträge, „die zu ihrer Ausführung Verkehr zwischen den Vertragsparteien bedingen“, aufgelöst sind, so muß sie auf Verträge beschränkt werden, welche ausschließlich schuldrechtliche Beziehungen schaffen. Es muß aber zugegeben werden, daß diese Auslegung mit dem Wortlaut nicht ohne weiteres vereinbar ist.

Schließt man sich dieser Auffassung an, so entsteht die weitere Frage, welchem Recht die so aufrecht erhaltenen Verträge unterstehen. Natürlich dem nach international-privatrechtlichen Grundsätzen anwendbaren Landesrecht. Wie steht es aber mit vertraglichen Bestimmungen? Die Frage mag von geringer praktischer Bedeutung erscheinen, denn im Gebiet des Sachenrechts, dem die meisten der nach meiner Auffassung aufrecht erhaltenen Vertragstypen angehören, besteht im allgemeinen keine Vertragsfreiheit. Es gibt immerhin gelegentlich auch auf dem Gebiete des Sachenrechts Raum für vertragliche Vereinbarungen. Als ein Beispiel sei auf die Bestimmung des § 1160 des deutschen BGB hingewiesen, daß der Geltendmachung einer Hypothek widersprochen werden kann, wenn der Gläubiger den Hypothekenbrief nicht vorlegt. Der Eigentümer kann aber auf dieses Recht, der Geltendmachung der Hypothek mangels des Briefes zu widersprechen, rechtswirksam verzichten [36], und ein solcher Verzicht darf in das Grundbuch eingetragen werden. Bleibt, wie vorstehend angenommen, eine vor dem Kriege bestellte Hypothek trotz des Feindwerdens von Eigentümer und Gläubiger aufrecht erhalten, so muß ein etwa zwischen den Parteien vereinbarter Verzicht auf das Recht aus § 1160 BGB als ein Bestandteil des so aufrecht erhaltenen Vertrages gleichfalls aufrecht erhalten werden.

Im Zusammenhang mit Pfandverträgen enthielten die Friedensverträge von 1919 und 1923 und die Vorschläge der International Law Association eine Bestimmung über eine während des Krieges, ohne vorherige Androhung erfolgte Verwertung des Pfandes [37]. Die Bestimmung ging im wesentlichen dahin, daß die Unterlassung einer vorherigen Androhung des Pfandverkaufs den Verkauf nicht ungültig mache, wenn der Gläubiger in gutem Glauben und mit angemessener Sorgfalt gehandelt habe. Da die Friedensverträge von 1947 überhaupt keine Bestimmung über Aufrechterhaltung von Pfändern enthalten, sagen sie natürlich auch nichts über die Verwertung von Pfändern. Selbst wenn man der oben entwickelten Auffassung zustimmt, daß Pfandverträge trotz des Fehlens einer Bestimmung in den Friedensverträgen von 1947 in Kraft bleiben, wird man m. E. nicht annehmen können, daß die Bestimmung der früheren Friedensverträge über die Gültigkeit einer Pfandverwertung ohne vorherige Androhung auch für die Verträge von 1947 gilt. An sich hat die Frage der Aufrechterhaltung eines Pfandes mit der Frage der Verwertung dieses Pfandes nichts zu tun. Die Aufrechterhaltung des Pfandes hat, wie ausgeführt, allerdings zur logischen Folge, daß die gesetzlichen und wohl auch etwaige ver-

[36] Reichsgericht: RGZ 57 S. 342.

[37] § 5 des Anhangs hinter Art. 303 Versailler Vertrag, Art. 81 Lausanner Vertrag, Regel 5 (c) der International Law Association.

tragliche Bestimmungen über das Pfand in Kraft bleiben. Aber die Bestimmung über Rechtmäßigkeit der Pfandverwertung ohne vorherige Androhung bedeutet ja gerade eine Abweichung von den gesetzlichen Bestimmungen, und deshalb bedürfte es einer Vorschrift in den Friedensverträgen von 1947. Da sie nicht darin enthalten ist, muß die Gültigkeit einer während des Krieges ohne vorherige Androhung erfolgten Pfandverwertung nach den Vorschriften des anwendbaren Landesrechts, in der Regel wohl des der belegenen Sache, beurteilt werden.

Die Aufrechterhaltung etwaiger vertraglicher Bestimmungen muß der Natur der Sache nach auch für familienrechtliche Verträge gelten. Es kann z. B. in einem Adoptionsvertrage die Nutznießung des Annehmenden an dem Vermögen des Kindes sowie das Erbrecht des Kindes dem Annehmenden gegenüber ausgeschlossen werden [38], oder es kann im Annahmevertrag bestimmt werden, daß das Kind seinem neuen Namen den früheren Familiennamen nicht hinzufügen darf [39]. Wird der Adoptionsvertrag — und daran kann doch wohl kein Zweifel sein — trotz Feindwerden von Adoptivvater und Adoptivkind aufrecht erhalten, so müssen Bestimmungen des Adoptionsvertrages, durch welche von den gesetzlichen Vorschriften abgewichen wird, als integrierende Bestandteile des Adoptionsvertrages gleichfalls aufrecht erhalten werden [40].

12. Kapitel

Aussetzungsklauseln

Verträge enthalten nicht selten Bestimmungen über die Folgen des Kriegsausbruchs, falls der Vertrag zu diesem Zeitpunkt nicht oder noch nicht voll erfüllt ist. Es wird häufig bestimmt, daß die Erfüllung des Vertrages während des Krieges aufgeschoben und erst nach Kriegsende wieder aufgenommen werden soll. Wenn der fragliche Vertrag zu den nach dem Friedensvertrag aufgelösten Verträgen gehört, hat eine solche Bestimmung zur Folge, daß die Auflösung nicht Platz greift, der Vertrag vielmehr in Kraft bleibt und bis zum Kriegsende lediglich aufgeschoben wird? Es kann kein Zweifel sein, daß ein Friedensvertrag den Vereinbarungen zwischen den Parteien vorgeht. Bestimmt ein Friedensvertrag, daß der Vertrag aufgelöst ist, so erstreckt sich die Auflösung auch

---

[38] § 1767 BGB.
[39] § 1758 Abs. 2 BGB.
[40] Wegen der Aufrechterhaltung von Eheverträgen vgl. oben S. 67.

auf die Aussetzungsklausel, denn es wäre ein Widerspruch in sich, anzunehmen, daß ein Vertrag, obwohl er zufolge des Friedensvertrages aufgelöst wird, auf Grund einer Klausel in Kraft bleibt, die doch einen Teil des aufgelösten Vertrages bildet. Das Problem kam während des ersten Weltkrieges wiederholt vor englische Gerichte, die immer entschieden, daß ungeachtet der Aussetzungsklausel die Verträge aufgelöst und nicht nur aufgeschoben seien[1]. Diese während des ersten Weltkrieges erlassenen Entscheidungen stützten sich natürlich ausschließlich auf englisches Recht und hatten mit dem Versailler Vertrag nichts zu tun, der damals noch garnicht geschlossen war. Immerhin verdienen sie Erwähnung, denn wenn das Landesrecht Aussetzungsklauseln vorgeht, dann geht ihnen der Friedensvertrag ebenso vor. Eine Entscheidung des deutsch-rumänischen Schiedsgerichts[2] betrifft diese Frage:

Die Parteien eines Vertrages für die Lieferung gewisser Waren hatten nach Kriegsausbruch, aber vor Eintritt Rumäniens in den Krieg vereinbart, daß die Lieferung erst nach dem Ende der Feindseligkeiten stattfinden solle. Das Gericht entschied, daß diese Bestimmung, auf die sich eine der Parteien bezogen hatte, als ein Teil des Vorkriegsvertrages angesehen werden müsse und deshalb mit diesem Vertrag durch den Friedensvertrag aufgelöst worden sei. Das umgekehrte Problem, ob eine Klausel in einem durch den Friedensvertrag aufrecht erhaltenen Vertrage, daß der Vertrag durch Kriegsausbruch aufgelöst werde, wirksam bleibt, ist in dem vorangehenden Kapitel erörtert.

13. Kapitel

Verträge, die teils aufgelöst, teils aufrecht erhalten sind

Es gibt Verträge, die nach ihrer Natur teils der Kategorie der aufgelösten, teils der Kategorie der aufrecht erhaltenen Verträge angehören. Der Versailler Vertrag enthielt für solche Verträge eines gemischten Charakters eine Bestimmung in § 3 des Anhangs hinter Art. 303, die folgendermaßen lautet:

---

[1] S. besonders die Entscheidungen des House of Lords in Sachen Ertel Bieber & Co. v. Rio Tinto Co. [1918] A. C. 260. Friedrich Krupp A. G. v. Orconera Iron Ore Co. (1919) 88 L. J. Ch. 304, ferner Mc Nair, S. 93 f. sowie 158.

[2] Braunstein v. Ölwerke Germania, Rec. IX S. 443. Die Entscheidung des italienisch-österreichischen Gemischten Schiedsgerichts Anglo Elementarversicherung v. La Providence, Rec. VIII, S. 653, betraf eine nach Inkrafttreten des Friedensvertrages geschlossene Vereinbarung, durch welche die Parteien auf die Auflösung des Vertrages verzichteten. Es wurde entschieden, daß die Vereinbarung gültig sei.

Sind gemäß Art. 299 die Bestimmungen eines Vertrages teilweise aufgehoben, lassen sich aber die aufgehobenen von den übrigen Bestimmungen des Vertrages trennen, so bleiben die übrigen Bestimmungen des Vertrages vorbehaltlich der Anwendung der in § 2 bezeichneten Gesetze, Verordnungen und inneren Vorschriften in Kraft. Lassen sie sich nicht trennen, so gilt der Vertrag als in seiner Gesamtheit aufgehoben.

Der Lausanner Vertrag enthielt keine derartigen Bestimmungen. Regel 15 International Law Association ist im wesentlichen identisch mit § 3 des Anhangs des Versailler Vertrags. In den Pariser Verträgen von 1947 enthält der von Verträgen handelnde Anhang unter A 2 folgende Bestimmung:

Ungeachtet der obigen Bestimmungen des Abschnittes 1 sollen von der Auflösung ausgenommen sein und ohne Beeinträchtigung der in Art. . . . dieses Vertrages enthaltenen Rechte in Kraft bleiben solche Teile des Vertrages, die trennbar sind und für ihre Ausführung keinen Verkehr zwischen irgendwelchen der Vertragsparteien bedingen, die Feinde im Sinne von Teil D dieses Anhangs geworden sind. Wenn die Bestimmungen eines solchen Vertrages nicht trennbar sind, soll der Vertrag als in seiner Gesamtheit aufgelöst gelten. Das Vorstehende soll der Anwendung landesrechtlicher Gesetze, Verordnungen oder Vorschriften unterworfen sein, die von irgendeiner Alliierten oder Assoziierten Macht erlassen sind, die Jurisdiktion über den Vertrag oder eine der Vertragsparteien hat, und soll ferner den Bestimmungen des Vertrages unterworfen sein.

Ein Beispiel für die Anwendung dieser Bestimmung bildet ein Vertrag über eine Offene Handelsgesellschaft, worin ein im Eigentum eines Gesellschafters stehendes Haus der Offenen Handelsgesellschaft vermietet wird. Offene Handelsgesellschaften werden zweifellos aufgelöst, wenn zwei oder mehr der Gesellschafter Feinde werden. Auf der anderen Seite blieb ein Mietvertrag über ein Haus nach dem Versailler und Lausanner Vertrage zweifellos in Kraft, und dasselbe muß m. E. für die Pariser Friedensverträge von 1947 dann angenommen werden, wenn nach dem Recht der belegenen Sache ein Mietsvertrag ein dingliches oder quasi-dingliches Recht begründet. Ist der Mietvertrag aufrecht erhalten, oder ist die gesamte Vereinbarung — Offene Handelsgesellschaft und Mietvertrag — aufgelöst? Nach § 3 wird der Mietvertrag aufrecht erhalten, wenn er und der Gesellschaftsvertrag trennbar sind, dagegen wird das Gesamtabkommen aufgelöst, wenn sie nicht trennbar sind. § 3 gibt nicht an, welches Merkmal für die Trennbarkeit oder Nichttrennbarkeit entscheidend ist. Im englischen Recht wurde ursprünglich angenommen, daß die Teilbarkeit oder Unteilbarkeit eines Vertrages von der Teilbarkeit oder Unteilbarkeit der Gegenleistung abhinge [3]. Aber seit einer neueren Entscheidung des House

[3] Halsbury, Laws of England (Halsham Edition), Bd. 7, S. 334 und dort angeführte Entscheidungen.

of Lords [4] kommt es auf die Absicht der Parteien an. Wenn die Absicht der Parteien auf den Gesamtvertrag geht, mit anderen Worten, wenn man durch Herausnahme einiger der Vertragsbestimmungen den Parteien einen anderen Vertrag aufnötigen würde als den, den sie zu schließen beabsichtigen, dann gilt der ganze Vertrag als aufgehoben. Der Gedanke entspricht dem des § 139 BGB [5].

Wendet man dieses Merkmal auf das obige Beispiel eines Gesellschaftsvertrages an, in welchem das Haus eines Gesellschafters der Gesellschaft vermietet wird, so hängt das Ergebnis natürlich von den Umständen des konkreten Falles ab. Es kommt darauf an, ob die Parteien den Mietvertrag nicht abgeschlossen hätten, wenn sie nicht gleichzeitig ein Gesellschaftsverhältnis begründet hätten; von ganz besonderen Umständen abgesehen dürfte anzunehmen sein, daß die Parteien den Abschluß des Mietvertrages nur mit Rücksicht auf das Gesellschaftsverhältnis vorgenommen haben.

Die Friedensverträge von 1947 stellen gleichfalls auf die Trennbarkeit ab [6]. Das Problem wird auf Grund der Friedensverträge von 1947 häufiger auftauchen als auf Grund der früheren Friedensverträge, denn da nach den Verträgen von 1947 Vorkriegsverträge nur aufgelöst sind, wenn sie Verkehr mit der anderen Partei bedingen, werden Verträge häufig zu beurteilen sein, deren Ausführung nur teilweise einen solchen Verkehr bedingt. Ein Beispiel: ein Kaufvertrag enthält eine Konkurrenzklausel. Da die Konkurrenzklausel wie jede Unterlassungsverpflichtung keinen Verkehr mit der anderen Partei erfordert, bleibt eine Konkurrenzklausel als solche aufrecht erhalten; der Kaufvertrag dagegen wird aufgelöst, weil sowohl die Leistungen des Verkäufers wie die des Käufers einen Verkehr mit dem Feinde bedingen. Es könnte deshalb die Frage auftauchen, ob etwa trotz der Auflösung des eigentlichen Kaufvertrages die Konkurrenzklausel aufrecht erhalten bleibt. Das hängt von der Absicht der Parteien ab; in aller Regel würden die Parteien die Konkurrenzklausel wohl nie eingegangen sein, wenn nicht der Kaufvertrag gleichzeitig geschlossen worden wäre.

Der Schlußsatz in Abschnitt 2 der Bestimmung in den Pariser Verträgen fehlt im Versailler Vertrag. Er stimmt im wesentlichen mit der Bestimmung im § 2 des Anhangs zu Art. 303 Versailler Vertrag überein, welche Bestimmung sich auf die nach dem Ver-

---

[4] Denny Mott and Dickson Ltd. v. James B. Fraser & Co. Ltd. [1944] 1 All E. R. 678.

[5] Vgl. Isay, S. 238. Ich hatte (Privatrechtliche Beziehungen, S. 42) die Ansicht vertreten, es käme nicht auf die subjektive Absicht, sondern auf die objektive Trennbarkeit an. Diese Ansicht möchte ich nicht aufrecht erhalten.

[6] S. die S. 141 im Wortlaut wiedergegebene Bestimmung.

sailler Vertrag aufrecht erhaltenen Verträge bezieht. Zur Erläuterung der betreffenden Bestimmung in den Friedensverträgen von 1947 kann deshalb auf die Ausführungen in Kapitel 12 Nr. 4 verwiesen werden. Alles, was dort hinsichtlich der Anwendung von Landesrecht oder von vertraglichen Bestimmungen auf die aufrecht erhaltenen Verträge ausgeführt worden ist, gilt nach den Friedensverträgen von 1947 für Vertragsteile, die aufrecht erhalten werden, weil einerseits ihre Erfüllung keinen Verkehr mit dem Feinde bedingt und sie sich andererseits von den übrigen Vertragsteilen trennen lassen. Erwähnt sei, daß der Vorbehalt der während des Krieges von den Alliierten und Assoziierten Mächten erlassenen Gesetze, Verordnungen oder Vorschriften nach den Friedensverträgen von 1947 dadurch qualifiziert wird, daß diese Gesetze erlassen sind [7].

„by any of the Allied and Associated Powers having jurisdiction over the contract or over any of the parties thereto".

Der Sinn wird etwas deutlicher in dem französischen Text, der die Anwendung der Gesetze usw. vorbehält.

„édicté par telle ou telle des puissances alliées ou associées de la juridiction de laquelle relève le contrat ou l'une des quelconques parties au contrat."

Anscheinend will diese Bestimmung besagen, daß die gesetzlichen Vorschriften, die auf die etwa aufrecht erhaltenen Teile des Vertrages Anwendung finden, von einer Macht ausgehen müssen, der Gebietshoheit (Jurisdiktion) über eine der Vertragsparteien zukommt. Dem würde so sein, auch wenn es die Friedensverträge von 1947 nicht ausdrücklich bestimmten: daß auf aufrecht erhaltene Teile eines Vertrages zwischen einem Franzosen und einem Italiener nicht Normen Anwendung finden können, die von Großbritannien erlassen sind, ist klar. Für die Anwendung solcher Normen genügt es aber auch, daß der Macht, welche sie erlassen hat, Gebietshoheit (Jurisdiktion) über den Vertrag zukommt (juridiction de laquelle relève le contrat; having jurisdiction over the contract). Man kann sich schwer eine kriegführende Macht vorstellen, die zwar Gebietshoheit über den Vertrag, nicht aber über eine der vertragschließenden Parteien besitzt. Vielleicht ist daran gedacht, daß der Leistungsort eines Vertrages in einem anderen Lande liegt als dem, dem die vertragsschließenden Parteien angehören. Wenn z. B. für einen Vertrag zwischen einem Franzosen und einem Italiener ein englischer Leistungsort — kraft Gesetzes oder Parteivereinbarung — besteht, kommt dann Großbritannien

---

[7] „von einer der Alliierten oder Assoziierten Mächte, die über den Vertrag oder eine der Vertragsparteien Gebietshoheit hat".

im Sinne der Friedensverträge von 1947 „jurisdiction over the contract" zu, so daß von Großbritannien erlassene Anordnungen auf die etwa aufrecht erhaltenen Teile des Vertrages anwendbar sind? Anscheinend ja.

Der § 3 des Anhangs hinter Art. 303 Versailler Vertrag ist in mehreren Entscheidungen der Gemischten Schiedsgerichte angewandt worden. Die Entscheidung in Sachen Ehrhardt und Sehmer A. G. v. Albright & Wilson Ltd.[8] betraf einen Vertrag, worin sich eine deutsche Gesellschaft verpflichtet hatte, für eine englische Gesellschaft eine Maschine zu bauen, sie nach Antwerpen zu schicken und sie dort durch von ihr zu stellende Techniker montieren zu lassen. Bei Kriegsausbruch war die Montierung der Maschine noch in der Ausführung begriffen und wurde von der deutschen Gesellschaft eingestellt. Sie klagte die letzte Rate des Kaufpreises ein. Das Gericht entschied, daß nur die Vertragsbestimmungen, die sich auf die Montierung der Maschine bezogen, durch den Kriegsausbruch aufgelöst seien, daß sie sich aber von den Bestimmungen über die Lieferung der Maschine trennen ließen, welche letzteren aufrecht erhalten seien mit Rücksicht darauf, daß das Eigentum an der Maschine vor Kriegsausbruch auf die englische Gesellschaft übergegangen sei. Das Gericht gab jedoch nicht an, welches Merkmal es für die Trennbarkeit der Bestimmungen anwandte. § 3 wurde ferner vom deutsch-englischen Gemischten Schiedsgericht in Sachen Lüttges & Co. v. Ormiston & Glaß Ltd. und Büsse v. British Manufacturers Stationery Co. angewandt[9]. Die Frage stand zur Entscheidung, ob der Verkäufer den Kaufpreis für Waren fordern konnte, die er dem Frachtführer übergeben, die der Käufer aber nicht erhalten hatte. Die Entscheidung hing von der Frage ab, ob eine Geldverpflichtung bereits entstanden war, mit anderen Worten, ob die Auslieferung der Ware an den Frachtführer die Verpflichtung des Käufers zur Zahlung des Kaufpreises zur Entstehung gebracht hatte. In einer früheren Entscheidung, wo die Ware vor Kriegsausbruch in Verlust geraten war, hatte das Gericht[10] diese Frage bejaht. Aber in den späteren Fällen, wo der Verlust der Ware erst nach Kriegsausbruch eingetreten war, entschied das Gericht, daß nach deutschem Recht der Verkäufer bei Kriegsausbruch noch nicht alle ihm obliegenden Verpflichtungen erfüllt habe, folglich keine Schuld entstanden sei, der Vertrag auch

[8] Rec. IX, S. 20 f.

[9] Siehe vorstehend S. 118.

[10] Koch v. Little, Fall 1625, unveröffentlicht. Dieselbe Meinung wurde vom deutsch-französischen Gemischten Schiedsgericht in Sachen Metallgesellschaft v. Société Alsacienne de Constructions mécaniques. Rec. X, S. 60 f., vertreten.

nicht nach § 2 des Anhangs aufrecht erhalten sei, weil die Ware weder übergeben noch das Eigentum an ihr übergegangen sei. Insoweit dürften diese Entscheidungen, die, nebenbei bemerkt, sehr interessante Probleme des Internationalen Privatrechts berühren, unangreifbar sein. Weniger überzeugend sind sie in der Behandlung eines Arguments, das anscheinend von dem deutschen Verkäufer vorgebracht und auf § 3 des Anhangs gestützt war. Das Gericht nahm zu diesem Argument, wie folgt, Stellung:

> Die Befreiung des Verkäufers auf Grund der Auflösung des Vertrages muß so angesehen werden, daß sie auch die Befreiung des Käufers mit sich bringt [11].
>
> ... Art. 299 (a) löst Verträge im allgemeinen auf, schließt aber von seiner Anwendung Geldverpflichtungen aus, die aus der Vornahme einer im Vertrage vorgesehenen Handlung oder der Leistung einer dort vorgesehenen Zahlung entspringen. Auf der anderen Seite bestimmt Art. 299 nicht, daß eine solche Verpflichtung notwendigerweise aufrecht erhalten sei. Um zu ermitteln, ob eine Geldverpflichtung oder irgendein besonderer Vertrag oder eine Klasse von Verträgen aufrecht erhalten ist, muß man den Anhang berücksichtigen. Sollte z. B. ein Teil des Vertrages, der trennbar ist, nicht durch Art. 299 (a) aufgelöst werden, so ergänzt der Anhang (§ 3) Art. 299 (a) dahin, daß der gesamte Vertrag ohne Ausnahme aufgelöst ist, so daß, falls eine Geldverpflichtung von einem aufgelösten Teil des Vertrages abhängt, mit anderen Worten, davon nicht trennbar ist, die Geldverpflichtung gleichfalls aufgelöst ist [12].

Ich muß gestehen, daß es nicht leicht ist, dieser Argumentation zu folgen. Der Vertrag, aus dem der Streit entstand, war noch nicht voll erfüllt worden. Weder hatte der Verkäufer den Kaufpreis noch der Käufer die Ware erhalten. Der Vertrag war also noch in einem Zustand, worin er durch den Kriegsausbruch berührt werden konnte. Die erste vom Gericht zu beantwortende Frage war also die, ob der Vertrag zu einer der nach dem Versailler Vertrag von der Auflösung ausgenommenen Kategorien gehörte. In dieser Beziehung mußte § 2 a des Anhangs berücksichtigt werden. Das Gericht entschied, daß § 2 a nicht anwendbar war, weil das Eigentum an der Ware nicht übergegangen, auch die Ware noch nicht geliefert worden war. Folglich war der Vertrag aufgelöst, und lediglich die Frage blieb übrig, ob eine Schuld oder Geldverpflichtung im Sinne von Art. 299 (a) zur Entstehung gelangt war. Die Behauptung, eine Schuld sei zur Entstehung gelangt, wurde vom Gericht abgelehnt mit der Begründung, daß der Verkäufer die Ware dem Käufer nicht geliefert habe, der Verlust der Ware auch durch kein Ereignis verursacht worden sei, für das der Käufer kraft der Übergabe der Ware an den

[11] Lüttges v. Ormiston, a. a. O., S. 572.
[12] Büsse v. British Manufacturing Stationery Co., S. 361.

Frachtführer die Gefahr getragen habe. Hier hätte das Urteil aufhören sollen, denn das genügte, um darzulegen, daß der Käufer keinen Anspruch auf Bezahlung des Kaufpreises erworben hatte. Der von dem Gericht zusätzlich angeführte Grund, der aus § 3 des Anhangs hergeleitet wurde, erscheint nicht nur überflüssig, sondern auch irreführend. Das Gericht entschied, daß eine Geldverpflichtung, obwohl zufolge von Art. 299 (a) aufrecht erhalten, gleichwohl aufgelöst sein könne, wenn sie „von einem aufgelösten Teil des Vertrages abhänge, mit anderen Worten von ihm nicht trennbar sei". Was damit gemeint ist, daß eine Geldverpflichtung von einem Teil des Vertrages „abhängig sei", ist nicht klar. Es scheint sich auf die Bedingungen zu beziehen, die erfüllt sein müssen, damit eine Geldverpflichtung zur Entstehung gelangt. Wenn in diesem Sinne zu verstehen, dürfte die Ausführung schwerlich zutreffend sein, denn sie läuft darauf hinaus, zunächst zu fragen, ob eine Verpflichtung zur Entstehung gelangt ist, und dann, ob sie von einem aufgelösten Teil des Vertrages abhängig, mit anderen Worten, nicht zur Entstehung gelangt ist. Einfacher und logischer dürfte es sein zu fragen, ob alle die Bedingungen erfüllt sind, von welchen nach dem anwendbaren Landesrecht die Entstehung einer Verpflichtung abhängt. Noch stärkerer Kritik ist die Ausführung des Gerichts ausgesetzt, daß, wenn eine Geldverpflichtung von einem aufgelösten Vertragsteil nicht trennbar sei, die Geldverpflichtung selbst aufgelöst sei. Das kann man sich klar machen, wenn man die fragliche Entscheidung mit der oben bereits in bezug genommenen Entscheidung desselben Gerichts Koch v. Little vergleicht [13]. In diesem m. E. zutreffend entschiedenen Fall war die von dem Verkäufer dem Frachtführer übergebene Ware vor Kriegsausbruch in Verlust geraten, und das Gericht entschied, daß der Verkäufer auf den Kaufpreis Anspruch habe, obwohl der Käufer die Ware nicht empfangen hätte. Nach deutschem Recht [14] ist der Käufer nicht nur verpflichtet, den Kaufpreis zu bezahlen, sondern auch die gekaufte Sache abzunehmen. Es ist klar, daß die Erfüllung dieser Verpflichtung des Käufers, die Ware abzunehmen, unmöglich wird, wenn die Ware in Verlust gerät. Von der Meinung des Gerichts in Sachen Büsse v. British Manufacturing Stationery Co. ausgehend, daß eine von einem aufgelösten Teil des Vertrages nicht trennbare Verpflichtung gleichfalls aufgelöst ist, müßte man zu dem Schlusse kommen, daß Koch v. Little falsch entschieden war, denn die Verpflichtung des Käufers zur Zahlung des Kauf-

[13] Fall 1625, nicht veröffentlicht.
[14] § 433 Abs. 2 BGB.

preises ist von seiner Verpflichtung, dem Verkäufer die gekaufte Sache abzunehmen, nicht trennbar, und da diese letztere Verpflichtung durch den Verlust der Ware hinfällig geworden war, müßte die erste Verpflichtung gleichfalls hinfällig geworden sein. In Wahrheit hat § 3 des Anhangs mit dem Problem überhaupt nichts zu tun: entweder ist eine Geldverpflichtung entstanden, in welchem Falle sie aufrecht erhalten ist, und die Frage, ob sie von einem anderen Teil des Vertrages abhängt, oder von ihm nicht trennbar ist, liegt neben der Sache, oder eine Geldverpflichtung ist nicht entstanden, dann kommt es auf die Frage ihrer Trennbarkeit nicht an.

14. Kapitel

Rechtsgeschäfte mit Genehmigung

Verträge, die während des Krieges mit der Genehmigung der kriegführenden Mächte oder einer von ihnen geschlossen worden sind, sind oben behandelt worden [1]. Wir betrachten jetzt eine andere Art von Genehmigung, nämlich eine Genehmigung, die sich auf die Vornahme von Leistungen beschränkt. Im ersten Weltkriege war durch eine General-Lizenz des britischen Handelsamtes (S. R. & O. No. 1112) die Bezahlung von Gebühren für Patente und Warenzeichen genehmigt worden, sodaß unter gewissen Bedingungen die Zahlung von Patentgebühren für Rechnung eines Feindes erfolgen konnte. Ebenso war die Zahlung von Prämien auf Lebensversicherungsverträge zugunsten feindlicher Versicherter durch eine General-Lizenz genehmigt worden [2]. Ähnliche Lizenzen wurden während des zweiten Weltkrieges erlassen (S. R. & O. No. 2004, 1940, No. 181) [3]. Während sich eine solche Lizenz auf bestimmte Kategorien von Rechtsgeschäften bezieht, kann eine Lizenz auch für ein individuelles Rechtsgeschäft erteilt werden. Im britischen Trading with the Enemy Act, 1939, ist z. B. vorgeschrieben, daß Wertpapiere wie Aktien, Schuldverschreibungen usw. von einem Feinde oder für Rechnung eines Feindes nur mit Zustimmung des britisches Handelsamtes übertragen werden dürfen. Ohne eine solche Zustimmung erwirbt der Zessionar keine Rechte an den

[1] Siehe oben S. 57.
[2] Isay, S. 236.
[3] Eine Aufzeichnung der von den Vereinigten Staaten während des zweiten Weltkrieges erteilten General-Lizenzen findet sich bei Domke, Trading with the Enemy in World War II, S. 296 f. und 548, sowie Supplement: The Control of Alien Property, S. 193 f.

Wertpapieren. Die alte Mond Nickel Co. wurde während des ersten Weltkrieges liquidiert und in eine neue Gesellschaft umgewandelt, wobei den Aktionären der alten Gesellschaft das Recht zustand, ihre Aktien gegen Aktien der neuen Gesellschaft umzutauschen. Zu den Aktionären gehörte eine gewisse Anzahl von Ausländern mit Aufenthalt im feindlichen Gebiet. Das britische Handelsamt [4] genehmigte auf Antrag die Eintragung solcher zum Bezug der neuen Aktien berechtigten Aktionäre mit Aufenthalt im feindlichen Gebiet im Register der Aktionäre. Daß alle solche mit Genehmigung der Regierung vorgenommenen Rechtsgeschäfte für die Parteien bindend sind, welche die Staatsangehörigkeit des betreffenden Landes haben, ist selbstverständlich; ob auch die andere Partei daran gebunden ist, kann zweifelhaft sein. Deswegen wurde es für notwendig erachtet, eine ausdrückliche Bestimmung in den Versailler Vertrag hierüber aufzunehmen. Art. 299 (e) des Versailler Vertrages bestimmt:

> Keine Bestimmung dieses Artikels und seiner Anlage darf zur Ungültigkeitserklärung eines Geschäfts führen, das in gesetzmäßiger Weise auf Grund eines Vorkriegsvertrages mit der Genehmigung einer der kriegführenden Mächte vorgenommen worden ist [5].

Während der Lausanner Vertrag und die Vorschläge der International Law Association keine Bestimmung darüber enthalten, findet sich in den Pariser Friedensverträgen von 1947 eine Vorschrift [6], die dem Art. 299 (e) des Versailler Vertrages fast wörtlich entspricht. In einer Beziehung weichen jedoch die Verträge von 1947 von denen von 1919 ab. Während in diesen auf die Genehmigung einer der kriegführenden Mächte (authority of one of the belligerent powers, autorisation d'une des puissances belligérantes) abgestellt war, muß in jenen die Genehmigung von der Regierung einer der alliierten oder assoziierten Mächte ausgehen. Eine Genehmigung der Regierung eines besiegten Landes würde also nicht genügen. Für die Auslegung des Versailler Vertrages zu diesem Punkte liegt eine Entscheidung des deutsch-belgischen Gemischten Schiedsgerichts vor [7], worin dem Zweifel Ausdruck gegeben wird,

---

[4] Die Genehmigung ist erwähnt in Smith, Life of Lord Darling, S. 232.

[5] Die amtliche deutsche Übersetzung ist ungenau, insofern sie dahin geht, daß der Vertrag, auf Grund dessen das Rechtsgeschäft vorgenommen worden ist, mit Genehmigung einer der kriegführenden Mächte abgeschlossen worden ist. In Wahrheit beziehen sich die Worte „mit Genehmigung einer der kriegführenden Mächte" nicht auf den Vertrag, sondern auf das Geschäft, wie der englische Text zeigt, wo sich das „it" nur auf „transaction", nicht auf „contract" beziehen kann (vgl. meine Ausführungen „Privatrechtliche Beziehungen", S. 19/20, denen sich Isay in der 3. Auflage, S. 237 angeschlossen hat).

[6] A Nr. 3 in dem betreffenden Anhang.

[7] Sté Ane des Engrais concentrés d'Engis c. Eugène Huelsmann, Rec. II, S. 350 ff.

ob nicht die Genehmigung des Geschäfts im Sinne des Art. 299 (e) von der Regierung der Macht erteilt sein muß, von der das Handelsverbot ausgegangen ist. Dieser Zweifel ist in der Tat sehr beachtlich. Man kann sich schwer vorstellen, daß, während auf Grund von § 1 des Anhangs zu Art. 303 die Auflösung eines Vorkriegsvertrages davon abhängig gemacht wird, daß der Handel zwischen den Parteien nach dem auf eine der Parteien anwendbaren Landesrecht rechtswidrig geworden ist, die Regierung des Landes der anderen Partei das Handelsverbot durch eine Lizenz außer Kraft setzen könnte. Das Problem hat indes, wie gesagt, für die Friedensverträge von 1947 seine Bedeutung verloren, denn nach diesen Verträgen ist es klar, daß die Genehmigung von einer der Alliierten und Assoziierten Mächte ausgegangen sein muß. Eine Genehmigung, die von einer besiegten Macht erteilt ist, ist ohne Bedeutung, sodaß ein mit einer solchen Genehmigung vergenommenes Rechtsgeschäft ungültig ist. Falls der künftige Friedensvertrag mit Deutschland eine gleiche Bestimmung enthalten sollte, könnte das für Rechtshandlungen von Bedeutung werden, für die eine Genehmigung der deutschen Regierung vorlag. Die deutsche Verordnung über die Behandlung feindlichen Vermögens vom 15. 1. 1940 (RGBl. I. S. 191) bestimmt in § 9, daß über das im Inland befindliche Vermögen nicht verfügt werden darf. Nach § 10 gilt dies Verfügungsverbot nicht, soweit Verfügungen bereits nach dem Gesetz über die Devisenbewirtschaftung vom 12. Dezember 1938 Beschränkungen unterliegen. Da andererseits nach diesem letzteren Gesetze Verfügungen zulässig sind, falls die Zustimmung der Devisenstelle erteilt ist, sind Verfügungen über feindliches Vermögen denkbar, für die eine Devisengenehmigung vorliegt, und die wirksam sind, ohne daß unter dem Gesichtspunkt des feindlichen Vermögens eine weitere Genehmigung notwendig ist. Nach dem Recht des Friedensvertrages würden solche Verfügungen trotz der Zustimmung der Devisenbehörde nichtig sein, weil die Genehmigung nicht von einer Alliierten oder Assoziierten Macht ausgegangen ist.

Lag die Genehmigung der zuständigen kriegführenden Macht vor, d. h. im Anwendungsbereich des Versailler Vertrags die Genehmigung der Macht, von der das Handelsverbot ausgegangen war, im Anwendungsbereich der Verträge von 1947 die einer Alliierten oder Assoziierten Macht, so ist das betreffende Rechtsgeschäft gültig, und zwar nicht nur für die Partei, deren Regierung die Genehmigung erteilt hat, sondern auch für die andere Partei. In dem obigen Beispiel der Mond Nickel Co. erwarben die Aktionäre der alten Gesellschaft, denen mit Genehmigung des britischen

Handelsamts die Aktien der neuen Gesellschaft zugeteilt wurden, die volle Stellung von Aktionären, mit allen Rechten, aber auch mit allen daraus folgenden Verpflichtungen.

15. Kapitel

Zusammenfassung der Vorschläge

Die wesentlichen Schlußfolgerungen und Vorschläge, die in den vorangegangenen Kapiteln entwickelt worden sind, lassen sich, wie folgt, zusammenfassen:

1. Es ist wünschenswert, daß der künftige Friedensvertrag mit Deutschland Vorschriften über Vorkriegsverträge enthält.

(Kapitel 1 (2), (3))

2. Diese Regeln sollten auf Verträge zwischen Staatsangehörigen der kriegführenden Länder beschränkt bleiben. Verträge sollten deshalb ausgeschlossen sein, deren Parteien nicht Feinde im politischen Sinne sind, nämlich

a) Verträge, deren eine Partei Angehöriger eines neutralen Staates ist,

(Kapitel 2 (2) (a))

b) Verträge, deren Parteien entweder alle die Staatsangehörigkeit einer Alliierten oder Assoziierten Macht oder alle die deutsche Staatsangehörigkeit haben.

(Kapitel 2 (2) (b), (c))

c) Art. 299 (d), 2. Satz des Versaillers Vertrags sollte auf den Fall ausgedehnt werden, daß Handel zwischen den Vertragsparteien deswegen verboten war, weil eine der Parteien im feindlichen Gebiet Aufenthalt hatte.

(Kapitel 2 (2) (d))

3. Der Friedensvertrag sollte eine positive Vorschrift über Verträge zwischen deutschen Staatsangehörigen und Bewohnern der von Deutschland abzutretenden Gebiete enthalten.

(Kapitel 2 (2) (e))

4. Für die Behandlung von Vorkriegsverträgen hat sich auf Grund der Friedensverträge von 1919, des Lausanner Vertrages, der Beschlüsse der International Law Association und der Pariser Friedensverträge von 1947 eine Übung gebildet. Diese Übung sollte als Muster für den künftigen Friedensvertrag mit Deutschland dienen, unter Berücksichtigung der bei Anwendung der früheren Friedensverträge aufgetauchten Zweifel.

(Kapitel 3)

5. Der Übung liegt das Prinzip zugrunde, daß ein Vertrag, für den das für eine Partei geltende Landesrecht ein Handelsverbot enthält, durch den Friedensvertrag aufgelöst wird, und zwar mit Wirkung von dem Zeitpunkt, zu welchem der Vertrag gesetzwidrig geworden ist. Der künftige Friedensvertrag sollte klarstellen, daß das Merkmal nicht ist, ob der Handel zwischen den Parteien im allgemeinen verboten worden ist, sondern ob der konkrete Vertrag rechtswidrig geworden ist.

Die Beschränkung der Vertragsauflösung auf Verträge, deren Ausführung Verkehr mit der anderen Partei bedingt, sollte nur dann angenommen werden, wenn die sich daraus ergebenden Folgen, nämlich daß viele Verträge aufrecht erhalten werden, die nach den früheren Friedensverträgen aufgelöst wurden, wie Unterlassungsverträge, manche Arten von Agenturverträgen, die Teile des Vertrags, deren Ausführung keinen Verkehr mit dem Feinde bedingt, wirklich beabsichtigt werden.

(Kapitel 4 und 5)

6. Kriegsverträge sollten von Vorkriegsverträgen unterschieden und für nichtig erklärt werden, sofern sie nicht mit der Genehmigung der kriegführenden Mächte abgeschlossen sind.

(Kapitel 6 (1))

7. Die Auflösung sollte sich auf Verträge im weitesten Sinne erstrecken und ferner auf gewisse einseitige Rechtsgeschäfte, vor allem Vertragsangebote und Vollmachten, sofern die letzteren nach dem anwendbaren Landesrecht einseitige Rechtsgeschäfte darstellen.

(Kapitel 6 (2))

8. Familienrechtliche Verträge sollten durch den Friedensvertrag nicht berührt werden.

(Kapitel 6 (2))

9. Voll erfüllte Verträge und Verträge, die der Erfüllung nicht zugänglich sind, sollten durch den Friedensvertrag nicht berührt werden.

(Kapitel 7)

10. Verträge, deren Ausführung noch nicht begonnen hat, sollten in vollem Umfang aufgelöst werden, ohne einen Schadensersatzanspruch für die eine oder die andere Partei. Unterlassungsverträge sollten gleichfalls völlig aufgelöst werden.

(Kapitel 8)

11. Verpflichtungen aus einseitigen Verträgen sollten aufrecht erhalten werden, selbst wenn keine Handlung bewirkt oder Geld gezahlt ist. Die Aufrechterhaltung sollte nicht nur Schulden und

andere Geldverpflichtungen umfassen, sondern auch Ansprüche auf Naturalerfüllung und Ansprüche auf Schadenersaz, dessen Betrag noch nicht feststeht. Auch sollte bestimmt werden, daß Verpflichtungen aufrecht erhalten werden, mögen sie vor, während oder nach dem Kriege fällig werden.

(Kapitel 9 (1))

12. Auf diese Weise aufrecht erhaltene Verpflichtungen sollten in Übereinstimmung mit den Vertragsbestimmungen und dem anwendbaren Landesrecht erfüllt werden.

(Kapitel 9 (2) (a))

13. Soweit nach Landesrecht vertragliche Beziehungen nach Vertragsende in einer bestimmten Weise abgewickelt werden müssen, sollten sich die gleichen Folgen an eine Auflösung durch die Friedensverträge knüpfen, besonders sollte

a) der Agent dem Prinzipal Rechnung legen,

b) eine Gesellschaft aufgelöst werden.

(Kapitel 9 (2) (b))

14. Beziehungen quasi-vertraglicher Natur, die aus aufgelösten, noch nicht voll erfüllten Verträgen entstehen, sollten durch das in Betracht kommende Landesrecht und nicht durch den Friedensvertrag geregelt werden. Das betrifft insbesondere

a) den Anspruch auf Rückzahlung von Beträgen, die auf Grund eines später aufgelösten Vertrages bezahlt worden sind, und allgemein die Erstattung ungerechtfertigter Bereicherung,

b) Rechtsgeschäfte zwischen der Auflösung des Vertrages und dem Friedensschluß,

c) den Schutz dritter Parteien.

(Kapitel 10)

15. Gewisse Klassen von Verträgen sollten aufrecht erhalten werden, besonders die, welche nach englischem Recht durch Kriegsausbruch nicht berührt werden, und die, kraft deren Eigentum oder eigentumsähnliche Rechte geschaffen worden sind. Zu solchen Klassen sollten gehören

a) Verträge betr. die Übertragung von Eigentum, aber diese Klasse sollte auf Verträge über Eigentumsübertragung von Immobilien beschränkt und die Aufrechterhaltung sollte davon abhängig gemacht werden, daß das Eigentum übergegangen ist, während Übertragung von Besitz nicht genügend sein sollte.

b) Verträge über die Errichtung von Kapitalgesellschaften.

c) Hypotheken und Pfandbestellungen, jedoch mit der Maßgabe, daß eine etwaige Auflösung der vertraglichen Beziehungen, zu deren Sicherung die Hypothek oder das Pfand dient, eine entsprechende Rückwirkung auf Hypothek oder Pfand herbeiführt. Verwertungen von Hypothek oder Pfand sollten gültig sein, selbst wenn nicht alle nach Landesrecht vorgeschriebenen Förmlichkeiten beobachtet worden sind.

d) Mieten und Mietabkommen, soweit sie sich auf Grundstücke oder Häuser beziehen.

Bestimmungen in den aufrecht erhaltenen Verträgen über die Auflösung des Vertrages durch Kriegsausbruch sollten wirksam bleiben.

Aufrecht erhaltene Verträge sollten nach dem auf sie anwendbaren Rechte behandelt werden, vor allem hinsichtlich Rücktritt, Unmöglichkeit der Erfüllung u. s. f.

(Kapitel 11)

16. Etwaigen Aussetzungsklauseln in einem Vertrage sollte der Friedensvertrag vorgehen.

(Kapitel 12)

17. Wenn die Bestimmungen eines Vertrages teils aufgelöst, teils aufrecht erhalten sind, so sollte der ganze Vertrag aufgelöst sein, falls die Bestimmungen nicht trennbar sind. Anderenfalls sollten die trennbaren Bestimmungen in Kraft bleiben, wobei das Merkmal für die Trennbarkeit die Absicht der Parteien ist.

(Kapitel 13)

18. Eine Rechtshandlung, die auf Grund eines Vertrages zwischen Feinden mit Genehmigung einer der kriegführenden Mächte vorgenommen ist, sollte gegenüber allen beteiligten Parteien wirksam sein.

(Kapitel 14)

Anhang 1

Versöhnungs-Kommissionen in den Pariser Friedensverträgen

Mit Rücksicht auf die Bedeutung, welche die nach den Friedensverträgen von 1919 und 1923 eingesetzten Gemischten Schiedsgerichte für die Abwicklung der Vorkiegsverhältnisse hatten, dürfte eine kurze Prüfung angezeigt sein, welche Stellung den in den Pariser Friedensverträgen von 1947 eingesetzten Versöhnungs-Kommissionen zukommt [1]. Die Bezeichnung „Versöhnungs-Kommission" (Conciliation Commission, Commission de Conciliation) ist in den fünf Friedensverträgen die gleiche. Die Zusammensetzung der Kommissionen ist nur zum Teil gleichförmig, nämlich darin, daß die Zahl der Vertreter für die beiden beteiligten Mächte gleich groß sein muß. Auf die Einzelheiten — nach dem Vertrage mit Italien besteht die Kommission nur aus je einem Vertreter der beteiligten Mächte, in den übrigen Verträgen ist die Zahl der Vertreter nicht beschränkt —, braucht hier nicht eingegangen zu werden, ebensowenig auf die teilweise verschieden geregelte Art der Bestellung eines weiteren Mitglieds der Kommission, falls sich die nationalen Mitglieder nicht einigen können; denn der Charakter der Versöhnungs-Kommissionen wird durch diese leichten Varianten in der Art ihrer Zusammensetzung und Bestellung nicht geändert. Die Zuständigkeit bezieht sich auf „any disputes which may arise in giving effect to articles ... and annexes ... of the present Treaty" („tous les différends qui pourront s'élever à propos de l'application des articles ... ainsi que des annexes .. du présent Traité") [2], und zwar gehört nach jedem Friedensvertrag der Anhang, der von „Verträgen, Verjährung und Handelspapieren" handelt, zu denjenigen, für die, falls Streit entsteht, die Versöhnungs-Kommission zustän-

[1] Art. 83 Friedensvertrag mit Italien, Art. 32 mit Rumänien, Art. 31 mit Bulgarien, Art. 35 mit Ungarn, Art. 31 mit Finnland.

[2] „Alle Streitigkeiten, die in Bezug auf die Anwendung von Art. ... und den Anlagen ... des gegenwärtigen Vertrages entstehen könnten".

dig ist. Danach ist also zunächst festzustellen, daß die Zuständigkeit der Versöhnungs-Kommissionen nicht auf eigentlich politische Fragen beschränkt ist, im Gegenteil, außer den Versöhnungs-Kommissionen ist in jedem der Friedensverträge noch eine andere Instanz vorgesehen, nämlich die Chefs der diplomatischen Missionen der vier Hauptsiegermächte bei der besiegten Macht, an die „any dispute concerning the interpretation or execution of the Treaty" („tous différends relatifs à l'interprétation ou à l'exécution de ce Traité) [3] überwiesen werden soll, falls er nicht durch direkte diplomatische Verhandlungen erledigt worden ist. Dabei ist aber eine Ausnahme gemacht für den Fall, daß „another procedure is specifically provided under any Article of the present Treaty" („exception faite des cas pour lesquels une autre procédure est expressément prévue par un article du présent Traite") [4]. Streitigkeiten, die zur Zuständigkeit der Versöhnungs-Kommissionen gehören, sind also von der Zuständigkeit des Kollegiums der Chefs der Diplomatischen Missionen ausgenommen. Schon das legt den Gedanken nahe, daß das Kollegium der Chefs der Diplomatischen Missionen, also ein aus politischen Beamten bestehendes Kollegium bei der Erledigung von Streitigkeiten eine andere Stellung hat als die Versöhnungs-Kommission. Obwohl es nicht ausdrücklich gesagt ist, dürfte anzunehmen sein, daß die Chefs der Diplomatischen Missionen wie überhaupt, so auch bei der Erledigung der ihnen überwiesenen Streitigkeiten an die Weisungen ihrer Regierungen gebunden sind, während umgekehrt die Mitglieder der Versöhnungs-Kommissionen unabhängig und unter eigener Verantwortung zu entscheiden berufen sein dürften. Der Unterschied zwischen dem Charakter der beiden Kollegien wird noch deutlicher, wenn man sich die Materien ansieht, für welche die Zuständigkeit der Versöhnungs-Kommissionen vorgesehen ist. Diese Zuständigkeit umfaßt die Rückerstattung von Vermögen, das die besiegte Macht vom Gebiet einer Siegermacht entfernt hat, ferner Eigentum einer Siegermacht oder ihrer Staatsangehörigen im Gebiete der besiegten Macht, wirtschaftliche und finanzielle Bestimmungen über abgetretene Gebiete, gewerbliches, literarisches und künstlerisches Eigentum, Versicherungen, Prisengerichte und deren Urteile, und endlich, wie bereits oben erwähnt, Verträge, Verjährung und Handelspapiere. Alle diese Materien, die den Versöhnungs-Kommissionen zugewiesen sind, haben einen privatrechtlichen Einschlag,

[3] „Alle Streitigkeiten, die sich auf die Auslegung oder Ausführung dieses Vertrages beziehen".

[4] „Mit Ausnahme der Fälle, für die ein anderes Verfahren in einem Artikel des gegenwärtigen Vertrages ausdrücklich vorgesehen ist."

während die eigentlich politischen Bestimmungen, z. B. die über Zahlungen von Reparationen, von der Zuständigkeit der Versöhnungs-Kommissionen ausgenommen sind. Die Zuständigkeit der Versöhnungs-Kommission ist deshalb sehr ähnlich der Zuständigkeit der auf Grund der Friedensverträge von 1919 und 1923 gebildeten Schiedsgerichte. Nach dem Versailler Vertrag [5] umfaßte die Zuständigkeit der Gemischten Schiedsgerichte Schulden (Art. 296), Güter, Rechte und Interessen (Art. 297 und 298), Verträge, Verjährung, Urteile (Art. 299, 303) und gewerbliches Eigentum (Art. 306—311), also nahezu die gleichen Materien, wie die nach den Friedensverträgen von 1947 den Versöhnungs-Kommissionen zugewiesenen. Nur in einer Beziehung geht die Zuständigkeit der letzteren über die der Gemischten Schiedsgerichte hinaus insofern, als in dem Friedensvertrag mit Italien, aber nur in diesem, auch Streitigkeiten zur Zuständigkeit der Versöhnungs-Kommissionen gehören, die aus den wirtschaftlichen und finanziellen Bestimmungen über die abgetretenen Gebiete entstehen. Nach dem Lausanner Vertrag erstreckte sich die Zuständigkeit der Gemischten Schiedsgerichte auf die Erstattung von Eigentum und auf Streitigkeiten aus Vorkriegsverträgen, also auf ein beschränkteres Gebiet, als es in den Friedensverträgen von 1919 vorgesehen war, aber auch wieder auf ein Gebiet mit privatrechtlichem Einschlag. Diese starke Ähnlichkeit der Zuständigkeit der Versöhnungs-Kommissionen mit der der Gemischten Schiedsgerichte begründet von vornherein eine Wahrscheinlichkeit dafür, daß die Versöhnungs-Kommissionen trotz der Verschiedenheit der Bezeichnung eine ähnliche Aufgabe erfüllen sollen wie die Gemischten Schiedsgerichte, nämlich Entscheidung von Streitigkeiten nach Art eines Gerichts, nicht dagegen politische Entscheidungen. In diesem Zusammenhang erheben sich zwei Fragen, für die eine direkte Bestimmung in den Friedensverträgen von 1947 fehlt, nämlich ob die Versöhnungs-Kommissionen an rechtliche Vorschriften für ihre Entscheidungen gebunden sind, und ob nur die Regierungen der vertragsschließenden Mächte, oder auch die privaten Parteien Zutritt zu den Versöhnungs-Kommissionen, sogen. jus standi, besitzen. Einige Fingerzeige für die Beantwortung dieser beiden Fragen enthält der Friedensvertrag mit Italien, nämlich in den Absätzen 3—5. Gerade diese Absätze fehlen in den übrigen Friedensverträgen, deren von der Erledigung von Streitigkeiten handelnder Artikel nur aus zwei Absätzen besteht, denen im Vertrage mit Italien die Absätze 1 und 6 entsprechen. Es wird dennoch zulässig sein, aus den Absätzen 2—4 des Vertrages

---

[5] Art. 304 (b).

mit Italien Folgerungen auch für die übrigen Friedensverträge herzuleiten, denn es ist nicht denkbar, daß der Charakter der Versöhnungs-Kommissionen, deren Zusammensetzung und deren Zuständigkeit in allen fünf Friedensverträgen im wesentlichen die gleichen sind, kein einheitlicher in allen Verträgen sein sollte.

Wie der Name Versöhnungs-Kommission andeutet, dürfte es die erste Aufgabe der Kommissionen sein, den Versuch zu machen, eine gütliche Erledigung des entstandenen Streits herbeizuführen. Das ist wohl der Grund, warum die Bezeichnung „Gemischte Schiedsgerichte" durch die Bezeichnung „Versöhnungs-Kommissionen" ersetzt worden ist, obwohl der Aufgabenkreis beider Organe im wesentlichen der gleiche ist. Wenn aber der Versuch einer gütlichen Erledigung scheitert, haben dann die Versöhnungs-Kommissionen Recht anzuwenden, oder haben sie ihre Entscheidungen lediglich ex aequo et bono zu treffen? Nach Abschnitt III des Vertrages mit Italien soll jede Versöhnungs-Kommission ihr Verfahren selbst ordnen, und zwar nach Grundsätzen der Gerechtigkeit und Billigkeit („each Conciliation Commission shall determine its own procedure adopting rules conforming to justice and equity; chaque commission de conciliation établira elle-même la procédure, en adoptant des règles conformes à la justice et à l'équité"). Diese Bestimmung entspricht Art. 304 (d) und § 2 des Anhangs dazu des Versailler Vertrags und Art. 95 des Lausanner Vertrags, auch dies wieder ein Fingerzeig dafür, daß die Stellung der Versöhnungs-Kommissionen ähnlich der der Gemischten Schiedsgerichte ist. Die Bestimmung bezieht sich nur auf das Verfahren und sagt nichts darüber, ob und eventuell welches materielle Recht die Versöhnungs-Kommissionen anzuwenden haben. Nach den Friedensverträgen von 1919 und 1923 bestand kein Zweifel, daß die Gemischten Schiedsgerichte Recht anzuwenden hatten, und zwar in erster Linie das Recht des Friedensvertrages, in zweiter Linie das nach international-privatrechtlichen Grundsätzen zuständige Landesrecht[6]. Das gleiche dürfte für die Versöhnungs-Kommissionen gelten, deren Verfahren, wie gezeigt, dem von den Gemischten Schiedsgerichten einzuschlagenden Verfahren entspricht. Der gerichtsähnliche Charakter der Versöhnungs-Kommissionen geht auch hervor aus Absatz 2 von Art. 83 des Vertrages mit Italien, wonach die Kommission „jurisdiction over all disputes, etc." (compétence pour connaître de tous les différends) besitzt, ein Ausdruck, der in bezug auf die den Chefs der Diplomatischen Missionen zu

[6] Vgl. vorstehend S. 99, Note 2 darüber, daß die von manchen Gemischten Schiedsgerichten in Anspruch genommene Befugnis, ihre Entscheidung auch materiell-rechtlich ex aequo et bono zu treffen, ihnen nicht zustand.

unterbreitenden Streitigkeiten nicht gebraucht wird. Der Ausdruck „jurisdiction over disputes" ist ein typischer Ausdruck für Gerichte oder gerichtsähnliche Instanzen. Aus alledem dürfte zu folgern sein, daß die Versöhnungs-Kommissionen Recht anzuwenden haben, genau so wie die Gemischten Schiedsgerichte, und zwar vor allem die Bestimmungen des betreffenden Friedensvertrages, und beim Schweigen des Friedensvertrages die Bestimmungen des nach international-rechtlichen Grundsätzen anwendbaren Landesrechts. Es ist nicht ohne Interesse, daß der von den auswärtigen Ministern ausgearbeitete, der Friedenskonferenz in Paris vorgelegte Entwurf einen Vorschlag Großbritanniens enthielt

„the decisions of the Commission as so constituted, shall be taken by the same procedure as is provided for decisions of the International Court itself in Arts. 48 and 55—57 of the Statute of the Court" [7].

Wäre dieser Vorschlag in die endgültige Fassung der Friedensverträge übernommen worden, so könnte kein Zweifel sein, daß eine Kommission, die in ihrem Verfahren den Vorschriften für den Internationalen Gerichtshof zu folgen hat, auch selbst eine gerichtliche Tätigkeit ausübt. Daß die Bestimmung tatsächlich in den endgültigen Text nicht übergegangen ist, aus Gründen, über die nichts bekannt geworden ist, ändert nichts an ihrer Beweiskraft für den gerichtlichen oder quasi-gerichtlichen Charakter der Versöhnungs-Kommissionen, deren Aufgabenkreis in dem Vorschlag der Außenminister bereits ebenso abgegrenzt war wie in dem endgültigen Friedensvertrag.

Es bleibt die Frage, ob nur die Regierungen ein jus standi vor der Versöhnungs-Kommission haben oder auch die Privatparteien. Der letzte Absatz aller Friedensverträge bestimmt, daß die Entscheidung der Mehrheit der Kommissionsmitglieder die Entscheidung der Kommission sei und von den Parteien als endgültig und bindend angenommen werden soll. Bezieht sich der Ausdruck „Parteien" auf die Regierung oder auch auf die Privatparteien? In dem Friedensvertrag mit Italien wird in dem vorletzten Absatz bestimmt, daß die Parteien sich verpflichten, durch ihre Behörden den Versöhnungs-Kommissionen allen in ihrer Macht stehenden Beistand zu leisten. Hier kann sich der Ausdruck „Parteien" nur auf die Regierungen beziehen. Auf der anderen Seite lautet Art. 89 desselben Friedensvertrages, wie folgt:

The provisions of the present Treaty shall not confer any rights or

---

[7] Cmd. 6896 Stationery Office, 1946. — „Die Entscheidung der so errichteten Kommission soll in demselben Verfahren getroffen werden, wie es für Entscheidungen des Internationalen Gerichtshofs in Art. 48 und 55—57 des Statuts vorgeschrieben ist."

benefits on any State named in the Preamble as one of the Allied and Associated Powers or on its nationals until such state becomes a party to the Treaty by deposit of its instrument of ratification [8].

Das scheint anzudeuten, daß der Friedensvertrag nicht nur den vertragschließenden Mächten, sondern auch ihren Staatsangehörigen gewisse Rechte verleiht, möglicherweise also auch das Recht auf Zutritt zu den Versöhnungs-Kommissionen. In diesem Zusammenhang ist es nicht ohne Bedeutung, daß Art. 78 Abschnitt 8 des Friedensvertrages mit Italien vorsieht, daß der Eigentümer des nach Maßgabe von Art. 78 zurückzuerstattenden Vermögens und die italienische Regierung anstelle der Bestimmungen dieses Artikels andere Vereinbarungen treffen können. Wenn der Eigentümer eines zurückzuerstattenden Vermögensgegenstandes ermächtigt ist, mit der italienischen Regierung eine Vereinbarung zu treffen, so sollte man logischerweise annehmen, daß er, wenn ein Streit über seine Rechte nach Art. 78 entsteht, Zutritt zu der Stelle hat, an die Streitigkeiten nach Art. 78 gehen, nämlich die Versöhnungs-Kommissionen. Abschnitt 2 desselben Artikels unterstützt diese Ansicht: Anträge auf Erstattung von Eigentum sollen der ialienischen Regierung spätestens binnen 12 Monaten nach Inkrafttreten des Friedensvertrages zugehen „except in cases in which the claimant is able to show that he could not file his application within this period" [9]. Hier bezieht sich der Ausdruck „claimant" zweifellos auf die Privatpartei und nicht ihre Regierung.

Zusammenfassend kann man sagen, daß starke Argumente für die Ansicht bestehen, die Privatparteien selbst und nicht nur ihre Regierungen hätten Zutritt zu der Versöhnungs-Kommission. Aber diese Ansicht ist nicht unzweifelhaft, und es dürfte sich empfehlen, daß die von den Versöhnungs-Kommissionen zu erlassenden Verfahrensvorschriften diesen Punkt regeln.

Können Landesgerichte für die Entscheidung von Streitigkeiten angerufen werden, die nach dem Friedensvertrag zur Zuständigkeit der Versöhnungs-Kommissionen gehören? Die Frage dürfte zu verneinen sein. Welche Lage würde entstehen, wenn die Entscheidungen eines Landesgerichts von der einer Versöhnungs-Kommission abweichen würde? Es gibt kein Verfahren in den Verträgen von 1947, wie es nach dem Versailler Vertrag bestand [10], worin die

[8] „Die Bestimmung des gegenwärtigen Vertrages sollen keinem in der Präambel als einer der Alliierten oder Assoziierten Mächte bezeichneten Staat oder seinen Staatsangehörigen Rechte verleihen, bevor solcher Staat durch Niederlegung seiner Ratifikationsurkunde eine Partei dieses Vertrages wird."

[9] „mit Ausnahme von Fällen, in denen der Kläger nachweisen kann, daß er seinen Antrag innerhalb dieser Frist nicht einreichen konnte."

[10] Art. 305 Versailler Vertrag.

Entscheidung eines Landesgerichts nachgeprüft werden könnte, die mit den Bestimmungen des Versailler Vertrages nicht in Einklang stand, und folglich könnte die Vorschrift der Friedensverträge von 1947, daß die Entscheidungen der Versöhnungs-Kommissionen von den Parteien als endgültig und bindend zu betrachten sind, nicht verwirklicht werden, wenn die Landesgerichte eine konkurrierende Zuständigkeit mit der der Versöhnungs-Kommissionen hätten und infolgedessen Entscheidungen erlassen könnten, die in Widerspruch zu denen der Versöhnungs-Kommissionen stehen könnten. Dies dürfte ein Grund mehr für die oben entwickelte Auffassung bilden, daß die Privatparteien Zutritt zu den Versöhnungs-Kommissionen haben; denn es wäre höchst unbefriedigend, wenn die Privatparteien, die aus den dargelegten Gründen nicht das Recht haben, die Landesgerichte mit solchen Streitigkeiten zu befassen, des Rechts, ihre Ansprüche statt dessen vor die Versöhnungs-Kommissionen zu bringen, gleichfalls beraubt sein sollten [11].

Anhang 2

Die einschlägigen Bestimmungen der Friedensverträge von 1919, 1923 und 1947 in französischem und englischem Wortlaut nebst deutscher Übersetzung

A. Versailler Friedensvertrag von 1919

Article 299

a) Les contrats conclus entre ennemis seront considérés comme ayant été annulés à partir du moment où deux quelconques des parties sont devenues ennemies, sauf en ce qui concerne les dettes et autres obligations pécuniaires résultant de l'exécution d'un acte ou payement prévu par ces contrats et sous réserve des exceptions et des règles spéciales à certains contrats ou catégories de contrats prévues ci-après ou dans l'Annexe ci-jointe.

b) Seront exceptés de l'annulation, aux termes du présent article, les contrats dont, dans un intérêt général,

Article 299

(a) Any contract concluded between enemies shall be regarded as having been dissolved as from the time when any two of the parties became enemies, except in respect of any debt or other pecuniary obligation arising out of any act done or money paid thereunder, and subject to the exceptions and special rules with regard to particular contracts or classes of contracts contained herein or in the Annex hereto.

(b) Any contract of which the execution shall be required in the general interest, within six months from the

[11] Im Ergebnis im wesentlichen zustimmend Martin in dem S. 50 Note 27 zitierten Aufsatz (S. 298 ff.).

les Gouvernements des Puissances alliées ou associées, dont l'une des parties est un ressortissant, réclameront l'exécution, dans un délai de six mois à dater de la mise en vigueur du présent Traité.

Lorsque l'exécution des contrats ainsi maintenus entraîne, pour une des parties, par suite du changement dans les conditions du commerce, un préjudice considérable, le Tribunal arbitral mixte prévu par la Section VI pourra attribuer à la partie lésée une indemnité équitable.

c) En raison des dispositions de la Constitution et du droit des États-Unis d'Amérique, du Brésil et du Japon, le présent article ainsi que l'article 300 et l'Annexe ci-jointe ne s'appliquent pas aux contrats conclus par des ressortissants de ces États avec des ressortissants allemands, et de même, l'article 305 ne s'applique pas aux États-Unis d'Amérique ou à leurs ressortissants.

d) Le présent article ainsi que l'Annexe ci-jointe ne s'appliquent pas aux contrats dont les parties sont devenues ennemies du fait que l'une d'elle était un habitant d'un territoire qui change de souveraineté, en tant que cette partie aura acquis, par application du présent Traité, la nationalité d'une Puissance alliée ou associée, ni aux contrats conclus entre ressortissants des Puissances alliées ou associées entre lesquelles le commerce s'est trouvé interdit du fait que l'une des parties se trouvait dans un territoire d'une Puissance alliée ou associée occupé par l'ennemi.

e) Aucune disposition du présent article et de l'Annexe ci-jointe ne peut être regardée comme invalidant une opération qui a été effectuée légalement en vertu d'un contrat passé

date of the coming into force of the present Treaty, by the Allied or Associated Government of which one of the parties is a national, shall be excepted from dissolution under this Article.

When the execution of the contract thus kept alive would, owing to the alteration of trade conditions, cause one of the parties substantial prejudice the Mixed Arbitral Tribunal provided for by Section VI shall be empowered to grant to the prejudiced party equitable compensation.

(c) Having regard to the provisions of the constitution and law of the United States of America, of Brazil, and of Japan, neither the present article, nor Article 300, nor the annex hereto shall apply to contracts made between nationals of these States and German nationals; nor shall Article 305 apply to the United States of America or its nationals.

(d) The present Article and the annex hereto shall not apply to contracts the parties to which became enemies by reason of one of them being an inhabitant of territory of which the sovereignty has been transferred, if such party shall acquire under the present Treaty the nationality of an Allied or Associated Power, nor shall they apply to contracts between nationals of the Allied and Associated Powers between whom trading has been prohibited by reason of one of the parties being in Allied or Associated territory in the occupation of the enemy.

(e) Nothing in the present Article or the annex hereto shall be deemed to invalidate a transaction lawfully carried out in accordance with a contract between enemies if it has been

entre ennemis avec l'autorisation d'une des Puissances belligérantes.

carried out with the authority of one of the belligerent Powers.

Artikel 299

a) Verträge zwischen Feinden gelten als mit dem Zeitpunkt aufgehoben, an dem zwei der Beteiligten Feinde geworden sind. Dies gilt nicht für Schulden und andere Geldverpflichtungen, die aus der Vornahme einer in einem solchen Vertrage vorgesehenen Handlung oder der Leistung einer dort vorgesehenen Zahlung entspringen. Vorbehalten bleiben ferner die nachstehend oder in der beigefügten Anlage vorgesehenen Ausnahmen und Sonderregeln für bestimmte Verträge oder Vertragsgattungen.

b) Nicht betroffen von der Aufhebung im Sinne dieses Artikels werden diejenigen Verträge, bei denen im Allgemeininteresse die Regierungen der alliierten und assoziierten Mächte, denen eine der Vertragsparteien angehört, binnen sechs Monaten nach Inkrafttreten des gegenwärtigen Vertrags erklären, daß sie auf der Ausführung bestehen.

Bringt die Ausführung der demgemäß aufrechterhaltenen Verträge für eine der Parteien infolge veränderter Handelsverhältnisse einen erheblichen Nachteil mit sich, so kann der in Abschnitt VI vorgesehene Gemischte Schiedsgerichtshof der geschädigten Partei eine angemessene Entschädigung zubilligen.

c) Mit Rücksicht auf die Bestimmungen der Verfassung und des Rechts der Vereinigten Staaten von Amerika, Brasiliens und Japans findet weder dieser Artikel noch Artikel 300, noch die Anlage auf Verträge, die von Staatsangehörigen dieser Staaten mit deutschen Reichsangehörigen geschlossen worden sind, Anwendung. Desgleichen findet Artikel 305 keine Anwendung auf die Vereinigten Staaten von Amerika oder deren Staatsangehörige.

d) Dieser Artikel und seine Anlage finden keine Anwendung auf Verträge, deren Parteien dadurch Feinde geworden sind, daß eine von ihnen Einwohner eines Gebiets war, das unter eine andere Souveränität tritt, falls diese Partei infolge des gegenwärtigen Vertrags die Staatsangehörigkeit einer alliierten oder assoziierten Macht erwirbt. Das gleiche gilt für Verträge zwischen Staatsangehörigen der alliierten und assoziierten Mächte, zwischen denen der Handel deshalb verboten war, weil einer der Vertragschließenden sich in einem vom Feinde besetzten Gebiet einer alliierten oder assoziierten Macht befand.

e) Keine Bestimmung dieses Artikels und seiner Anlage darf zur Ungültigkeitserklärung eines Geschäfts führen, das in gesetzmäßiger Weise auf Grund eines mit Genehmigung einer der kriegführenden Mächte abgeschlossenen Vertrags zwischen Feinden vorgenommen worden ist.

Article 300

b) Dans le cas où, en raison du non-accomplissement d'un acte ou d'une formalité pendant la guerre, des mesures d'exécution ont été prises sur le territoire allemand portant préjudice

Article 300

(b) Where, on account of failure to perform any act or comply with any formality during the war, measures of execution have been taken in German territory to the prejudice of a

à un ressortissant des Puissances alliées ou associées, la réclamation formulée par le ressortissant d'une Puissance alliée ou associée, sera portée devant le Tribunal arbitral mixte prévu par la Section VI, à moins que l'affaire ne soit de la compétence d'un Tribunal d'une Puissance alliée ou associée.

national of an Allied or Associated Power, the claim of such national shall, if the matter does not fall within the competence of the Courts of an Allied or Associated Power, be heard by the Mixed Arbitral Tribunal provided for by Section VI.

c) Sur la demande du ressortissant intéressé d'une Puissance alliée ou associée, le Tribunal arbitral mixte prononcera la restauration des droits lésés par les mesures d'exécution mentionnées au paragraphe b), toutes les fois qu'en raison des circonstances spéciales de l'affaire cela sera équitable et possible.

Dans le cas où cette restauration serait injuste ou impossible, le Tribunal arbitral mixte pourra accorder à la partie lésée une indemnité qui sera à la charge du Gouvernement allemand.

(c) Upon the application of any interested person who is a national of an Allied or Associated Power the Mixed Arbitral Tribunal shall order the restoration of the rights which have been prejudiced by the measures of execution referred to in paragraph (b), wherever, having regard to the particular circumstances of the case, such restoration is equitable and possible.

If such restoration is inequitable or impossible the Mixed Arbitral Tribunal may grant compensation to the prejudiced party to be paid by the German Government.

d) Lorsqu'un contrat entre ennemis a éte invalidé, soit en raison du fait qu'une des parties n'en a pas exécuté une clause, soit en raison de l'exercice d'un droit stipulé au contrat, la partie lésée pourra s'adresser au Tribunal arbitral mixte pour obtenir réparation. Le Tribunal aura, dans ce cas, les pouvoirs prévus au paragraphe c).

(d) Where a contract between enemies has been dissolved by reason either of failure on the part of either party to carry out its provisions or of the exercise of a right stipulated in the contract itself the party prejudiced may apply to the Mixed Arbitral Tribunal for relief. The Tribunal will have the powers provided for in paragraph (c).

g) En ce qui concerne les effets de commerce, le délai de trois mois, prévu au paragraphe a), partira du jour où auront pris fin définitivement les mesures exceptionnelles appliquées dans les territoires de la Puissance intéressée relativement aux effets de commerce.

(g) As regards negotiable instruments, the period of three months provided under paragraph (a) shall commence as from the date on which any exceptional regulations applied in the territories of the interested Power with regard to negotiable instruments shall have definitely ceased to have force.

Artikel 300

b) Sind infolge Versäumung einer Handlung oder Nichtwahrung einer Formvorschrift während des Krieges Vollstreckungsmaßnahmen auf deutschem Gebiete zum Nachteil eines Staatsangehörigen einer alliierten oder assoziierten Macht vorgenommen, so wird der Einspruch dieses Staatsangehörigen vor den in Abschnitt VI vorgesehenen Gemischten Gerichtshof gebracht, es sei denn, daß der betreffende Fall zur Zuständigkeit eines Gerichts einer alliierten oder assoziierten Macht gehört.

c) Auf den Antrag des beteiligten Staatsangehörigen der alliierten oder assoziierten Macht erkennt der Gemischte Schiedsgerichtshof auf Wiederherstellung des durch die im Absatz b erwähnten Vollstreckungsmaßnahmen beeinträchtigten Rechtszustands in allen Fällen, in denen dies nach dem besonderen Tatbestand billig und möglich ist.

Ist die Wiederherstellung ungerecht oder unmöglich, so kann der Gemischte Schiedsgerichtshof der benachteiligten Partei eine Entschädigung zubilligen, die der deutschen Regierung zur Last fällt.

d) Ist ein Vertrag zwischen Feinden für aufgehoben erklärt, und zwar entweder weil eine der Parteien eine Vertragsbestimmung nicht ausgeführt hat, oder infolge Ausübung eines im Vertrage ausbedungenen Rechtes, so steht der benachteiligten Partei frei, sich an den Gemischten Schiedsgerichtshof zu wenden, um Abhilfe zu erlangen. Der Gerichtshof hat in diesem Falle die im Absatz c vorgesehenen Befugnisse.

g) Die in Absatz a vorgesehene dreimonatige Frist beginnt für Handelspapiere mit dem Tage, an dem die Ausnahmevorschriften, die in den Gebieten der beteiligten Macht bezüglich der Handelspapiere erlassen worden sind, endgültig außer Kraft getreten sind.

Article 301

Dans les rapports entre ennemis, aucun effet de commerce passé avant la guerre ne sera considéré comme invalidé par le seul fait de n'avoir pas été présenté pour acceptation ou pour payement dans les délais voulus, ni pour défaut d'avis aux tireurs ou aux endosseurs de non-acceptation ou de non-payement, ni en raison du défaut de protêt, ni pour défaut d'accomplissement d'une formalité quelconque pendant la guerre.

Si la période pendant laquelle un effet de commerce aurait dû être présenté à l'acceptation ou au payement ou pendant laquelle l'avis de non-acceptation ou de non-payement aurait dû être donné au tireur ou aux endos-

Article 301

As between enemies no negotiable instrument made before the war shall be deemed to have become invalid by reason only of failure within the required time to present the instrument for acceptance or payment or to give notice of non-acceptance or non-payment to drawers or indorsers or to protest the instrument, nor by reason of failure to complete any formality during the war.

Where the period within which a negotiable instrument should have been presented for acceptance or for payment, or within which notice of non-acceptance or non-payment should have been given to the dra-

seurs ou pendant laquelle l'effet aurait dû être protesté, est échue pendant la guerre, et si la partie qui aurait dû présenter ou protester l'effet ou donner avis de la non-acceptation ou du non-payement ne l'a pas fait pendant la guerre, il lui sera accordé au moins trois mois après la mise en vigueur du présend Traité pour présenter l'effet, donner avis de non-acceptation ou de non-payement ou dresser protêt.

wer or indorser, or within which the instrument should have been protested, has elapsed during the war, and the party who should have presented or protested the instrument or have given notice of non-acceptance or non-payment has failed to do so during the war, a period of not less than three months from the coming into force of the present Treaty shall be allowed within which presentation, notice of non-acceptance or non-payment or protest may be made.

Artikel 301

Im Verhältnis zwischen Feinden darf kein vor dem Kriege ausgestelltes Handelspapier lediglich wegen versäumter fristgerechter Vorlegung zwecks Annahme oder zwecks Zahlung, wegen versäumter Benachrichtigung der Aussteller oder Giranten von der Nichtannahme oder Nichtzahlung, wegen versäumten Protestes, wegen Versäumung der Erfüllung irgendeiner Formvorschrift für verfallen erklärt werden, wenn die Versäumung während des Krieges erfolgt ist.

Ist die Frist zur Vorlegung eines Handelspapiers zwecks Annahme oder zwecks Zahlung oder die Frist zur Benachrichtigung des Ausstellers oder der Giranten von der Nichtannahme oder der Nichtzahlung oder die Frist zur Erhebung des Protestes während des Kriegs abgelaufen und hat die vorlegungs-, protest- oder benachrichtigungspflichtige Partei während des Krieges die betreffende Handlung versäumt, so steht ihr für die nachträgliche Vorlegung, nachträgliche Benachrichtignug von Nichtannahme oder Nichtzahlung oder nachträgliche Protesterhebung mindestens eine Frist von drei Monaten nach Inkrafttreten des gegenwärtigen Vertrags zu.

Article 302

Les jugements rendus par les tribunaux d'une Puissance alliée ou associée, dans le cas où ces tribunaux sont compétents d'après le présent Traité, seront considérés en Allemagne comme ayant l'autorité de la chose jugée et y seront exéculés sans qu'il soit besoin d'exequatur.

Si un jugement, en quelque matière qu'il soit intervenu, a été rendu, pendant la guerre, par un tribunal allemand, contre un ressortissant des Puissances alliées ou associées, dans une instance où celui-ci n'a pas pu se

Article 302

Judgments given by the Courts of an Allied or Associated Power in all cases which, under the present Treaty, they are competent to decide, shall be recognised in Germany as final, and shall be enforced without it being necessary to have them declared executory.

If a judgment in respect of any dispute which may have arisen has been given during the war by a German Court against a national of an Allied or Associated State in a case in which he was not able to make his defence,

défendre, le ressortissant allié ou associé qui aura subi, de ce chef, un préjudice pourra obtenir une réparation qui sera déterminée par le Tribunal arbitral mixte prévu par la Section VI.

Sur la demande du ressortissant de la Puissance alliée ou associée, la réparation ci-dessus pourra être, sur l'ordre du Tribunal arbitral mixte et lorsque cela sera possible, effectuée en replaçant les parties dans la situation où elles se trouvaient avant le jugement rendu par le tribunal allemand.

La réparation ci-dessus pourra être également obtenue devant le Tribunal mixte, par les ressortissants des Puissances alliées ou associées qui ont subi un préjudice du fait des mesures judiciaires prises dans les territoires envahis ou occupés, s'ils n'ont pas été dédommagés autrement.

the Allied and Associated national who has suffered prejudice thereby shall be entitled to recover compensation, to be fixed by the Mixed Arbitral Tribunal provided for in Section VI.

At the instance of the national of the Allied or Associated Power the compensation above mentioned may, upon order to that effect of the Mixed Arbitral Tribunal, be effected where it is possible by replacing the parties in the situation which they occupied before the judgement was given by the German Court.

The above compensation may likewise be obtained before the Mixed Arbitral Tribunal by the nationals of Allied or Associated Powers who have suffered prejudice by judicial measures taken in invaded or occupied territories, if they have not been otherwise compensated.

Artikel 302

Soweit nach dem gegenwärtigen Vertrage die Zuständigkeit der Gerichte einer alliierten und assoziierten Macht reicht, schaffen ihre Urteile in Deutschland Rechtskraft und sind ohne weitere Vollstreckbarkeitserklärung vollstreckbar.

Ist, gleichviel in welcher Art von Angelegenheiten, während des Krieges von einem deutschen Gericht gegen den Staatsangehörigen einer alliierten oder assoziierten Macht ein Urteil ergangen, ohne daß er in der Lage war, sich zu verteidigen, so ist der hierdurch benachteiligte Staatsangehörige der alliierten oder assoziierten Macht berechtigt, Abhilfe zu verlangen, deren Form von dem im Abschnitt VI vorgesehenen Gemischten Schiedsgerichtshof näher bestimmt wird.

Auf Antrag des Staatsangehörigen der alliierten oder assoziierten Macht kann der Gemischte Schiedsgerichtshof diese Abhilfe, sofern das möglich ist, in der Form eintreten lassen, daß er die Parteien in die Lage zurückversetzt, in der sie sich vor dem von dem deutschen Gericht gefällten Urteil befanden.

Die oben erwähnte Abhilfe kann ebenso vor dem Gemischten Schiedsgerichtshof von Staatsangehörigen der alliierten oder assoziierten Mächte, die durch richterliche Maßnahmen in den mit Krieg überzogenen oder besetzten Gebieten Nachteile erlitten haben, beansprucht werden, wenn sie nicht schon anderweitig entschädigt worden sind.

ANNEXE

§ 1

Au sens des articles 299, 300 et 301, les personnes parties à un contrat sont considérées comme ennemies lorsque le commerce entre elles aura été interdit ou sera devenu illégal en vertu des lois, décrets ou règlements auxquels une de ces parties était soumise, et ce à dater, soit du jour où ce commerce a été interdit, soit du jour où il est devenu illégal de quelque manière que ce soit.

§ 2

Sont exceptées de l'annulation prévue à l'article 299, et restent en vigueur, sans préjudice des droits prévus à l'article 297, paragraphe b) de la section IV, et sous réserve de l'application des lois, décrets et règlements internes pris pendant la guerre par les Puissances alliées ou associées, ainsi que des clauses des contrats:

a) Les contrats ayant pour but le transfert de propriétés, de biens et effets mobiliers ou immobiliers, lorsque la propriété aura été transférée ou l'objet livré avant que les parties ne soient devenues ennemies ;

b) Les baux, locations et promesses de location ;

c) Les contrats d'hypothèque, de gage et de nantissement ;

d) Les concessions concernant les mines, minières, carrières ou gisements ;

e) Les contrats passés entre des particuliers et des États, provinces, municipalités ou autres personnes juridiques administratives analogues et les concessions données par lesdits États, provinces, municipalités ou autres personnes juridiques administratives analogues.

ANNEX

§ 1

Within the meaning of Articles 299, 300 and 301, the parties to a contract shall be regarded as enemies when trading between them shall have been prohibited by or otherwise became unlawful under laws, orders or regulations to which one of those parties was subject. They shall be deemed to have become enemies from the date when such trading was prohibited or otherwise became unlawful.

§ 2

The following classes of contracts are excepted from dissolution by Article 299 and, without prejudice to the rights contained in Article 297 (b) of Section IV, remain in force subject to the application of domestic laws, orders or regulations made during the war by the Allied and Associated Powers and subject to the terms of the contracts :

(a) Contracts having for their object the transfer of estates or of real or personal property where the property therein had passed or the object had been delivered before the parties became enemies;

(b) Leases and agreements for leases of land and houses;

(c) Contracts of mortgage, plegde or lien;

(d) Concessions concerning mines, quarries or deposits;

(e) Contracts between individuals or companies and States, provinces, municipalities, or other similar juridical persons charged with administrative functions, and concessions granted by States, provinces, municipalities, or other similar juridical persons charged with administrative functions.

§ 3

Si les dispositions d'un contrat sont en partie annulées, conformément à l'article 299 et si la disjonction peut être effectuée, les autres dispositions de ce contrat subsisteront, sous réserve de l'application des lois, décrets et règlements internes prévus au paragraphe 2 ci-dessus. Si la disjonction ne peut être effectuée, le contrat sera considéré comme annulé dans sa totalité.

§ 5

Sera considérée comme valable, en cas de non-payement, la vente d'un gage constitué pour garantie d'une dette due par un ennemi, alors même qu'avis n'a pu être donné au propriétaire, si le créancier a agi de bonne foi et en prenant les soins et précautions raisonnables et, dans ce cas, le propriétaire ne pourra formuler aucune réclamation en raison de la vente du gage.

Cette disposition ne s'applique pas aux ventes de gage faites par l'ennemi pendant l'occupation dans les régions envahies ou occupées par l'ennemi.

§ 3

If the provisions of a contract are in part dissolved under Article 299, the remaining provisions of that contract shall, subject to the same application of domestic laws as is provided for in paragraph 2, continue in force if they are severable, but where they are not severable the contract shall be deemed to have been dissolved in its entirety.

§ 5

The sale of a security held for an unpaid debt owing by an enemy shall be deemed to have been valid irrespective of notice to the owner if the creditor acted in good faith and with reasonable care and prudence, and no claim by the debtor on the ground of such sale shall be admitted.

This stipulation shall not apply to any sale of securities effected by an enemy during the occupation in regions invaded or occupied by the enemy.

ANLAGE

§ 1

Im Sinne der Artikel 299, 300 und 301 gelten Vertragsparteien dann als Feinde, wenn der Handel zwischen ihnen verboten worden oder infolge von Gesetzen, Verordnungen oder Vorschriften, denen eine der Parteien unterworfen war, gesetzwidrig geworden ist. Der maßgebende Zeitpunkt ist der Tag, an dem der Handel verboten worden oder an dem er sonstwie gesetzwidrig geworden ist.

§ 2

Unbeschadet der Rechte aus Artikel 297 Absatz b des Abschnitts IV, unter Vorbehalt ferner der Anwendung der während des Krieges von den alliierten und assoziierten Mächten erlassenen Gesetze, Verordnungen oder inneren Vorschriften, schließlich unter Vorbehalt abweichender Vertragsbestimmungen bleiben von der Aufhebung durch Artikel 299 ausgenommen und in Kraft:

a) Verträge zum Zwecke der Übertragung von Eigentum, Gütern oder von beweglichen oder unbeweglichen Werten, wenn das Eigentum übertragen oder der Gegenstand ausgehändigt worden ist;

b) Mietverträge, Mieten und Mietversprechen [1];

c) Verträge über Hypotheken, Verpfändungen und Sicherstellungen;

d) Konzessionen, betreffend Bergwerke und Gruben, Steinbrüche oder Lagerstätten;

e) Verträge zwischen Privaten [2] einerseits und Staaten, Provinzen, Gemeinden oder anderen ähnlichen Verwaltungskörperschaften andererseits sowie Konzessionen, die von derartigen Staaten, Provinzen, Gemeinden oder anderen ähnlichen Verwaltungskörperschaften verliehen sind.

§ 3

Sind gemäß Artikel 299 Bestimmungen eines Vertrags teilweise aufgehoben, lassen sich aber die aufgehobenen von den übrigen Bestimmungen des Vertrages trennen, so bleiben die übrigen Bestimmungen des Vertrags, vorbehaltlich der Anwendung der im § 2 bezeichneten Gesetze, Verordnungen und inneren Vorschriften, in Kraft. Lassen sie sich nicht trennen, so gilt der Vertrag als in seiner Gesamtheit aufgehoben.

§ 5

Ist ein als Sicherheit für die Schuld eines Feindes bestelltes Pfand wegen mangelnder Zahlung verkauft worden, so soll selbst dann, wenn der Eigentümer nicht hat benachrichtigt werden können, der Verkauf als gültig angesehen werden, sofern der Gläubiger in gutem Glauben und mit vernünftiger Sorgfalt und Vorsicht gehandelt hat. In diesem Falle steht dem Eigentümer kein Ersatzanspruch auf Grund des Pfandverkaufs zu.

Diese Bestimmung findet auf Pfandverkäufe, die in den mit Krieg überzogenen oder vom Feind besetzten Gebieten während der Besetzung von einem Feinde vorgenommen worden sind, keine Anwendung.

B. Lausanner Friedensvertrag von 1923

Section II: **Contrats et Prescriptions**

Article 73

Restent en vigueur, sous réserve des dispositions qui y sont contenues ainsi que des stipulations du présent Traité, les contrats appartenant aux catégories indiquées ci-après, conclus entre parties devenues par la suite ennemies telles qu'elles sont définies à l'Article 82 et antérieurement à la date indiquée audit Article :

Section II: **Contracts and Prescriptions**

Article 73

The following classes of contracts concluded, before the date mentioned in Article 82, between persons who thereafter became enemies as defined in that Article, remain in force subject to the provisions of the contracts and to the stipulations of the present Treaty:—

[1] Der englische Text sagt: „Mieten und Mietabkommen über Liegenschaften und Häuser".

[2] Der englische Text sagt: „Individuen oder Gesellschaften".

a) Les contrats ayant pour objet une vente immobilière encore que la vente elle-même n'ait pas encore été régulièrement réalisée si, en fait, la livraison a été effectuée avant la date à laquelle les parties sont devenues ennemies aux termes de l'Article 82 ;

b) Lex baux, contrats de location et promesses de location passés entre particuliers ;

c) Les contrats passés entre particuliers relatifs à l'exploitation de mines, de forêts ou de domaines agricoles ;

d) Les contrats d'hypothèque, de gage et de nantissement ;

e) Les contrats constitutifs de sociétés, sans que cette disposition s'applique aux sociétés en nom collectif ne constituant pas, d'après la loi qui les régit, une personnalité distincte de celle des parties (partnerships) ;

f) Les contracts, quel qu'en soit l'objet, passés entre les particuliers ou sociétés et l'Etat, les provinces, municipalités ou autres personnes juridiques administratives analogues ;

g) Les contrats relatifs au statut familial ;

h) Les contrats relatifs à des donations ou à des libéralités de quelque nature que ce soit.

Le présent Article ne pourra être invoqué pour donner à des contrats une autre valeur que celle qu'ils avaient par eux-mêmes lorsqu'ils ont été conclus.

Il ne s'appliquera pas aux contrats de concession.

(a) Contracts for the sale of real property, even if all formalities may not have been concluded, provided that delivery did in fact take place before the date on which the parties became enemies as defined in Article 82.

(b) Leases and agreements for leases of land and houses entered into between individuals.

(c) Contracts between individuals regarding the exploitation of mines, forests or agricultural estates.

(d) Contracts of mortgage, pledge or lien.

(e) Contracts constituting companies, excepting „sociétés en „nom collectif" which do not constitute, under the law to which they are subject, an entity separate from that of the persons of which they are composed (partnerships).

(f) Contracts, whatever may be their purpose, concluded between individuals or companies and the State, provinces, municipalities or other similar juridical persons charged with administrative functions.

(g) Contracts relating to family status.

(h) Contracts relating to gifts or bounties of any kind whatever.

This Article cannot be invoked in order to give to contracts a validity different from that which they had in themselves when they were concluded.

It does not apply to concessionary contracts.

Sektion II: **Verträge und Verjährung**

Artikel 73

Die folgenden Klassen von Verträgen, die vor dem im Art. 82 bezeichneten Zeitpunkte zwischen Personen geschlossen wurden, die hernach im Sinne des Artikels 82 Feinde wurden, bleiben in Kraft, unter Vorbehalt der Bestimmungen der Verträge und der Vorschriften des gegenwärtigen Vertrages.

a) Verträge für den Verkauf von Immobilien, selbst wenn nicht alle Förmlichkeiten beobachtet sein sollten[1], vorausgesetzt, daß die Übergabe tatsächlich vor dem Zeitpunkt stattfand, zu dem die Parteien im Sinne von Art. 82 Feinde wurden.
b) Mieten und Mietabkommen zwischen Privatpersonen über Grundbesitz und Häuser,
c) Verträge zwischen Privatpersonen über die Ausnutzung von Bergwerken, Waldungen oder Landwirtschaftlichen Besitzungen,
d) Verträge über Hypotheken, Pfänder oder Sicherheiten,
e) Verträge über die Errichtung von Gesellschaften mit Ausnahme von Handelsgesellschaften, die nach dem auf sie anwendbaren Recht keine Einheit darstellen, die von der ihrer Gesellschafter verschieden ist,
f) Verträge, gleichgültig, welchen Gegenstandes, zwischen Privatpersonen oder Gesellschaften und dem Staat, Provinzen, kommunalen Körperschaften oder anderen gleichartigen juristischen Personen, die mit Verwaltungsfunktionen betraut sind,
g) familienrechtliche Verträge,
h) Verträge über Schenkungen oder freiwillige Zuwendungen jeder Art.

Dieser Artikel kann nicht herangezogen werden, um Verträgen eine andere Gültigkeit zu verleihen als die, die sie hatten, als sie geschlossen wurden.

Der Artikel findet auf Konzessionsverträge keine Anwendung.

Article 75

Les contrats, autres que ceux énumérés aux Articles 73 et 74 et autres que les contrats de concession, passés entre personnes devenues ultérieurement ennemies, seront considérés comme ayant été annulés à partir de la date à laquelle les parties sont devenues ennemies.

Toutefois, chacune des parties au contract pourra en réclamer l'exécution jusqu'à l'expiration d'un délai de trois mois à partir de la mise en vigueur du présent Traité, à la condition de verser à l'autre partie, s'il y a

Article 75

Contracts other than those specified in Articles 73 and 74 and other than concessionary contracts, which were entered into between persons who subsequently became enemies, shall be considered as having been annulled as from the date on which the parties became enemies.

Nevertheless, either of the parties to the contract shall have power, within three months from the coming into force of the present Treaty, to require the execution of the contract, on condition of paying, where the circum-

[1] Die wörtliche Übersetzung des französischen Textes lautet: auch wenn der Verkauf selbst nicht regelrecht verwirklicht sein sollte.

lieu, une indemnité correspondant à la différence entre les conditions du moment où le contrat a été conclu et celles du moment où son maintien est réclamé. Cette indemnité, à défaut d'accord entre les parties, sera fixée par le Tribunal Arbitral Mixte.

stances demand it, to the other party compensation calculated according to the difference between the conditions prevailing at the time when the contract was concluded and those prevailing at the time when its maintenance is required. In default of agreement between the parties, this compensation shall be fixed by the Mixed Arbitral Tribunal.

Artikel 75

Andere Verträge als die in den Art. 73 und 74 aufgeführten und als Konzessionsverträge sollen, falls sie zwischen Personen abgeschlossen waren, die später Feinde wurden, als von dem Tage aufgelöst gelten, zu dem die Parteien Feinde wurden.

Jede Partei soll aber das Recht haben, binnen 3 Monaten seit Inkrafttreten des gegenwärtigen Vertrages die Ausführung des Vertrages zu verlangen unter der Bedingung, daß sie, falls es die Umstände so erfordern, der anderen Partei eine Entschädigung zahlt, die auf Grund des Unterschiedes zwischen den zur Zeit des Vertragsschlusses und dem Zeitpunkt, zu dem seine Ausführung verlangt wurde, bestehenden Bedingungen berechnet wird. Mangels einer Vereinbarung zwischen den Parteien soll diese Entschädigung vom Gemischten Schiedsgericht festgesetzt werden.

Article 77

Restent en vigueur et soumis au droit commun les contrats entre ressortissants alliés et turcs conclus postérieurement au 30 octobre 1918.

Restent également en vigueur et soumis au droit commun les contrats dûment intervenus avec le Gouvernement de Constantinople postérieurement au 30 octobre 1918 jusqu'au 16 Mars 1920.

Tous contrats et arrangements dûment conclus postérieurement au 16 Mars 1920 avec le Gouvernement de Constantinople et intéressant les territoires demeurés sous l'autorité effective dudit Gouvernement seront soumis à l'approbation de la Grande Assemblée Nationale de Turquie sur la demande des intéressés présentée dans un délai de trois mois, à compter de la mise en vigueur du présent Traité.

Article 77

Contracts between Allied and Turkish nationals concluded after the 30th October, 1918, remain in force and will be governed by the ordinary law.

Contracts duly concluded with the Constantinople Government between the 30th October, 1918, and the 16th March, 1920, also remain in force and will be governed by the ordinary law.

All contracts and arrangements duly concluded after the 16th March, 1920, with the Constantinople Government concerning territories which remained under the effective control of the said Government, shall be submitted to the Grand National Assembly of Turkey for approval, if the parties concerned make application within three months from the coming into force of the present Treaty. Payments made under such contracts shall be duly credited

Les payements effectués en vertu de ces contrats seront dûment portés au crédit de la partie qui les aurait effectués.

Au cas où l'approbation ne serait pas accordée, la partie intéressée aura droit, s'il y a lieu, à une indemnité correspondant au dommage direct effectivement subi et qui, à défaut d'accord amiable, sera fixée par le Tribunal Arbitral Mixte.

Les dispositions du présent Article ne sont applicables ni aux contrats de concession ni aux transferts de concessions.

to the party who has made them.

If approval is not granted, the party concerned shall, if the circumstances demand it, bc entitled to compensation corresponding to the direct loss which has been actually suffered; such compensation in default of an amicable agreement, shall be fixed by the Mixed Arbitral Tribunal.

The provisions of this Article are not applicable either to concessionary contracts or to transfers of concessions.

Artikel 77

Verträge zwischen alliierten und türkischen Staatsangehörigen, die nach dem 30. Oktober 1918 geschlossen sind, bleiben in Kraft und unterliegen dem gemeinen Recht.

Verträge, die ordnungsmäßig mit der Regierung in Konstantinopel zwischen dem 30. Oktober 1918 und dem 16. März 1920 geschlossen sind, bleiben gleichfalls in Kraft und unterliegen dem gemeinen Recht.

Alle Verträge und Abreden, die ordnungsmäßig nach dem 16. März 1920 mit der Regierung von Konstantinopel geschlossen sind und Gebiete betreffen, die unter der wirksamen Kontrolle der genannten Regierung geblieben sind, sollen der Großen Nationalversammlung der Türkei zur Genehmigung unterbreitet werden, falls die beteiligten Parteien binnen drei Monaten vom Inkrafttreten des gegenwärtigen Vertrages dies beantragen. Zahlungen, die auf Grund solcher Verträge geleistet worden sind, sollen der Partei, die die Zahlungen bewirkt hat, ordnungsmäßig kreditiert werden.

Falls die Genehmigung nicht erteilt wird, soll der beteiligten Partei, falls die Umstände es erfordern, eine Entschädigung zustehen, die dem direkten Verlust entspricht, der tatsächlich erlitten worden ist. Eine solche Entschädigung soll, falls keine freundschaftliche Verständigung zustandekommt, vom Gemischten Schiedsgericht festgesetzt werden.

Die Bestimmungen dieses Artikels sind weder auf Konzessionsverträge noch auf die Übertragung von Konzessionen anwendbar.

Article 78

Tous les différends déjà existants, ou pouvant s'élever avant l'expiration du délai de six mois prévue ci-après, au sujet des contrats autres que les contrats de concession intervenus entre parties devenues par la suite ennemies, seront réglés par le Tribunal

Article 78

All disputes which already exist, or may arise within the period of six months mentioned below, relating to contracts, other than concessionary contracts, between parties who subsequently became enemies, shall be determined by the Mixed Arbitral

Arbitral Mixte, à l'exception des différends qui, par application des lois des Puissances neutres, seraient de la compétence des tribunaux nationaux de ces Puissances. En ce dernier cas, ces différends seront réglés par ces tribunaux nationaux à l'exclusion du Tribunal Arbitral Mixte. Les plaintes relatives aux différends, qui, en vertu du présent Article, sont de la compétence du Tribunal Arbitral Mixte, devront être présentées audit Tribunal dans un délai de six mois à compter de la date de constitution de ce Tribunal.

Ce délai expiré, les différends qui n'auraient pas été soumis au Tribunal Arbitral Mixte seront réglés par les juridictions compétentes d'après le droit commun.

Les dispositions du présent Article ne sont pas applicables lorsque toutes les parties au contrat résidaient dans le même pays pendant la guerre et y disposaient librement de leurs personnes et de leurs biens, ni lorsqu'il s'agit d'un différend au sujet duquel un jugement a été rendu par un tribunal compétent antérieurement à la date à laquelle les parties sont devenues ennemies.

Tribunal, with the exception of disputes which, in accordance with the laws of neutral Powers are within the competence of the national courts of those Powers. In the latter case, such disputes shall be determined by the said national courts, to the exclusion of the Mixed Arbitral Tribunal. Applications relating to disputes which, under this Article, are within the competence of the Mixed Arbitral Tribunal, must be presented to the said Tribunal within a period of six months from the date of its establishment.

After the expiration of this period, disputes which have not been submitted to the Mixed Arbitral Tribunal shall be determined by the competent courts in accordance with the ordinary law.

The provisions of this Article do not apply to cases in which all the parties to the contract resided in the same country during the war and there freely disposed of their persons and their property, nor to disputes in respect of which judgment was given by a competent court before the date on which the parties became enemies.

Artikel 78

Alle Streitigkeiten, die entweder schon bestehen oder innerhalb der unten erwähnten Frist von 6 Monaten auftauchen sollten, und sich auf Verträge (mit Ausnahme von Konzessionsverträgen) zwischen Parteien beziehen, die später Feinde wurden, sollen von den Gemischten Schiedsgerichten entschieden werden, mit Ausnahme von Streitigkeiten, die auf Grund der Gesetze von neutralen Mächten zur Zuständigkeit der Landesgerichte dieser neutralen Mächte gehören. In diesem letzteren Falle sollen solche Streitigkeiten durch die genannten Landesgerichte entschieden werden unter Ausschluß des Gemischten Schiedsgerichts, Anträge, mit Bezug auf Streitigkeiten, die kraft dieses Artikels zur Zuständigkeit des Gemischten Schiedsgerichts gehören, müssen bei diesem Gericht innerhalb von 6 Monaten seit seiner Errichtung eingereicht werden.

Nach dem Ablauf dieser Frist sollen Streitigkeiten, die dem Gemischten Schiedsgericht nicht unterbreitet worden sind, von den zuständigen Gerichten in Gemäßheit mit dem ordentlichen Recht entschieden werden.

Die Bestimmungen dieses Artikels finden keine Anwendung auf Fälle, in denen die Vertragsparteien während des Krieges in demselben Lande Aufenthalt hatten und dort über ihre Person und ihr Vermögen frei verfügten, und ebenso wenig auf Streitigkeiten, hinsichtlich deren von einem zuständigen Gericht vor dem Feindwerden der Parteien ein Urteil erlassen worden war.

Article 81

Les ventes effectuées pendant la guerre en réalisation de nantissements ou d'hypothèques constitués avant la guerre et garantissant des dettes devenues exigibles, seront réputées acquises, encore que toutes les formalités requises pour avertir le débiteur n'aient pu être observées et sous réserve expresse du droit dudit débiteur d'assigner le créancier devant le Tribunal Arbitral Mixte en reddition de comptes à peine de tous dommages et intérêts.

Le Tribunal aura pour mission d'apurer les comptes entre les parties, de vérifier les conditions dans lesquelles le bien donné en nantissement ou en hypothèque a été vendu et de mettre à la charge du créancier la réparation du préjudice qu'aurait subi le débiteur par suite de la vente, si le créancier a agi de mauvaise foi, ou s'il n'a pas fait toutes diligences en son pouvoir pour éviter de recourir à la vente, ou pour que celle-ci soit effectuée dans des conditions assurant la réalisation d'un juste prix.

La présente disposition ne sera applicable qu'entre ennemis et ne s'étendra pas aux opérations ci-dessus visées qui auraient été effectuées postérieurement au 1. Mai 1923.

Article 81

Sales effected during the war in order to realise pledges or mortgages created before the war as security for debts which have become payable, shall be deemed valid, although it may not have been possible to perform all the formalities required for notifying the debtor, subject to the express right of the said debtor to summon the creditor before the Mixed Arbitral Tribunal to render accounts, failing which the creditor will be liable to be cast in damages.

It shall be the duty of the Mixed Arbitral Tribunal to settle the accounts between the parties, to investigate the conditions under which the property pledged or mortgaged was sold, and to order the creditor to make good any loss suffered by the debtor as a result of the sale if the creditor acted in bad faith or if be did not take all steps in his power to avoid having recourse to a sale or to cause the sale to be conducted in such conditions as to ensure the realisation of a fair price.

The present provision is applicable only between enemies and does not extend to transactions referred to above which may have been carried out after the 1st May 1923.

Artikel 81

Während des Krieges vorgenommene Verkäufe zur Verwertung von Pfändern oder Hypotheken, die vor dem Kriege als Sicherheit für seitdem fällig gewordene Schulden bestellt waren, sollen als gültig gelten, auch wenn es nicht möglich gewesen sein sollte, alle notwendigen Förmlichkeiten für die Benachrichtigung des Schuldners zu erfüllen, jedoch vorbehaltlich des Rechts des Schuldners, den Gläubiger vor das Gemischte Schiedsgericht zwecks Rechnungslegung zu laden, wobei sich der Schuldner im Unterlassungsfalle schadensersatzpflichtig macht.

Es soll die Aufgabe des Gemischten Schiedsgerichtes sein, die Konten zwischen den Parteien festzustellen, die Bedingungen nachzuprüfen, unter denen der belastete Vermögensgegenstand verkauft wurde und den Gläubiger anzuhalten, den Schuldner für jeden Verlust zu entschädigen, den er durch den Verkauf erlitten hat, wenn der Gläubiger in schlechtem Glauben handelte oder nicht alle Schritte in seiner Macht tat, um zu vermeiden, zum Verkaufe schreiten zu müssen, oder um den Verkauf unter Bedingungen vorzunehmen, die zur Herbeiführung eines angemessenen Preises führten.

Die gegenwärtige Bestimmung ist nur zwischen Feinden anwendbar und erstreckt sich nicht auf oben erwähnte Maßnahmen, die nach dem 1. 5. 1923 vorgenommen sein sollten.

Article 82

Au sens de la présente Section, les personnes parties à un contrat seront considérées comme ennemies à partir de la date à laquelle le commerce entre elles sera devenu impossible en fait ou aura été interdit ou sera devenu illégal en vertu des lois, décrets ou règlements auxquels une de ces parties était soumise.

Par dérogation aux Articles 73 à 75, 79 et 80, seront soumis au droit commun les contrats conclus sur le territoire de l'une des Hautes Parties contractantes entre personnes ennemies (y compris les sociétés) ou leurs agents, si ce territoire était pays ennemi pour l'un des contractants qui y est resté pendant la guerre en y pouvant librement disposer de sa personne et de ses biens.

Article 82

For the purposes of the present Section, the parties to a contract shall be regarded as enemies from the date on which trading between them became impossible in fact or was prohibited or became unlawful under laws, orders or regulations to which one of the parties was subject.

By way of exception to Articles 73—75, 79 and 80, contracts shall be governed by the ordinary law if they were concluded within the territory of one of the High Contracting Parties between enemies (including companies) or their agents, if this territory was an enemy country for one of the contracting parties who remained there during the war and was there able to dispose freely of his person and property.

Artikel 82

Für die Zwecke des gegenwärtigen Abschnitts gelten Parteien eines Vertrages als Feinde von dem Zeitpunkt, zu dem Handel zwischen ihnen entweder tatsächlich unmöglich, oder verboten, oder ungesetzlich wurde, zufolge von Gesetzen, Verordnungen und Vorschriften, denen eine der Parteien unterworfen war.

In Abweichung von den Art. 73—75, 79 und 80 sollen Verträge durch das ordentliche Recht geregelt werden, die innerhalb des Gebiets einer der vertragschließenden Mächte zwischen Feinden (einschließlich Gesellschaften) oder ihren Agenten geschlossen waren, falls dies Gebiet für eine der vertragschließenden Parteien, die dort während des Krieges verblieb und dort frei über ihre Person oder Vermögen verfügen konnte, ein feindliches Gebiet war.

Section III: **Dettes**

Article 84

Les Hautes Parties contractantes sont d'accord pour reconnaître que les dettes exigibles avant la guerre, ou devenues exigibles pendant la guerre, en vertu de contrats passés avant la guerre, et restées impayées par suite de la guerre, doivent être réglées et payées dans les conditions prévues aux contrats et dans la monnaie convenue, telle qu'elle a cours dans le pays où elle est émise.

Section III: **Debts**

Article 84

The High Contracting Parties are in agreement in recognising that debts which were payable before the war or which became payable during the war under contracts entered into before the war, and which remained unpaid owing to the war, must be settled and paid, in accordance with the provisions of the contracts, in the currency agreed upon, at the rate current in its country of origin.

Sektion III: **Schulden**

Artikel 84

Die Hohen vertragschließenden Parteien stimmen darin überein, daß Schulden, die auf Grund von vor dem Kriege geschlossenen Verträgen vor dem Kriege fällig geworden waren, oder während des Krieges fällig wurden, und infolge des Krieges unbezahlt blieben, in Übereinstimmung mit den Vertragsbestimmungen geregelt und bezahlt werden müssen, in der vereinbarten Währung, und zu dem im Ursprungslande geltenden Umrechnungssatz.

C. Pariser Friedensvertrag mit Italien von 1947 [1]

Section IV: **Dettes** [2]

Article 81

1. L'existence de l'état de guerre ne doit pas être considérée en soi comme affectant l'obligation d'acquitter les

Section IV: **Debts** [2]

Article 81

1. The existence of the state of war shall not, in itself, be regarded as affecting the obligation to pay pecuni-

---

[1] Zwei Übersetzungen der Friedensverträge liegen vor, die eine herausgegeben von der Redaktion der „Wandlung" im Verlag Lambert Schneider, Heidelberg, die andere im Verlag Europa-Archiv als Band I der „Quellen für Politik und Völkerrecht". Gegenüber dem Titel der Veröffentlichungen zu 1 „Die Friedensverträge im deutschen Wortlaut" sei darauf hingewiesen, daß die Originalverträge natürlich nicht einen deutschen Text enthalten. Es handelt sich also um eine private Übersetzung.

Im Nachstehenden wird die erste Übersetzung mit „Ü. Schneider", die zweite mit „Ü. Europa-Archiv" bezeichnet.

[2] Die entsprechenden Vorschriften sind in Art. 29 Vertrag mit Rumänien, Art. 27 Vertrag mit Bulgarien, Art. 31 Vertrag mit Ungarn enthalten. Der Vertrag mit Finnland enthält keine entsprechende Bestimmung.

dettes pécuniaires résultant d'obligations et de contrats qui étaient en vigueur et de droits qui étaient acquis avant l'existence de l'état de guerre, dettes qui étaient devenues exigibles avant l'entrée en vigueur du présent Traité et qui sont dues, soit par le Gouvernement ou les ressortissants italiens au Gouvernement ou aux ressortissants de l'une des Puissances Alliées ou Associées, soit par le Gouvernement ou les ressortissants d'une des Puissances Alliées ou Associées au Gouvernement ou aux ressortissants italiens.

2. Sauf disposition expressément contraire du présent Traité, aucune clause de ce Traité ne devra être interprétée comme affectant les rapports de débiteurs et créanciers résultant de contrats conclus avant la guerre soit par le Gouvernement soit par des ressortissants italiens.

ary debts arising out of obligations and contracts which existed, and rights which were acquired, before the existence of the state of war, which became payable prior to the coming into force of the present Treaty, and which are due by the Government or nationals of Italy to the Government or nationals of one of the Allied and Associated Powers or are due by the Government or nationals of one of the Allied and Associated Powers to the Government or nationals of Italy.

2. Except as otherwise expressly provided in the present Treaty, nothing therein shall be construed as impairing debtor-creditor relationships arising out of pre-war contracts concluded either by the Government or nationals of Italy.

Sektion IV: **Schulden**

Artikel 81

1. Die Verpflichtung, Geldschulden zu bezahlen, die aus Verpflichtungen und Verträgen herrühren, die vor dem Eintritt des Kriegszustandes bestanden, und aus Rechten, die vor diesem Zeitpunkt erworben waren, Schulden, die vor Inkrafttreten des gegenwärtigen Vertrages fällig geworden waren und entweder von der Regierung oder den Staatsangehörigen von Italien der Regierung oder den Staatsangehörigen einer der Alliierten oder Assoziierten Mächte, oder von der Regierung oder den Staatsangehörigen einer der Alliierten oder Assoziierten Mächte der Regierung oder den Staatsangehörigen von Italien geschuldet wurden, soll durch das Bestehen des Kriegszustandes als solchen nicht berührt werden [3].

2. Sofern nicht in dem gegenwärtigen Vertrage ausdrücklich etwas anderes bestimmt ist, soll nichts darin so ausgelegt werden, als wenn es Gläubiger-Schuldner-Beziehungen beeinträchtige, die aus Vorkriegsverträgen herrühren, die entweder von der Regierung oder den Staatsangehörigen von Italien geschlossen sind.

---

[3] Der englische Text sagt „affecting", das heißt „berühren", hinter welchem weiteren Begriff die in Ü. Schneider gewählte Übersetzung „schädigen" zurückbleibt.

Annexe XVI: Contrats, Prescriptions, Effets de Commerce [4]

A. Contrats

1. Sauf exceptions énoncées dans les paragraphes 2 et 3 ci-dessous, tout contrat ayant nécessité pour son exécution des rapports entre des parties qui sont devenues ennemies au sens de la partie D de la présente annexe, sera tenu pour résilié, depuis le moment où l'une quelconque des parties est devenue un ennemi. Toutefois, cette résiliation s'entendra sans préjudice des dispositions de l'article 81 du présent Traité; elle ne relèvera pas non plus l'une quelconque des parties au contrat de l'obligation de reverser les sommes perçues à titre d'avances ou d'acomptes et pour lesquelles la partie intéressée n'a pas fourni de contrepartie.

2. Nonobstant les dispositions du paragraphe 1 ci-dessus, les stipulations de tout contrat qui pourront être dissociées et dont l'exécution ne nécessiterait pas de rapports entre les parties qui sont devenues ennemies au sens de la partie D de la présente annexe, ne seront pas résiliées et demeureront en vigueur sans préjudice des droits énoncés à l'article 79 du présent Traité. Si les stipulations d'un contrat ne peuvent pas être ainsi dissociées, le contrat sera tenu comme étant intégralement résilié. Les dispositions qui précèdent s'entendent sous réserve de l'application des lois, ordonnances et règlements nationaux édictés par telle ou telle des Puissances Alliées ou Associées de la juridiction de laquelle relève le contrat ou l'une quelconque des parties au contrat, et sous réserve des stipulations du contrat.

Annexe XVI: Contracts, Prescription and Negotiable Instruments [4]

A. Contracts

1. Any contract which required for its execution intercourse between any of the parties thereto having become enemies as defined in part D of this Annex, shall, subject to the exceptions set out in paragraphs 2 and 3 below, be deemed to have been dissolved as from the time when any of the parties thereto became enemies. Such dissolution, however, is without prejudice to the provisions of Article 81 of the present Treaty, nor shall it relieve any party to the contract from the obligation to repay amounts received as advances or as payments on account and in respect of which such party has not rendered performance in return.

2. Notwithstanding the provisions of paragraph 1 above, there shall be excepted from dissolution and, without prejudice to the rights contained in Article 79 of the present Treaty, there shall remain in force such parts of any contract as are severable and did not require for their execution intercourse between any of the parties thereto, having become enemies as defined in Part D of this Annex. Where the provisions of any contract are not so severable, the contract shall be deemed to have been dissolved in its entirety. The foregoing shall be subject to the application of domestic laws orders or regulations made by any of the Allied and Associated Powers having jurisdiction over the contract or over any of the parties thereto and shall be subject to the terms of the contract.

---

[4] Anhang XVI entspricht Anhang V in den Verträgen mit Rumänien, Bulgarien, Ungarn und Finnland.

3. Aucune disposition de la partie A de la présente annexe ne sera considérée comme annulant les transactions légalement effectuées conformément à un contrat passé entre ennemis, si ces transactions ont été exécutées avec l'autorisation du Gouvernement d'une des Puissances Alliées ou Associées.

3. Nothing in Part A of this Annex shall be deemed to invalidate transactions lawfully carried out in accordance with a contract between enemies if they have been carried out with the authorization of the Government of one of the Allied and Associated Powers.

Anhang Nr. XVI: **Verträge, Verjährung und begebbare Handelspapiere**

A. Verträge

1. Jeder Vertrag, der zu seiner Ausführung Verkehr [5] zwischen irgendwelchen der Vertragsparteien bedingte, die Feinde im Sinne von Teil D dieses Anhangs geworden sind, soll vorbehaltlich der Ausnahmen unten in Abschnitt 2 und 3 als aufgelöst von der Zeit angesehen werden, zu der irgendwelche [6] der Parteien des Vertrages Feinde wurden. Eine solche Auflösung erfolgt jedoch unbeschadet der Vorschriften von Art 81 des gegenwärtigen Vertrages, auch soll sie keine der Vertragsparteien von der Verpflichtung befreien, Beträge zurückzuzahlen, die sie als Anzahlung oder Zahlung empfangen hat und hinsichtlich deren die beteiligte Partei eine Gegenleistung nicht erbracht hat.

2. Ungeachtet der Bestimmungen des obigen Absatzes 1 sollen von der Auflösung ausgenommen und unter Vorbehalt der in Art. 79 des gegenwärtigen Vertrages enthaltenen Rechte in Kraft bleiben die Teile eines Vertrages, die trennbar [7] sind und für ihre Ausführung Verkehr zwischen einer der Vertragsparteien, die Feinde im Sinne von Teil D dieses Anhangs geworden sind, nicht bedingen. Sind die Bestimmungen eines solchen Vertrages nicht trennbar, so soll der Vertrag als im vollen Umfang aufgelöst gelten. Die vorstehende Bestimmung soll unterworfen sein der Anwendung von Landesrecht, Verordnungen oder Vorschriften, die von einer Alliierten oder Assoziierten Macht erlassen sind, der über den Vertrag oder eine der Parteien Gebietshoheit zusteht, und soll ferner den Bestimmungen des Vertrages unterworfen sein.

3. Keine Bestimmung in Teil A dieses Anhangs soll so angesehen werden, als wenn sie Rechtshandlungen unwirksam mache, die in Übereinstimmung mit einem Vertrage zwischen Feinden rechtmäßig ausgeführt worden sind, falls sie mit der Zustimmung der Regierung einer der Alliierten oder Assoziierten Mächte ausgeführt worden sind.

---

[5] In Ü. Europa-Archiv wird „intercourse" mit „freien Verkehr" übersetzt. Wenn damit gesagt sein soll, daß der Verkehr, um die Auflösung des Vertrages herbeizuführen, irgendwie qualifiziert sein müsse, wäre das irrig; falls die Erfüllung des Vertrages Verkehr zwischen den Parteien erfordert, wird er aufgelöst. Besondere Erfordernisse an den Verkehr bestehen nicht. Man kann sich auch schwer vorstellen, wie ein Verkehr nicht frei sein könne.

[6] Die Übersetzung in Ü. Schneider „diese beteiligten Parteien" ist zu eng. Der französische Text lautet: l'une quelconque des partis", der englische: „any of the parties". Es genügt also, daß irgendwelche der Parteien Feinde werden.

[7] In Ü. Europa-Archiv steht statt „trennbar" „getrennt erfüllbar". Das halte ich nicht für richtig. Die getrennte Erfüllbarkeit mag ein Kriterium für die Trennbarkeit abgeben, ist aber nicht das einzige Kriterium.

D. Dispositions spéciales

1. Aux fins de la présente annexe, les personnes physiques ou morales seront considérées comme étant devenues ennemies à partir de la date où tout commerce entre elles est devenu illégal, aux termes des lois, ordonnances ou règlements auxquels ces personnes ou le contrat étaient soumis.

2. Etant donné le système juridique des Etats-Unis d'Amérique, les dispositions de cette annexe ne s'appliqueront pas aux relations entre les Etats-Unis d'Amérique et l'Italie.

D. Special Provisions

1. For the purposes of this Annex, natural or juridical persons shall be regarded as enemies from the date when trading between them shall have become unlawful under laws, orders or regulations to which such persons or the contracts were subject.

2. Having regard to the legal system of the United States of America, the provisions of this Annex shall not apply as between the United States of America and Italy.

D. Sondervorschriften

1. Im Sinne dieses Anhangs sollen natürliche oder juristische Personen als Feinde von dem Zeitpunkt gelten, zu dem der Handel [8] zwischen ihnen infolge von Gesetzen, Verordnungen oder Vorschriften gesetzwidrig geworden ist, denen solche Personen oder die Verträge unterworfen waren.

2. Mit Rücksicht auf das Recht der Vereinigten Staaten von Amerika sollen die Bestimmungen dieses Anhangs zwischen den Vereinigten Staaten von Amerika und Italien keine Anwendung finden.

Partie IX :

Règlement des Différends [9]

Article 83

1. Tous les différends qui pourront s'élever à propos de l'application des articles 75 et 78, ainsi que des annexes XIV, XV, XVI et XVII, partie B, du présent Traité, seront soumis à une

Part. IX:

Settlement of Disputes [9]

Article 83

1. Any disputes which may arise in giving effect to Articles 75 and 78 and Annexes XIV, XV, XVI and XVII, part B of the present Treaty shall be referred to a Conciliation Commission con-

[8] In Ü. Schneider steht statt „Handel" „Geschäftsverkehr", in Ü. Europa-Archiv „Handelsbeziehungen". Beide Ausdrücke sind meines Erachtens nicht ganz scharf. „Geschäftsverkehr" könnte so verstanden werden, als wenn der Handel, dessen Ungesetzlichwerden die Feindeigenschaft bedingt, ein geschäftlicher sein müsse; es genügt aber jedwede Art von Verkehr, geschäftlicher oder nicht geschäftlicher Natur. „Geschäftsbeziehungen" bringt meines Erachtens nicht genügend zum Ausdruck, daß das, dessen Ungesetzlichwerden die Feindeigenschaft bedingt, in einem Aktiv-Tätigwerden bestehen muß, also in einem dynamischen, während „Geschäftsbeziehungen" im statischen Sinne verstanden werden könnte.

[9] In den Friedensverträgen mit Rumänien (Art. 32). Bulgarien (Art. 31), Ungarn (Art. 35) und Finnland (Art. 31) fehlt in Absatz 1 die Bestimmung über die Anrufung der vier Botschafter, vielmehr kann der Generalsekretär der Vereinten Nationen sogleich um Ernennung eines dritten Mitglieds angegangen werden, ferner fehlen die Abschnitte 2—5, und Abschnitt 6 trägt die Nummer 2.

commission de conciliation, composée d'un représentant de la Nation Unie intéressée et d'un représentant du Gouvernement italien, agissant sur un pied d'égalité. Si un règlement n'est pas intervenu dans les trois mois qui suivront la date à laquelle le différend a été soumis à la commission de conciliation, l'un ou l'autre Gouvernement pourra demander l'adjonction à la commission d'un tiers membre choisi, d'un commun accord, entre les deux Gouvernements, parmi les ressortissants d'un Etat tiers. A défaut d'accord dans un délai de deux mois, entre les deux Gouvernements, sur le choix de ce membre, ces Gouvernements s'adresseront aux Ambassadeurs des Etats-Unis d'Amérique, de France, du Royaume-Uni et de l'Union Soviétique qui désigneront le tiers membre de la commission. Si les Ambassadeurs ne parviennent pas à se mettre d'accord dans le délai d'un mois sur la désignation du tiers membre, l'une ou l'autre partie pourra demander au Secrétaire Général de l'Organisation des Nations Unies de procéder à cette désignation.

2. Lorsqu'une commission de conciliation sera constituée en application du paragraphe 1, elle aura compétence pour connaître de tous les différends qui pourront s'élever par la suite entre la Nation Unie intéressée et l'Italie au sujet de l'application ou de l'interprétation des articles 75 et 78, ainsi que des annexes XIV, XV, XVI et XVII, partie B du présent Traité, et elle remplira les fonctions qui lui sont dévolues par ces dispositions.

3. Chaque commission de conciliation établira elle-même sa procédure, en adoptant des règles conformes à la justice et à l'équité.

sisting of one representative of the Government of the United Nation concerned and one representative of the Government of Italy having equal status. If within three months after the dispute has been referred to the Conciliation Commission no agreement has been reached, either Government may ask for the addition to the Commission of a third member selected by mutual agreement of the two Governments from nationals of a third country. Should the two Governments fail to agree within two months on the selection of a third member of the Commission, the Government[10] shall apply to the Ambassadors in Rome of the Soviet Union, of the United Kingdom, of the United States of Amerika, and of France, who will appoint the third member of the Commission. If the Ambassadors are unable to agree within a period of one month upon the appointment of the third member, the Secretary-General of the United Nations may be requested by either party to make the appointment.

2. When any Conciliation Commission is established under paragraph 1 above, it shall have jurisdiction over all disputes which may thereafter arise between the United Nation concerned and Italy in the application or interpretation of Articles 75 and 78 and Annexes XIV, XV, XVI and XVII, part B of the present Treaty, and shall perform the functions attributed to it by those provisions.

3. Each Conciliation Commission shall determine its own procedure, adopting rules conforming to justice and equity.

[10] Daß der Singular gebraucht ist, beruht wahrscheinlich auf einem Schreibfehler. Im französischen Text heißt es „ces gouvernements'", also die beiden beteiligten Regierungen.

4. Chaque Gouvernement payera les honoraires du membre de la commission de conciliation qu'il nomme et de tout agent qu'il pourra désigner pour le représenter devant la commission. Les honoraires du tiers membre seront fixés par accord spécial entre les Gouvernements intéressés, et ces honoraires, ainsi que les dépenses communes de chaque commission, seront payés par moitié par les deux Gouvernements.

5. Les parties s'engagent à ce que leurs autorités fournissent directement à la commission de conciliation toute l'aide qui sera en leur pouvoir.

6. La décision de la majorité des membres de la commission sera considérée comme décision de la commission et acceptée par les parties comme définitive et obligatoire.

4. Each Government shall pay the salary of the member of the Conciliation Commission whom it appoints and of any agent whom it may designate to represent it before the Commission. The salary of the third member shall be fixed by special agreement between the Governments concerned and this salary, together with the common expenses of each Commission, shall be paid in equal shares by the two Governments.

5. The parties undertake that their authorities shall furnish directly to the conciliation commission all assistance which may be within their power.

6. The decision of the majority of the members of the Commission shall be the decision of the Commission, and shall be accepted by the parties as definitive and binding.

Teil IX: **Erledigung von Streitigkeiten**

Artikel 83

1. Alle Streitigkeiten, die aus Anlaß der Bestimmungen von Art. 75 und 78 und der Anlagen XIV, XV, XVI und XVII Teil B des gegenwärtigen Vertrages entstehen sollten, sollen einer Versöhnungs-Kommission [12] überwiesen werden. die aus einem Vertreter der Regierung der beteiligten Verbündeten Nation und einem Vertreter der Regierung von Italien besteht, die unter einander gleichen Status haben. Wenn innerhalb dreier Monate seit Überweisung des Streits an die Versöhnungs-Kommission kein Einverständnis erzielt ist, kann jede Regierung verlangen, daß die Kommission um ein drittes Mitglied verstärkt wird, das die beiden Regierungen im gegenseitigen Einverständnis aus Staatsangehörigen eines dritten Landes wählen. Sollten die beiden Regierungen binnen zwei [13] Monaten über die Wahl eines dritten Mitglieds der Kommission nicht einig werden, sollen sich die Regierungen an die Botschafter in Rom der Sowjet-Union, des Vereinigten Königreiches, der Vereinigten Staaten von Amerika und von Frankreich wenden, die ein drittes Mitglied der Kommission erwählen werden. Falls sich die Botschafter nicht innerhalb des Zeitraums von

---

[11] Im englischen Text wird der Singular gebraucht, vgl. oben Fußnote 10.

[12] Der Ausdruck „Vermittlungskommission" bei Ü. Schneider ist nicht ganz genau. Im englischen Text wird von „conciliation commission", im französischen von „commission de conciliation" gesprochen.

In Ü. Europa-Archiv wird der Ausdruck „Schlichtungskommission" gebraucht, welcher Ausdruck den Sinn zutreffend wiedergibt.

[13] Bei Ü. Schneider steht irrtümlich „drei Monate".

einem Monat über die Ernennung eines dritten Mitglieds einigen können, so kann der Generalsekretär der Vereinten Nationen von jeder der Parteien ersucht werden, die Ernennung vorzunehmen.

2. Wenn eine Vesöhnungs-Kommission auf Grund des obigen Absatzes 1 errichtet ist, so soll sie zuständig sein für alle Streitigkeiten, die hernach zwischen der beteiligten verbündeten Macht und Italien in der Anwendung oder Auslegung der Art. 75 und 78 und der Anlagen XIV, XV, XVI, und XVII Teil B des gegenwärtigen Vertrages entstehen sollten, und soll die ihr durch diese Vorschriften zugewiesenen Funktionen erfüllen.

3. Jede Versöhnungs-Kommission ordnet ihr Verfahren selbst nach Grundsätzen der Gerechtigkeit und Billigkeit.

4. Jede Regierung trägt die Bezüge des von ihr ernannten Mitglieds der Versöhnungs-Kommission und eines Agenten, den sie bezeichnet, um sie vor der Kommission zu vertreten. Die Bezüge eines dritten Mitgliedes sollen durch besondere Vereinbarung zwischen den beteiligten Regierungen festgesetzt und diese Bezüge ebenso wie die gemeinsamen Ausgaben jeder Kommission je zur Hälfte von den beiden Regierungen getragen werden.

5. Die Parteien verpflichten sich, daß ihre Behörden der Versöhnungs-Kommission direkt jeden in ihrer Macht liegenden Beistand leisten werden.

6. Die Entscheidung der Mehrheit der Mitglieder der Kommission soll die Entscheidung der Kommission sein und von den Parteien als endgültig und bindend angenommen werden.

Anhang 3

International Law Association Suggested Rules [1]

General Proposition

1. On the outbreak of war contracts between persons [a]) of whatever nationalites residing [a]) in the territories of opposing belligerent Powers should

Vorschläge der International Law Association [1]

Grundprinzip

1. Bei Kriegsausbruch sollten Verträge zwischen Personen [a]), gleichgültig welcher Staatsangehörigkeit, die in den Gebieten von feindlichen krieg-

[1] Vgl. oben S. 30, Anm. 2. — Die folgenden Anmerkungen sind Bestandteile der Vorschläge der ILA. — Der Verf.

[a])In these Rules the word „persons" includes physical persons, partnerships, companies, and associations which are juridical entities.

The term „residing" is intended to cover various circumstances many of which are impossible to foresee. We are therefore of opinion that the meaning should not be confined to the limited interpretation which would result from an attempt at definition.

[a]) In diesen Regeln schließt das Wort „Personen" physische Personen, Offene Handelsgesellschaften, Gesellschaften und Körperschaften mit eigener Rechtspersönlichkeit ein.

Der Ausdruck „wohnen" soll verschiedene Tatbestände einschließen, von denen sich viele nicht voraussehen lassen. Wir sind deshalb der Meinung, daß die Bedeutung nicht auf eine beschränkte Interpretation begrenzt werden sollte, die aus dem Versuch einer Definition folgen würde.

be treated as dissolved, subject to the exceptions and/or special Rules with regard to particular contracts and or classes of contracts contained in this Report.

führenden Mächten wohnen [a]), als aufgelöst behandelt werden, unter Vorbehalt der in diesem Bericht enthaltenen Ausnahmen und Sondervorschriften für bestimmte Verträge oder Vertragsklassen.

Persons Altering Residence During War

2. (a) Contracts between persons of whatever nationalities who, on the outbreak of war, are residing in the territory of the same belligerent Power, should be treated as dissolved, subject to the exception and/or special Rules referred to in (1) above, if and when one of the parties thereto, in the course of the war, voluntarily becomes resident in the territory of an opposing belligerent Power.

Personen, die während des Krieges ihren Aufenthalt ändern

2. (a) Verträge zwischen Personen, gleichgültig welcher Staatsangehörigkeit, die bei Kriegsausbruch im Gebiet derselben kriegführenden Macht wohnen, sollten als aufgelöst behandelt werden, unter Vorbehalt der oben unter Nr. 1 in bezug genommenen Ausnahmen und Sondervorschriften, falls und sobald eine der Vertragsparteien im Laufe des Krieges freiwillig Aufenthalt im Gebiet einer feindlichen Macht nimmt.

Neutrals

(b) Subject to the provisions of para, (c) hereof contracts between persons of whatever nationalities who, on the outbreak of war, are not within the scope of either of the preceding Rules should be treated as dissolved, subject to the exceptions and/or special Rules referred to in (1) above, if and when two or more of the parties thereto in the course of the war voluntarily become resident in the territories of opposing belligerent Powers.

Neutrale

(b) Unter Vorbehalt der Bestimmungen des Abschnitts (c) sollten Verträge zwischen Personen, gleichgültig welcher Staatsangehörigkeit, die bei Kriegsausbruch unter keine der vorstehenden Regeln fallen, als aufgelöst behandelt werden, unter Vorbehalt der oben in Nr. 1 in bezug genommenen Ausnahmen und Sondervorschriften, falls und sobald zwei oder mehr der Vertragsparteien im Laufe des Krieges in den Gebieten von feindlichen kriegführenden Mächten Aufenthalt nehmen.

(c) As to persons respectively not resident in the territories of opposing belligerent Powers, but resident in the territory or territories of a neutral Power or Powers, a contract to which such persons are parties should be dissolved if such contract involves intercourse between persons residing in the territories of opposing belligerent Powers.

(c) Was Personen anlangt, die nicht in Gebieten von feindlichen kriegführenden Mächten, sondern in denen einer neutralen Macht wohnen, so sollte ein Vertrag, dem solche Personen als Parteien angehören, aufgelöst werden, falls er Verkehr zwischen Personen mit Aufenthalt im Gebiet von feindlichen kriegführenden Mächten bedingt.

Branch Offices and Agents

3. The dissolution of a contract under Rule 1 or Rule 2 should take effect notwithstanding that such contract may be capable of execution by or with agents or branch offices without reference to principals or head offices residing in the territories of opposing belligerent Powers.

Wartime Contracts

4. Contracts made during war between persons to whom Rules 1 and 2 apply should be void and of no effect, but nothing in this Report should be deemed to propose to invalidate a transaction lawfully carried out during the war with the authority, express or implied, of the belligerent Powers.

Pre-War Debts

5. (a) Whenever under a contract within Rule 1 or Rule 2 a debt or other pecuniary obligation which arises out of any act done or money paid under the contract has become due before the times specified by the said Rules, such contract should continue in force in so far as may sufficient to enable the party to whom such debt or pecuniary obligation may be due to recover the same in due course.

Pre-War Breaches of Contract

(b) Whenever as a result of the failure of one of the parties to a contract within Rule 1 or Rule 2 to perform its stipulations a right of action has accrued to another party before the times

Zweigniederlassungen und Agenten

3. Die Auflösung eines Vertrages nach Regel 1 oder 2 sollte Platz greifen, auch wenn ein solcher Vertrag von oder mit Agenten oder Zweigniederlassungen ohne Angehung der in den Gebieten der feindlichen kriegführenden Mächte bestehenden Hauptniederlassungen ausgeführt werden kann.

Kriegsverträge

4. Verträge, die während des Krieges von Personen geschlossen sind, auf die Regeln 1 und 2 Anwendung finden, sollten nichtig und wirkungslos sein, aber nichts in diesem Bericht soll so verstanden werden, als würde vorgeschlagen, eine Rechtshandlung für ungültig zu erklären, die in gesetzmäßiger Weise während des Krieges mit der ausdrücklichen oder stillschweigenden Genehmigung der kriegführenden Mächte vorgenommen worden ist.

Vorkriegsschulden

5. (a) Wenn auf Grund eines Vertrages, der unter Regel 1 oder 2 fällt, eine Schuld oder andere Geldverpflichtung, die aus einer auf Grund des Vertrages bewirkten Leistung oder Geldzahlung entstanden ist, vor dem in den bezeichneten Regeln festgesetzten Zeitpunkt fällig geworden ist, so sollte ein solcher Vertrag soweit in Kraft bleiben, als nötig ist, der Partei zu gestatten, der gegenüber eine solche Schuld oder Geldverpflichtung besteht, sie in angemessener Frist einzuziehen.

Vertragsverletzungen vor Kriegsausbruch

(b) Wenn eine der Parteien eines Vertrages, auf den Regel 1 oder 2 Anwendung findet, ihren Vertragspflichten nicht nachgekommen und infolgedessen für die andere Partei vor dem

specified by the said Rules, such contract should continue in force in so far as may be sufficient to enable an action to be maintained for the breach thereof in due course.

in diesen Regeln festgesetzten Zeitpunkt ein Anspruch entstanden ist, so sollte ein solcher Vertrag insoweit in Kraft bleiben, als notwendig ist, eine Klage wegen Vertragsbruchs in angemessener Frist einzuleiten.

Saved from Dissolution

6. The following classes of contracts concluded before the times prescribed by Rules 1 and 2 should remain in force subject to the provisions of such contracts:

(a) Contracts for the transfer of immovables when before the times prescribed by the said Rules the property according to the lex loci rei sitae has passed.

(b) Contracts for the letting of immovables.

(c) Contracts of mortgage, pledge, or lien, provided that the sale during the war of a security held for a person residing in the territory of an opposing belligerent Power should be deemed to have been valid irrespective of notice to the owner if the creditor acted in good faith and with reasonable care and prudence and in accordance with the lex fori, and no claim by the debtor on the ground of such sale should be admitted.

(d) Contracts regarding the exploitation or development of mines, minerals, mineral rights, forests, or lands.

(e) Contracts constituting companies or other legal entities separate from that of the persons of whom they are composed.

Ausnahmen von der Auflösung

6. Von Verträgen, die vor den in Regeln 1 oder 2 festgesetzten Zeitpunkten geschlossen wurden, sollten die folgenden Klassen in Kraft bleiben, unter Vorbehalt der Bestimmungen solcher Verträge:

(a) Verträge über die Übertragung von Grundstücken, wenn vor dem nach diesen Regeln maßgebendem Zeitpunkt das Eigentum entsprechend der lex loci rei sitae übergegangen ist.

(b) Verträge über Vermietung von Grundstücken.

(c) Verträge über Hypotheken, Pfänder oder Sicherstellungen mit der Maßgabe, daß ein im Kriege vorgenommener Verkauf einer Sicherheit zu Gunsten einer im Gebiete einer kriegführenden Macht wohnenden Person als gültig gilt, unabhängig von einer vorherigen Androhung, falls der Gläubiger im guten Glauben und mit angemessener Sorgfalt in Übereinstimmung mit der lex fori gehandelt hat, und kein Anspruch des Schuldners auf Grund einer solchen Verwertung sollte zugelassen werden.

(d) Verträge über die Ausbeutung oder Erschließung von Bergwerken, Mineralien, Rechten an solchen, Waldungen oder Land.

(e) Verträge über die Errichtung von Gesellschaften oder anderen juristischen Personen, die von denen ihrer Mitglieder unterschieden sind.

(f) Concessions or other public utility contracts between individuals or companies on the one hand, and Staates, provinces, municipalities, or other public authorities on the other.

(g) Contracts relating to family relations and/or status.

(h) Contracts relating to gifts inter vivos or mortis causa or bounties to individuals or involving the settlement in successive interests of movables or immovables.

In so far as there may be in any testamentary instrument an element of contract, nothing in these Rules should be deemed to render such testamentary instrument or any contract in connection therewith invalid.

(f) Konzessionen oder andere gemeinnützige Verträge zwischen physischen Personen oder Gesellschaften auf der einen Seite, Staaten, Provinzen, Gemeinden oder anderen öffentlichen Körperschaften auf der anderen Seite.

(g) Verträge über Familienbeziehungen oder Familienstand.

(h) Verträge über Schenkungen unter Lebenden oder von Todes wegen oder freiwillige Zuwendungen an physische Personen oder solche. die mehrere aufeinander folgende Berechtigungen an beweglichen Sachen oder Grundstücken schaffen.

Soweit in einer letztwilligen Verfügung ein Vertragselement enthalten sein sollte, soll keine dieser Regeln so verstanden werden, als mache sie eine solche letztwillige Verfügung oder einen damit in Verbindung stehenden Vertrag ungültig.

Suspension

7. Any obligation remaining in force by virtue of these Rules, notwithstanding the provisions of Rules 1 and 2, should be suspended during the war if and so long as the performance of such obligation requires intercourse between persons residing in the territories of opposing belligerent Powers, and the opposing belligerent Powers have not expressly or impliedly authorised such intercourse: Provided that no such obligation should become enforceable by reason only of any transfer to a third party.

Aussetzung

7. Eine Verpflichtung, die auf Grund dieser Regeln in Kraft bleibt, sollte, unbeschadet der Vorschriften in Regeln 1 und 2, während des Krieges ausgesetzt sein, sofern und solange als die Erfüllung einer solchen Verpflichtung Verkehr zwischen Personen mit Aufenthalt im Gebiet der feindlichen kriegführenden Mächte bedingt und diese Mächte einen solchen Verkehr nicht ausdrücklich oder stillschweigend genehmigt haben, mit der Maßgabe, daß keine solche Verpflichtung nur deshalb erzwingbar werden sollte. weil der Anspruch einer dritten Partei übertragen worden ist.

Mandataire

8. (a) Whenever upon the outbreak of war a person of whatever nationality residing in the territory of one belligerent Power is in possession or

Beauftragte

8. (a) Wenn bei Ausbruch des Krieges eine im Gebiet einer kriegführenden Macht wohnende Person, gleichgültig welcher Staatsangehörigkeit, im

control of the movables and/or immovables and/or rights of action of a person residing in the territory of an opposing belligerent Power, the former person should (subject to the terms of any contract between them which is maintained under these Rules or otherwise notwithstanding the outbreak of war) have the right and be under the duty to take all reasonable steps required for preserving such property and minimising its loss or damage. All such steps reasonably and bona fide taken should be deemed to be valid, and the party taking them should be indemnified by the owner of such property at the conclusion of the war.

(b) The dissolution under Rules 1 and 2 of a contract of agency should not discharge the obligation of the agent to account to his principal.

Prescription, Periods of Limitation

9. For the duration of the war, and a period of at least three months after its conclusion, all periods of prescription and limitation should be suspended as between persons to whom these Rules apply.

Partly-Performed Contracts

10. (a) Money payments before the war. — Whenever under a contract which is treated as dissolved by the operation of Rule 1 or Rule 2, one party has before the time specified by the said Rules paid to another party the whole or any part of the money consideration under the contract, the former party should be entitled to recover from the latter party after the war the sum so paid subject to any claim the other party may have under sub-paragraph b) hereof, and provided

Besitz oder in Kontrolle von beweglichen und unbeweglichen Sachen, Rechten oder Klagerechten einer im Gebiet einer feindlichen kriegführenden Macht wohnenden Person ist, so sollte jene (unter Vorbehalt der Bestimmungen eines kraft dieser Regeln oder sonst trotz Kriegsausbruchs aufrecht erhaltenen Vertrages) das Recht und die Pflicht haben, alle angemessenen Schritte zu tun, die nötig sind, um solche Vermögenswerte zu erhalten und Verluste oder Schaden abzuwenden. Alle solche mit angemessener Sorgfalt und bona fide getroffenen Maßnahmen sollten als gültig gelten und die sie ergreifende Partei sollte von dem Eigentümer der Werte bei Kriegsende entschädigt werden.

(b) Die Auflösung eines Agenturvertrages kraft Regel 1 und 2 sollte den Agenten nicht von der Verpflichtung entbinden, seinem Prinzipal Rechnung zu legen.

Verjährungsfristen

9. Für die Dauer des Krieges und eine Frist von mindestens 3 Monaten nach seinem Ende sollten alle Verjährungsfristen zwischen Personen, auf die diese Regeln Anwendung finden, gehemmt sein.

Teilweise erfüllte Verträge

10. (a) Geldzahlungen vor dem Kriege. Wenn auf Grund eines nach Regel 1 oder 2 als aufgelöst zu behandelnden Vertrages eine Partei vor dem in diesen Regeln festgesetzten Zeitpunkt der anderen Partei ganz oder teilweise Geld gezahlt hat, so sollte jene Partei berechtigt sein, von dieser Partei den gezahlten Betrag zurückzufordern, vorbehaltlich eines Anspruchs der anderen Partei nach Unterabschnitt (b) und mit der Maßgabe, daß die andere Partei berechtigt sein sollte,

that the other party should be entitled to set off in total or partial extinction of the claim any loss which he may ultimately have incurrend by reason of acts reasonably done by him in pursuance of such contract.

zur völligen oder teilweisen Befriedigung dieses Anspruchs einen Verlust zur Aufrechnung zu stellen, den sie im Endergebnis kraft Rechtshandlungen erleiden sollte, die sie in angemessener Weise in Verfolg des Vertrages vorgenommen hat.

Performance of obligations other than mone payments before the war

(b) Whenever under a contract which is treated as dissolved by the operation of Rule 1 or Rule 2, one party has before the time specified by the said Rules performed obligations other than money payments under the contract, of which the other party has received the benefit, but for which the money consideration has not become due within Rule 5 hereof, the former party should have the right to recover from the other party after the war the value of the said benefit giving credit for the consideration, if any, he may have received from the other party therefor [b]).

Bewirkung von anderen Leistungen als Geldzahlungen

(b) Wenn auf Grund eines nach Regel 1 oder 2 als aufgelöst zu behandelnden Vertrages eine Partei vor dem in diesen Regeln festgesetzten Zeitpunkt andere Vertragsleistungen als Geldzahlungen bewirkt hat und daraus die andere Partei einen Vorteil erhalten hat, ohne eine Gegenleistung in Geld gemäß Regel Nr. 5 dafür schuldig geworden zu sein, so sollte die erste Partei das Recht haben, von der anderen Partei nach dem Kriege den Wert dieses Vorteils einzufordern, wobei jedoch eine ihr von der anderen Partei etwa gewährte Gegenleistung anzurechnen ist [b]).

---

[b]) Rules 10 (a) and 10 (b). — The principle of the above Rules is to confer a prima facie claim on a contracting party, who, by a money payment, or otherwise, has conferred a benefit before the war on the other contracting party, the latter party being liable for the benefit he has received or its value. In assessing the benefit, the party against whom the claim is made is entitled to deduct the losses, if any, incurred under, and by reason of, the contract. In partially-executed contracts dissolved by war, there will in many cases be a loss. Expenses may have been incurred or services rendered which, owing to the dissolution of the contract, bring no, or no adequate, return. The effect of the Rules is to place this loss on the claimants-i. e. the party who is seeking to disturb the status quo. This seems to us to be most in accord with general legal principles. It would theoretically be pos-

[b]) Regel 10 (a) und 10 (b). Der Grundgedanke obiger Regeln ist, einer Vertragspartei einen prima facie Anspruch zu verleihen, die durch eine Geldzahlung oder anderweit vor dem Kriege der anderen Vertragspartei einen Vorteil verschafft hat, wobei die letztere Partei für den ihr entstandenen Vorteil oder dessen Wert haftbar ist. Bei Festsetzung dieses Vorteils darf die Partei, gegen die der Anspruch erhoben wird, etwaige Verluste abziehen, die sie kraft des Vertrages erlitten hat. Bei teilweise ausgeführten Verträgen, die durch den Krieg aufgelöst werden, wird in vielen Fällen ein Verlust entstehen. Ausgaben mögen entstanden oder Dienste geleistet sein, die infolge der Vertragsauflösung keinen oder keinen angemessenen Gegenwert erzeugen. Die Wirkung dieser Regel ist, diesen Verlust den Klägern aufzubürden, d. h. der Partei, die den Wunsch hat, den status quo

Occupied Territory

11. Contracts between persons of whatever nationalities, one or more of whom may reside in the territory of a belligerent Power which in the course of the war is occupied by the armed Forces of an opposing belligerent Power, should be suspended during the period of occupation, and the legal effect of such suspension should be determined by the local law in force in the territory in question on the cessation of occupation.

Negotiable Instruments

12. (a) Obligations arising from a negotiable instrument (promissory note, bill of exchange, cheque or similar negotiable instrument) which has been made, drawn, accepted, endorsed, or delivered before the times prescribed by Rules 1 and 2 should continue in force, and as between persons to whom Rules 1 and 2 apply no negotiable instrument should be deemed to have become invalid by reason only of failure within the required time to present the instrument for acceptance or payment or to give notice of non-acceptance or non-payment to drawers

---

sible to treat the contracting parties to such a contract as partners and divide any such loss between them in equal shares. Though there may be something to be said for this in theory, it is, so far as we know, a principle which has never been adopted with regard to contracts dissolved by force majeure or other similar causes, and we only refer to it to demonstrate the necessity of placing such loss on one party or the other.

Besetztes Gebiet

11. Verträge zwischen Personen, gleichgültig, welcher Staatsangehörigkeit, von denen eine oder mehrere im Gebiet einer kriegführenden Macht wohnen, das im Laufe des Krieges von den Truppen der feindlichen kriegführenden Macht besetzt worden ist, sollten während der Dauer der Besetzung als aufgeschoben gelten, und es sollte sich die rechtliche Wirkung einer solchen Aufschiebung nach dem in dem fraglichen Gebiet nach Ende der Okkupation geltenden Rechte richten.

Handelspapiere

12. (a) Verpflichtungen aus einem Handelspapier (Schuldverschreibungen, Wechsel, Schecks oder einem ähnlichen begebbaren Wertpapier), das vor dem in Regeln 1 und 2 festgesetzten Zeitpunkt errichtet, gezogen, akzeptiert, giriert oder übergeben worden ist, sollten in Kraft bleiben und zwischen Personen, auf die Regeln 1 und 2 Anwendung finden, sollte kein Handelspapier blos deswegen als ungültig geworden gelten, weil es in der vorgeschriebenen Zeit nicht zur Annahme oder Zahlung vorgelegt oder die Nicht-Annahme oder Nicht-Zahlung

---

zu ändern. Das scheint uns am meisten in Übereinstimmung mit allgemeinen rechtlichen Grundsätzen. Es würde theoretisch möglich sein, die Parteien eines solchen Vertrages als Gesellschafter anzusehen und einen solchen Verlust zwischen ihnen gleichmäßig aufzuteilen. Dafür läßt sich manches in der Theorie sagen. Es ist aber, soweit wir wissen, nie in bezug auf Verträge, die durch force majeure oder andere ähnliche Ursachen aufgelöst sind, angewendet worden, und wir beziehen uns darauf nur, um die Notwendigkeit nachzuweisen, einen solchen Verlust der einen oder anderen Partei aufzuerlegen.

or endorsers or to protest the instrument, nor by reason of failure to complete any formality during the war or for a period of three months thereafter [c]).

den Ausstellern oder Indossanten nicht mitgeteilt oder das Papier nicht protestiert werden konnte oder weil während des Krieges oder für einen Zeitraum von 3 Monaten nachher eine Förmlichkeit nicht erfüllt werden konnte [c]).

(b) No person to whom Rule 1 or Rule 2 applies should become liable during the war upon a negotiable instrument which at the outbreak of war or subsequently in the course of the war was in the hands of a holder to whom Rule 1 or Rule 2 also applies by reason of making, drawing,

(b) Niemand, auf den Regel 1 oder 2 Anwendung findet, sollte während des Krieges aus einem begebbaren Papier, das bei Kriegsausbruch oder später im Laufe des Krieges in den Händen eines Inhabers war, auf den ebenfalls Regel 1 oder 2 Anwendung findet, um deswillen haftbar werden, weil er

---

[c]) In the following examples A and B are residents respectively in opposing belligerent States. N is a neutral:—

Rules 7 and 12 (a). — (1) N before the war becomes holder for value of a bill drawn by A and accepted by B, maturing after the war. N's rights are unaffected and he can present the bill and claim payment at maturity.

(2) A becomes holder before the war of a bill of which B is acceptor, which falls due during the war. A cannot enforce payment during the war, but he retains his rights and can present for payment after the war. In so far as formalities such as presentation, protest, etc., are necessary to charge the acceptor or other parties liable, A has a period of three months after the war in which these can be validly performed.

Rule 12 (b). — A becomes holder before the war of a bill of which B is acceptor, which falls due during the war. A can negotiate the bill within the country in which he is resident. He can also negotiate to a neutral, but the neutral cannot enforce any claim against B until after the war. In other words, the neutral gets no greater rights as against B than A had.

[c]) In den folgenden Beispielen wohnen A und B im Gebiet von feindlichen kriegführenden Mächten. N ist neutral.

Regeln 7 und 12 (a) 1. N erwirbt vor dem Kriege gegen Entgelt einen von A gezogenen, von B akzeptierten, nach dem Kriege fällig werdenden Wechsel. Ns Rechte bleiben unberührt; er kann bei Fälligkeit den Wechsel vorlegen und Zahlung verlangen.

2. A wird vor dem Kriege Inhaber eines von B akzeptierten Wechsels, der während des Krieges fällig wird. A kann während des Krieges keine Zahlung erzwingen, er behält aber seine Rechte und kann nach dem Kriege den Wechsel zur Zahlung vorlegen. Soweit Förmlichkeiten wie Vorlegung, Protest usw. notwendig sind, um den Akzeptanten oder andere Personen haftbar zu machen, hat A einen Zeitraum von 3 Monaten nach dem Kriege, in welchem diese gültig vorgenommen werden können.

Regel 12 (b). A wird während des Krieges Inhaber eines von B akzeptierten, während des Krieges fällig werdenden Wechsels. A kanr den Wechsel innerhalb des Landes, in welchem er wohnt, begeben. Er kann ihn auch an einen Neutralen begeben, der Neutrale kann aber seinen Anspruch gegen B während des Krieges nicht verwirklichen. Mit anderen Worten: der Neutrale erwirbt keine größeren Rechte gegen B., als A hatte.

acceptance, endorsement, or delivery during the war.

(c) If a person to whom Rule 1 or Rule 2 applies has either before or during the war become liable upon a negotiable instrument in accordance with an undertaking given to him by a person who subsequently on the outbreak of war or otherwise was or became resident in the territory of an opposing belligerent Power, the latter should remain liable to indemnify the former in respect of his liability notwithstanding the provisions of Rules 1 and 2.

während des Krieges das Papier ausgestellt, gezogen, akzeptiert, indossiert oder übergeben hat.

(c) Wenn jemand, auf den Regel 1 oder 2 Anwendung findet, vor oder während des Krieges für ein Handelspapier haftbar wurde infolge einer ihm von einer Person gemachten Zusage, die bei Kriegsausbruch oder zu einem späteren Zeitpunkt im Gebiet einer kriegführenden feindlichen Macht lebte oder Aufenthalt nahm, sollte die letztere verpflichtet bleiben, die erstere hinsichtlich ihrer Verpflichtung schadlos zu halten, ungeachtet der Bestimmungen von Regeln 1 und 2.

Partnerships

13. The rights and liabilities of partners, whether persons or juridical persons to whom Rules 1 and 2 apply, should be adjusted in accordance with the terms of the partnership agreement and the local law applicable.

Gesellschaften

13. Die Rechte und Verbindlichkeiten von Gesellschaftern (physische oder juristische Personen) auf die Regeln 1 und 2 Anwendung finden, sollten in Übereinstimmung mit den Bestimmungen des Gesellschaftsvertrages und des anwendbaren Landesrechts geregelt werden.

Companies

14. In so far as the rights of the shareholders of limited companies may be held to depend upon contracts, nothing in these Rules should be deemed to dissolve such contracts [d]).

Kapitalgesellschaften

14. Soweit die Rechte von Aktionären einer Aktiengesellschaft als auf Verträge gegründet angesehen werden sollten, soll nichts in diesen Regeln so angesehen werden, als wenn solche Gesellschaften aufgelöst würden [d]).

Severability

15. Whenever a contract provides in part for obligations which remain in force by virtue of these Rules, notwithstanding the provisions of Rules 1 and 2, and in part for obligations

Trennbarkeit

15. Wenn ein Vertrag teils Verpflichtungen vorsieht, die zufolge dieser Regeln in Kraft bleiben, ungeachtet der Vorschriften von Regel 1 und 2, und teils Verpflichtungen, die zufolge der

[d]) The position of enemy shareholders and companies is, in our opinion, sufficiently protected by the provisions of Rule 8 (Mandataire), and the constitution of the company, in the ultimate resort, must usually determine its position in time of war.

[d]) Die Rechtslage feindlicher Aktionäre und Gesellschaften ist nach unserer Meinung genügend durch die Bestimmung von Regel 8 (Beauftragte) geschützt und die Satzung der Gesellschaft muß letzten Endes ihre Stellung in Kriegszeiten regeln.

which are dissolved by virtue of Rules 1 and 2, the former obligations should continue in force if they are severable, but if they are not severable the contract should be deemed to be dissolved in the entirety.

Definition of Outbreak of War

16. For the purposes of these Rules, the expression „the outbreak of war" should include:—

(a) the formal declaration of one or other of the belligerent Powers, or

(b) in the absence of such formal declaration the date of the outbreak of actual hostilities, or

(c) in the absence of such actual hostilities the date as from which it is declared by the Government of the State of one of the parties to the contract that trading or commercial intercourse with persons residing in the territory of the State of another party to the contract is unlawful or forbidden.

Regeln 1 und 2 erlöschen, so sollten die ersteren Verpflichtungen in Kraft bleiben, wenn sie trennbar sind; wenn sie nicht trennbar sind, so sollte der Vertrag in vollem Umfange als aufgelöst betrachtet werden.

Begriffsbestimmung von Kriegsausbruch

16. Für die Anwendung dieser Regeln sollte der Ausdruck „Kriegsausbruch" einschließen:

(a) die formelle Kriegserklärung durch die eine oder die andere der kriegführenden Mächte;

(b) falls eine formelle Kriegserklärung nicht erfolgt ist, das Datum des Ausbruchs der tatsächlichen Feindseligkeiten, oder

(c) falls tatsächliche Feindseligkeiten nicht ausgebrochen sind, das Datum, zu dem von der Regierung des Staats, dem eine der Vertragsparteien angehört, erklärt worden ist, daß Handel oder kaufmännischer Verkehr mit Personen, die in dem Gebiete des Staats einer anderen Vertragspartei wohnen, ungesetzlich oder verboten ist.

Sachregister

Agent 50, 64, 73, 95
Aktionäre s. Gesellschaften
Angebot 60
Annahme an Kindesstatt 67
Auflösung im Unterschied zur Nichtigkeit 90, 91, 94, 95, 104
Ausgleich 105
Ausgleichsverfahren 62, 79, 82, 124
Auslegung internationaler Verträge 30
Außerordentliche Kriegsmaßnahmen 124, 130
Aussetzungsklauseln 49, 139

Begebbare Handelspapiere 79, 81
Belgische Staatsangehörigkeit, erworben von Einwohnern von Eupen 22 Note 17
Bereicherung, ungerechtfertigte, siehe condictio indebiti
Billigkeit 33 Note 1, 99 Note 2
Bona and mala fide, s. Agent, Gesellschaft, Vollmacht
Bürgschaften 13, 77 ff, 79, 81, 92

Condictio indebiti 99 ff

Darlehen 78, 90, 121, 127
Deutsche Parteien mit Aufenthalt in Großbritannien 20
Deutsches Recht über Vorkriegsverträge 45, 50
Dividenden auf Aktien, s. Gesellschaften

Ehe 66, 115, 135
Eheverträge 67, s. auch Verlöbnisvertrag
Eigentum, s. Verträge über die Übertragung von Eigentum
Elsaß-Lothringen, Verträge zwischen Einwohnern von E.-L. und Deutschland 27
Entschädigung für aufrechterhaltene Verträge 73
Erworbene Rechte, s. auch Schulden, Liquidation 79, 80
Eupen, s. Belgische Staatsangehörigkeit

Fälligkeit von Schulden 83, 87, 90, 151
Familienstand 62, 115, 135
Feindlicher Charakter
im politischen Sinne 5, 10, 40
im territorialen Sinne 5, 10, 15, 40
Frachtführer, Ablieferung der Ware an ihn 70, 118, 145
Freiwillige Zuwendungen 63, 80, 115, 137

Gebietsabtretung, ihr Einfluß auf Verträge 22 ff
Gefahr, wann sie auf Käufer übergeht 70, 118, 145
Geldverpflichtungen, s. Schulden
Gemischte Schiedsgerichte 6, 32, 40, 54
Geschäfte, Betreiben von 15, 46
Geschäftsführung ohne Auftrag 111 ff
Gesellschaften 122 ff
Gewährleistung wegen Mängel der Sache 69
Grundlegende Ideen der Friedensverträge 2, 34, 45, 50, 53, 74, 95, 128

Handelsgesellschaften, s. Offene Handelsgesellschaften
Handlung, s. Vornahme einer Handlung
Hochverrat 45, 51
Hypothek 70, 115, 125, 136

Intercourse, s. Verkehr mit dem Feinde
International Law Association 30, 184 ff
Internationales Privatrecht 4, 5, 6, 103, 119, 133
betr. Verjährung 7
vor Internationalen Gerichten 7, 119
Internierung 27 Note 24, 29, 34

Jus in rem oder in re 71, 137

Kollisionsnormen, s. Internationales Privatrecht

Letztwillige Verfügung, s. Testament
Liquidation feindlichen Eigentums 62, 84, 124
Lizenz 57, 147

Mala fide, s. Agent, Handelsgesellschaften, Vollmacht
Merkmal des feindlichen Charakters, s. Feindlicher Charakter
Miete 65 Note 21, 108, 114, 127, 136
Mixed Claims Commission 10
Münster, Vertrag von, s. Westfälischer Friede

Naturalerfüllung, s. erworbene Rechte
Negative Vorschriften in Friedensverträgen 15, 20, 25, 27
Negotiorum gestio, s. Geschäftsführung ohne Auftrag
Neutrale Parteien in Friedensverträgen 15
Nicht-liquide Schulden, s. Schulden und Schadensersatz
Nymwegen, s. Vertrag von Nymwegen

Offene Handelsgesellschaften 96
Option für frühere Staatsangehörigkeit 22
Ostfriedensverträge 2

Pariser Friedensverträge von 1947 2, 22, 27, 28, 36, 37, 41, 48 ff, 82, 89, 93, 95, 101, 134 ff, 141, 142, 148
Pfand, s. Hypothek
Positive Vorschriften in Friedensverträgen 15, 25
Prinzipal, s. Agent
Prozessuale Stellung von Feinden 52 ff

Ratione materiae 10 ff
Ratione personae 15 ff
Realverträge, s. Verträge
Rechnungslegung, s. Agent
Repatriierung 28

Schadensersatz 81
Schenkungen 80 ff, 115
Schuldverschreibungen 79
Schulden 81, s. auch Erworbene Rechte
Schwarze Listen 16
Sèvres, s. Vertrag von Sèvres
Sicherheit, s. Bürgschaften
Sicherstellung, s. Hypothek
Sprache der Friedensverträge 31
Stundung 71

Testament 61 ff, 115
Trennbarkeit von Verträgen 61, 141 ff

Übertragung, s. Verträge über Übertragung von Eigentum
Ungerechtfertigte Bereicherung, siehe Condictio indebiti
Unterlassungsverträge 14, 49, 74

Vereinigte Staaten von Amerika
  Versailler Vertrag nicht anwendbar 9
  Versailler Vertrag nicht ratifiziert 10
  Friedensverträge von 1947 nicht anwendbar 8 Note 18
Vereitelung, s. Vertrag
Verkehr mit dem Feinde 37, 48 ff, 64 Note 20, 142, 151
Verlöbnisvertrag, s. Verträge
Versailles, s. Vertrag von Versailles
Vertrag von Berlin 9
Vertrag von Lausanne, s. Verzeichnis der Bestimmungen des Lausanner Vertrages
Vertrag von Münster, s. Westfälischer Friede
Vertrag von Nymwegen 1
Vertrag von Sèvres 2
Vertrag von Versailles, s. Verzeichnis der Bestimmungen des Versailler Vertrags
Vertrag von Wien 1
Verträge
  im Gegensatz zu Angeboten 60
  Auflösung ratione materiae 10 ff
  Auflösung ratione personae 15 ff
  Begriffsbestimmung 54 ff
  Bruch von 86, 88
  im Gegensatz zu einseitigen Rechtsgeschäften 59
  einseitige Verträge 76 ff
  Erbverträge 62
  noch erfüllbar 75
  erfüllt 72
  Realverträge 78
  über Übertragung von Eigentum 116 ff
  Vereitelung von 89
  Verlöbnis-Verträge 68
Völkerrecht 29
Vollmacht 43, 64 ff, 108, s. auch bona und mala fide
Vornahme einer Handlung, Sinn von 148

Währung 76, 83
Wechsel 79, 81
Wertpapiere, Übertragung von 148
Westfälischer Friede 1
Wien, s. Vertrag von Wien

Zahlung an Feinde 13
Zahlungsverbot 51
Zeitpunkt für Bestimmung des feindlichen Charakters 34
Zinsen von Wertpapieren 79

FSC
www.fsc.org
MIX
Papier | Fördert gute Waldnutzung
FSC® C083411

Kolibri 360 GmbH
Ferdinand-Jühlke-Straße 7
99095 Erfurt, Deutschland
produktsicherheit@kolibri360.de